大学物理学（第二版）

上册

主编
张 磊
副主编
张春林　薛思敏
主审
常文利

DAXUE WULIXUE

高等教育出版社·北京

内容提要

本书第一版依据教育部高等学校物理学与天文学教学指导委员会物理基础课程教学指导分委员会编制的《理工科类大学物理课程教学基本要求》(2010年版),结合编者多年的教学实践和教改经验编写而成。本书第二版没有沿袭传统教材的思路,而是采用了一种新的知识体系,即以物质世界的层次和存在形式为主线,按照由经典物理到近代物理,由少体问题到多体问题,由线性系统到复杂系统的思路,来介绍工科大学物理的教学内容。

本书分为上、下两册,上册包括宏观低速实物物质的运动规律和经典波,下册包括场与电磁相互作用、近代物理基础和多粒子体系的热物理。

本书适合普通高等学校工科各专业学生学习使用,也可作为教师或相关人员的参考书。

图书在版编目(CIP)数据

大学物理学. 上册 / 张磊主编. -- 2版. -- 北京:高等教育出版社,2021.9

ISBN 978-7-04-056809-7

Ⅰ. ①大… Ⅱ. ①张… Ⅲ. ①物理学-高等学校-教材 Ⅳ. ①O4

中国版本图书馆 CIP 数据核字(2021)第 170834 号

Daxue Wulixue

策划编辑	忻 蓓	责任编辑	忻 蓓	封面设计	李小璐	版式设计	杜微言
插图绘制	于 博	责任校对	高 歌	责任印制	刘思涵		

出版发行	高等教育出版社	网 址	http://www.hep.edu.cn
社 址	北京市西城区德外大街 4 号		http://www.hep.com.cn
邮政编码	100120	网上订购	http://www.hepmall.com.cn
印 刷	三河市华润印刷有限公司		http://www.hepmall.com
开 本	787 mm×1092 mm 1/16		http://www.hepmall.cn
印 张	17.25	版 次	2017 年 1 月第 1 版
			2021 年 9 月第 2 版
字 数	420 千字	印 次	2021 年 9 月第 1 次印刷
购书热线	010-58581118	定 价	39.80 元
咨询电话	400-810-0598		

大学物理学
第二版

主编
张　磊
副主编
张春林　薛思敏
主审
常文利

1 计算机访问http://abook.hep.com.cn/1249895，或手机扫描二维码、下载并安装 Abook 应用。

2 注册并登录，进入"我的课程"。

3 输入封底数字课程账号（20位密码，刮开涂层可见），或通过 Abook 应用扫描封底数字课程账号二维码，完成课程绑定。

4 单击"进入课程"按钮，开始本数字课程的学习。

大学物理学 第二版 数字课程与纸质教材一体化设计，紧密配合。极大地丰富了知识的呈现形式，拓展了教材内容。在提升课程教学效果同时，为学生学习提供思维与探索的空间。

课程绑定后一年为数字课程使用有效期。受硬件限制，部分内容无法在手机端显示，请按提示通过计算机访问学习。

如有使用问题，请发邮件至 abook@hep.com.cn。

扫描二维码
下载 Abook 应用

http://abook.hep.com.cn/1249895

第二版前言

大学物理是高等学校理工科非物理类专业本科生的一门重要的通识性必修课程。本书是在第一版的基础上，参照教育部高等学校物理学与天文学教学指导委员会编制的《理工科类大学物理课程教学基本要求》(2010年版)修订而成的。本书涵盖了"基本要求"中的核心内容，保证了基本理论体系的系统性、完整性、科学性，在保留第一版风格与特色的基础上，进行了内容的取舍和结构的安排，避免了不必要的重复，注重叙述层次分明，突出了物理本质与图像，加强了物理规律在实际中应用的内容。

在本次修订过程中，我们广泛征求了使用本教材老师的意见，经认真研究，对第一版中力学、热学和电磁场的统一理论部分做了较大的修改，并增添了部分习题。第二版中第一、二、三、九、十章由张磊完成，第四、五、六章由薛思敏完成，第七、八章由张春林完成，第十一、十五、十六章由万桂新完成，第十二、十三、十四章由田苗完成。张磊制定了修订大纲并对全书进行了统稿和定稿，常文利对全书进行了审阅。

本次修订得到了兰州交通大学物理系全体教师的大力支持和帮助，高等教育出版社对第二版的出版给予了大力的支持，在此一并表示衷心的感谢！编者特别感谢指出本书第一版中笔误和印刷错误的所有教师和学生。

由于编者水平有限，书中难免存在疏漏和错误，恳请老师们和同学们提出宝贵意见。

编　者
2021年8月

第一版前言

物理学是研究物质的结构、性质、基本运动规律以及物质之间相互作用和相互转化规律的自然科学。以物理学基础为内容的大学物理课程，是高等学校理工科非物理类专业学生的一门重要的通识性必修课程。该课程所传授的描述物质世界的基本概念、基本理论、基本方法和基本思维能力是构成学生科学素养的重要组成部分，是一个工程技术人员所必备的基础知识。

我国现有的大学物理课程内容，是按照物质的运动形式（即力、热、电磁、光、近代物理）来组织内容的，这样的框架构建于二十世纪五六十年代。虽然在当时的背景下，它是成功的、先进的，能适应当时的情况，但当今社会对工程技术人员提出了更高的科学素质要求。为适应形势变化，一些高校尝试重新构建大学物理的教材内容体系。近几年编者在大学物理内容体系构建方面做了有益的探索，在此基础上形成了本教材的体系。我们强调以知识体系为载体，强化物理模型、物理思想、物理方法和科学精神的养成教育，例如，引导学生从实际问题中建立合理的物理模型以及培养用物理模型进行近似估算的能力；引导学生不仅关注所学知识点，更要了解知识点的结构体系；培养学生具备由点到面建立起相应内容的框架体系的能力，构建工科学生扎实的知识结构根基及科学方法论基础。

目前高等教育已由精英教育转向大众教育，学生的知识结构和能力呈现出多层次分布特征。本教材是为了满足兰州交通大学本科公共课分层次教学改革的需求，实施因材施教，搭建分层次教学平台而编写的。为满足这一需求，且为了解决学时少内容多的矛盾，并考虑实际教学计划安排的可操作性，而构建了本教材的内容体系。总体思想体现了大学物理课程的基础性、前沿性与应用性，其特点如下：

一、建立起不同于传统大学物理的内容框架体系，帮助学生获得较完整、统一的物质世界的图像。以物质世界的层次和存在形式为主线，按照由经典物理到近代物理，由少体问题到多体问题，由线性系统到复杂系统的思路，把与热现象相关的多粒子体系的理论放在了最后部分。教材体系如下：

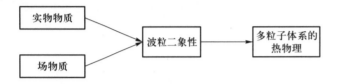

二、以知识点为载体、物理学史为引导，注重传授物理学中蕴含的物理精神、物理思想和物理方法。帮助学生对知识的理解，形成有个性特征的体系，以利于创新精神和创造能力的培养，为建立工科学生创新知识体系打下重要基础。

三、以近代物理的思想重新整合了经典物理部分的内容，体现了先进的教学理念。例如，在宏观低速物质的运动规律部分，强化了三大守恒定律描述物质的平动和转动内容。还将当今科技发展的一些成果以内容叙述、例题和习题等形式渗透到教材中，以激发学生学习物理的兴趣。

四、注重基本概念、基本规律和基本方法的讲授。从学生实际情况出发，删减了一些过于繁难的问题，注意讲述方式的优化。每一章节都增加了例题的数量，例题、思考题和习题深浅配置恰当，更有益于学生理解、掌握各章节内容的重点和难点。倡导学生多思考，不鼓励学生一味地多做难题。

本教材借助互联网技术在部分章节中加入了二维码，读者扫描这些二维码就可获得相关知识点的动画、视频及物理学史料等多维电子素材，将读者的线下学习与在线学习有机地结合起来，在构建"互联网+"背景下的新形态、立体化的教材方面做了有益的尝试。

参与本教材编写的有常文利（第1、第9、第10章）、薛思敏（第2—第6章）、张春林（第7、第8章）、万桂新（第11、第15章）、张磊（第12—第14章），最后由常文利老师负责统稿。

本书是新形态教材，书中加入大量二维码，读者扫描二维码，可获得相关物理原理在日常生活中应用的演示视频和物理学史文档等资料。这种办法将富媒体资料和纸介质教材相结合，丰富了教材媒体的类型，增加了本教材的可读性。

在本教材编写过程中，我们得到了兰州交通大学数理学院尤其是物理系的大力支持，在此表示感谢。编者同时感谢物理系全体教师的支持。

由于编者水平有限，书中错误和不妥之处在所难免，我们恳请读者批评指正。

编　者

2015 年 10 月

目　录

第二篇 经 典 波

第 一 篇

宏观低速物质的运动规律

以牛顿运动定律为基础的力学理论叫做牛顿力学或经典力学,作为普适力学理论兴盛了约 300 年. 20 世纪初,在高速领域和微观领域经典力学被相对论和量子力学所取代. 数百年来,以牛顿运动定律为基础的力学已发展成具有许多分支的、庞大而严密的理论体系,无论是日常生活、工程建设,还是探索宇宙,都离不开经典力学的指导,它仍然是一般技术学科的理论基础和解决工程实际问题的重要工具. 在机械制造、交通运输、航空航天等各个技术领域中,经典力学仍然保持着充沛的活力而起着基础性理论的作用. 它的这种实用性是我们进入大学阶段还要学习经典力学的一个重要原因. 现代物理理论和实验已经证明,经典力学中的一些重要概念和定律,如动量、角动量、能量及其守恒定律等,也适用于包括高速和微观领域在内的整个物理学. 只有在对经典力学有较深刻理解的基础上,才有可能把力学的基本原理进一步应用到工程领域中. 力学的基本原理是物理学的其他分支的基础,对于其他自然科学也具有重要的意义. 本篇主要讨论了宏观低速范畴内,物体的平动、转动和振动这三种运动形式的规律. 平动、转动和振动是经典力学中物质粒子性的表现.

物理学作为一门科学是从伽利略首创实验、物理思维和数学演绎相结合的科学方法开始的. 正是伽利略提出"首先要研究物体怎样运动,然后才能研究物体为什么运动",才使物理摆脱了哲学家们关于运动原因的众说纷纭的争论,走上了科学的道路. 自然界的一切物质都处于永恒的运动中. 物质运动的形式是多种多样的,其中机械运动是最简单、最基本的运动. 人们通常把力学分为运动学、动力学和静力学. 运动学是从几何的观点出发来描述物体的运动,即研究物体的空间位置随时间的变化关系,不涉及引发物体运动和改变运动状态的原因. 本篇从运动的描述开始讨论.

第1章 质点运动学

航天飞机着陆时,受减速伞和地面阻力的作用,它在地面上的滑行速度逐渐减小.

本章着重讨论了描述质点运动的位置矢量、位移、速度、加速度四个物理量的定义及其矢量性、相对性和瞬时性;讨论了质点运动学方程和运动学中的两类基本问题;在自然坐标系和平面极坐标系中讨论了圆周运动的线量描述和角量描述,并给出了角量和线量的关系;最后,讨论了不同参考系之间运动的关系——相对运动.

1.1 牛顿力学时空观

力学的研究对象是物体的机械运动. 所谓机械运动,是指物体的空间位置随时间的变化. 对于物质世界来说,时空是基础,物体的运动都是在一定的时间、空间范围内进行的. 运动物质与时空密不可分,没有时空便不会有运动物质,没有物质运动也不会有时空. 任何物理过程都脱离不开空间、时间,时间、空间、物质、运动等概念是物理学最基本、最重要的概念. 什么是时间? 时间是运动物质的持续性或顺序性. 什么是空间? 空间是运动物质的伸张性或广延性. 那么什么又是时空观呢? 其实,所谓的时空观,就是人们对时间和空间的物理性质的认识. 时空观同物理学乃至所有自然科学的发展密切相关. 从某种意义上讲,自然科学和哲学上的重大变革往往伴随着新时空观的产生. 反之,也只有时空观的变革才是科学和哲学上重大变革的主要标志.

1687 年,牛顿在《自然哲学的数学原理》一书中写道:"绝对的、真正的和数学的时间自身在流逝着,而且由于其本性而均匀地、与任何其他外界事物无关地流逝着""绝对空间就其本质而言,是与任何外界事物无关,而且永远是相同的和不动的". 可见,牛顿力学认为,空间是物质运动的"场所",空间与处于其中的物质是无关的,而且空间与物质的运动也是无关的. 空间是永恒不变的、绝对静止的. 牛顿力学还认为,时间与物质的运动也

文档:牛顿

是无关的,它在永恒地、均匀地流逝着,时间是绝对的. 所谓绝对,是指时间和空间与观测者的运动状态无关. 牛顿力学中的时间间隔和空间间隔(长度)被认为是绝对的,是独立于所研究对象(物体)和运动的客观实在. 这种关于空间和时间的观点称为牛顿力学的时空观. 实际上,绝对时空观是人们在低速状态下的经验总结,例如我国唐代大诗人李白的著名诗句:"夫天地者,万物之逆旅也;光阴者,百代之过客也",就是对绝对空间和绝对时间的形象比喻.

在经典力学的范围内,空间和时间不依赖于物质的存在和运动的时空背景,但空间和时间需要借助物质的存在和运动去度量. 空间可以通过物质的存在反映出它所具有的广延性,它是沿四面八方无限均匀延伸的范围。我们可认为空间中的直线永远是直的,称这样的空间为欧几里得空间. 空间范围的度量中最基本的是长度的计量,其国际单位制单位为米 m(米). 2018 年第 26 届国际计量大会上规定:当真空中光速 c 以单位 $\text{m} \cdot \text{s}^{-1}$ 表示时,将其固定数值取为 299 792 458 来定义米.

时间可以通过物质的运动反映出它所具有的持续性和顺序性,它从古到今,从先到后单方向地均匀连续变化,从不逆向. 时间间隔的度量需要借助于周期性运动来计量,其国际单位制单位为 s(秒). 2018 年第 26 届国际计量大会上规定:当铯频率,也就是铯-133 原子不受干扰的基态超精细跃迁频率,以单位 Hz 即 s^{-1} 表示时,将其固定数值取为 9 192 631 770 来定义秒.

经典力学的绝对时空观与人们的感觉经验相协调,容易使人接受. 但是它毕竟只是时空性质的一种假设. 近代物理学表明,空间和时间与物质的存在和运动是紧密联系的,绝对时空观只是实际时空性质的一种近似.

1.2　质点和参考系

1.2.1　质点

我们在物理学中研究力学问题时,为了突出研究对象的主要性质,暂不考虑一些次要因素,而把研究对象进行模型化. 最基本的力学模型是质点. 所谓质点,是指忽略对象的大小和形状,并将全部的质量集中在一个几何点上的模型. 把物体当作质点来处理是有条件的、相对的,而不是无条件的、绝对的. 例如,研究地球绕太阳公转时,由于地球到太阳的平均距离约为地球半径的 10^4 倍,所以地球上各点相对于太阳的运动可以看作是相同的. 因此,在研究地球绕太阳公转时,可以把地球当作质点;但在研究地球上物体的运动时,就不能把地球看作质点来处理了.

研究对象可看作质点的条件如下:

(1) 研究对象的尺度在所研究问题中相对很小时,可忽略其大小和形状,将其看作质点. 如研究地球围绕太阳公转运动时,由于地球的尺度与公转轨道尺度相比很小,所以可忽略其大小和形状,将其看作质点. 而在研究地球的自转运动时,不能将地球看作质点.

(2) 研究对象发生平动,即研究对象上各点的运动状态完全相同时,可将其看作质点.

质点是经过科学的抽象而形成的物理模型. 把物体视为质点的这种抽象的研究方法,在实践和理论中都是有重要意义的. 当研究一些复杂的物体,比如刚体、流体,不能将其视为质点时,则可以把整个物体看成是由许多质点组成的,弄清楚这些质点的运动,就可以明白整个物体的运动情况了. 所以,研究质点的运动是研究物体运动的基础.

1.2.2　参考系与坐标系

1. 参考系

物体的运动是绝对的,但是对物体的运动的描述却是相对的,即在具有不同运动状态的参考对象看来,同一个物体运动状态是不同的. 从站在路边的人的角度去看和从骑自行车的人的角度去看,一辆在公路上行驶的汽车的运动状态是不同的. 但我们认为,在具有相同运动状态(相对静止)的参考对象看来,同一个物体的运动状态是相同的. 为了描述物体的运动,我们选择与一个确定的参考对象相对静止的所有物体作为一个系统,称之为参考物. 与参考物固连的空间称为参考空间. 为了描述物体的运动,还必须有计时的装置——钟. 参考空间和与之固连的钟的整体称为参考系. 习惯上把参考物简称为参考系,而不特别指出与之固连的参考空间和钟. 在一个确定的参考系中,物体的运动状态是可以确定的. 参考系的选取是任意的,一般要根据问题性质和研究的方便来选取. 例如,研究物体在地面上的运动时,选取地面作为参考系最方便;而研究地球绕太阳的运动时,则要选取太阳作为参考系.

2. 坐标系

在选定参考系后,为定量地描述物体的运动,我们可任取参考系中的一点作为坐标原点建立坐标系. 常用的三维坐标系有直角坐标系、柱坐标系、球坐标系等,另外还有描述平面曲线运动的极坐标系和自然坐标系等. 坐标系的选取完全是任意的. 例如,选取物体上的某点 O 为坐标原点,并建立如图 1-1 所示的直角坐标系,质点 P 的位置可由 x、y、z 三个坐标值确定.

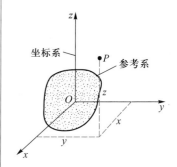

图 1-1　参考系与坐标系

1.2.3 轨迹和运动学方程

在生产实践中,观察物体运动比较直观的方法就是找出其运动所行经的路径. 质点在运动过程中所经过的各点在空间连成一条曲线,这条曲线称为轨迹.

如何描述质点运动的轨迹呢? 我们在中学已经学过,可以用曲线的方程来描写. 例如,曲线方程

$$x^2 + y^2 = R^2$$

就描写了半径为 R 的平面圆周运动的轨迹. 一般质点空间运动的轨迹方程可表示为

$$\begin{cases} f_1(x,y,z) = 0 \\ f_2(x,y,z) = 0 \end{cases}$$

在历史上很长一段时期内,人们只注重运动轨迹形状的研究. 我们知道,质点运动时位置发生了变化,这涉及空间和时间两个方面. 轨迹形状只反映出运动的空间分布信息. 例如,百米赛跑时,所有运动员的轨迹都是直线,仅用轨迹来描述运动员赛跑是不能满足比赛要求的. 我们不仅应该知道质点的轨迹,还应该知道质点经过轨迹上各点的时刻. 要全面描述质点的运动,关键是把时间和空间的描述联系起来.

这里,我们给大家介绍一种新的描述质点运动的角度,那就是引入矢量的方法. 为定量地描述质点的运动,我们在选定的参考系上建立坐标系. 则质点的位置就可以用从坐标原点 O 到质点所在位置 P 的矢量 r 来描述,该矢量称为位置矢量,简称位矢,如图 1-2 所示. 位矢 r 的大小就是 OP 的长度,其方向由 O 指向 P,用这个矢量就完全确定了质点 P 的位置. 质点在空间的运动,就可以用位矢 r 关于时间的函数来描述,即

$$\boldsymbol{r} = \boldsymbol{r}(t) \tag{1-1}$$

这个函数称为运动学方程,这个方程最重要的是将质点运动的时

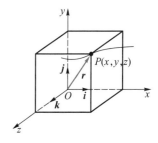

图 1-2　直角坐标系中的位矢

间和空间联系在一起,确定了这个方程等于就知道了描述质点运动的全部信息.

根据运动的叠加原理,质点的空间运动可以分解为如图 1-2 所示的直角坐标系中三个正交方向运动的叠加,即

$$r(t) = x(t)\boldsymbol{i} + y(t)\boldsymbol{j} + z(t)\boldsymbol{k} \tag{1-2}$$

只要确定了质点运动的每个方向空间坐标与时间的关系,即

$$\begin{cases} x = x(t) \\ y = y(t) \\ z = z(t) \end{cases} \tag{1-3}$$

质点的运动学方程就确定了. 在不同的坐标系中,运动学方程有不同的形式. 将运动学方程分量形式中的 t 消去,可得到质点运动的轨迹方程.

思考   质点轨迹方程与其运动学方程有何区别?

例 1-1

求解下列质点运动的轨迹方程:

(1) $r(t) = R\cos(\omega t)\boldsymbol{i} + R\sin(\omega t)\boldsymbol{j}$;

(2) $r(t) = vt\boldsymbol{i} + \left(h - \dfrac{1}{2}gt^2\right)\boldsymbol{j}$.

解   (1) 质点运动学方程的分量形式为 $\begin{cases} x = R\cos(\omega t) \\ y = R\sin(\omega t) \end{cases}$,

两式平方相加可得轨迹方程,即

$$x^2 + y^2 = R^2$$

这是已熟知的圆周运动.

(2) 运动学方程的分量形式为 $\begin{cases} x = vt \\ y = h - \dfrac{1}{2}gt^2 \end{cases}$,将

$t = \dfrac{x}{v}$ 代入,消去 t,可得轨迹方程,即

$$y = h - \frac{1}{2}g\left(\frac{x}{v}\right)^2$$

该质点的运动轨迹为抛物线.

1.3   速度和加速度

1.3.1   质点的位移和路程

我们现在考虑质点的三维空间曲线运动,如图 1-3 所示. 在

质点的运动过程中,某一时刻 t 质点位于 A 点,经过 Δt 时间间隔后位于 B 点,相应的位置矢量由 r_A 变为 r_B. 我们定义位移矢量(简称位移),即

$$\Delta r = r_B - r_A \qquad (1-4)$$

它表示在 Δt 时间内质点位矢的大小和方向的变化. 位移的大小只能记作 $|\Delta r|$,不能记作 Δr. Δr 表示始末时刻位矢大小的变化量,即

$$\Delta r = |r_B| - |r_A|$$

如图 1-3 所示,一般 $\Delta r \neq |\Delta r|$.

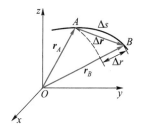

图 1-3　位移与路程

在质点运动过程中,运动轨迹的长度叫作质点在这一运动过程中所经过的路程,记作 Δs. 应当注意,位移和路程是两个不同的概念. 位移为矢量,而路程为标量,位移是描述质点位置变化的物理量,并非质点所经历的路程,并且位移的大小一般不等于路程,即 $|\Delta r| \neq \Delta s$. 当质点沿某一闭合路径回到原来的起始位置时,其位移为零,但路程不为零. 只有当质点作单向直线运动时,两者相等;或者在运动时间间隔 $\Delta t \to 0$ 时,位移大小和路程相等,即 $\lim\limits_{\Delta t \to 0} |\Delta r| = \lim\limits_{\Delta t \to 0} \Delta s$,或者 $|dr| = ds$.

思考　说明 $|\Delta r|$ 与 Δr,$|\Delta r|$ 与 Δs,$|dr|$ 与 $d|r|$,$|dr|$ 与 ds 这四对量之间的区别与联系.

1.3.2 质点的速度和速率

为定量描述质点运动的快慢,我们引入物理量:速度和速率.

1. 平均速度和瞬时速度

若质点在时间间隔 Δt 内发生的位移为 Δr,则定义 Δt 时间内的平均速度:

$$\bar{v} = \frac{\Delta r}{\Delta t} \qquad (1-5)$$

平均速度是矢量,其方向为位移矢量 Δr 的方向. 平均速度只是某一个时间段内的平均效果,不能精细地描述质点每一时刻的运动快慢. 为此,我们引入瞬时速度.

当 $\Delta t \to 0$ 时,平均速度的极限称为质点在 t 时刻的瞬时速度(简称速度),即

$$v = \lim_{\Delta t \to 0} \frac{\Delta r}{\Delta t} = \frac{dr}{dt} \qquad (1-6)$$

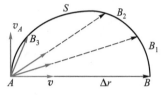

图 1-4 平均速度和瞬时速度

可见,速度是位矢对时间的一阶导数,上式在任意坐标系中均成立.

为什么可以这样定义质点在 t 时刻的瞬时速度? 如图 1-4 所示,当 $\Delta t \to 0$ 时,弧长 $\overset{\frown}{AB}$ 趋近于弦长 $|AB|$,曲线 S 趋近于直线段 AB,其长度为 $|\Delta r|$,平均速度 $\bar{v} = \dfrac{\Delta r}{\Delta t}$ 趋近于瞬时速度 $\dfrac{\mathrm{d}r}{\mathrm{d}t}$. 也就是说,当 $\Delta t \to 0$ 时,$B \to B_1 \to B_2 \to B_3 \to \cdots$,$B$ 点无限接近(最大限度地发挥你的想象力)A 点,AB 趋近于 A 点的切线. 速度方向沿运动轨迹的切线方向.

在国际单位制中,速度的单位是 m/s(米每秒).

2. 平均速率和瞬时速率

若质点在时间间隔 Δt 内经过的路程为 Δs,则定义 Δt 时间内的平均速率为

$$\bar{v} = \frac{\Delta s}{\Delta t} \tag{1-7}$$

平均速率是标量. 由于一般情况下 $|\Delta r| \neq \Delta s$,因此平均速度的大小一般不等于平均速率,即 $|\bar{v}| \neq \bar{v}$.

当 $\Delta t \to 0$ 时,平均速率的极限称为质点在 t 时刻的瞬时速率(简称速率):

$$v = \lim_{\Delta t \to 0} \frac{\Delta s}{\Delta t} = \frac{\mathrm{d}s}{\mathrm{d}t} \tag{1-8}$$

由于 $|\mathrm{d}r| = \mathrm{d}s$,则瞬时速度的大小即瞬时速率,即

$$|v| = \frac{|\mathrm{d}r|}{\mathrm{d}t} = \frac{\mathrm{d}s}{\mathrm{d}t} = v$$

思考 平均速度和平均速率有何区别? 在什么情况下两者的量值相等? 瞬时速度和平均速度的关系和区别是怎样的? 瞬时速率和平均速率的关系和区别又是怎样的?

1.3.3 质点的加速度

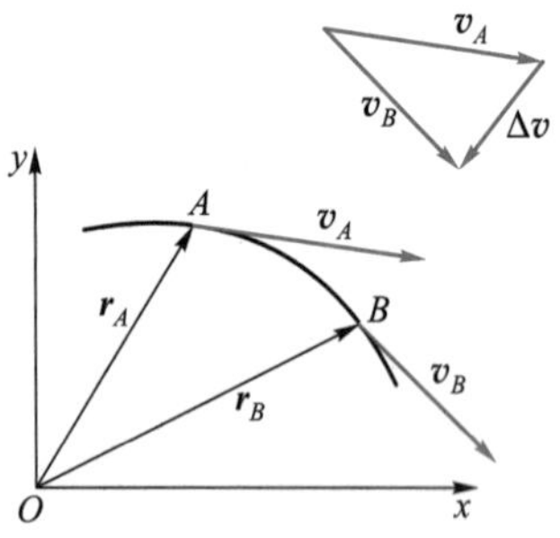

在一般情况下,质点沿某一轨迹运动时,其速度随时间变化. 如图 1-5 所示,在质点运动过程中,某一时刻 t 质点位于 A 点,速度为 v_A;经过 Δt 时间间隔后位于 B 点,速度为 v_B. Δt 时间间隔内,速度的增量为

$$\Delta v = v_B - v_A$$

图 1-5 速度及其变化量

定义 Δt 时间间隔内的平均加速度为

$$\bar{\boldsymbol{a}} = \frac{\Delta \boldsymbol{v}}{\Delta t} \qquad (1-9)$$

平均加速度是矢量,其方向与 $\Delta \boldsymbol{v}$ 相同.

平均加速度仅粗略地描写了质点速度在 Δt 时间间隔内的变化情况. 要精确描述质点速度变化的快慢,令 $\Delta t \to 0$ 时,定义 t 时刻的瞬时加速度(简称加速度)为

$$\boldsymbol{a} = \lim_{\Delta t \to 0} \frac{\Delta \boldsymbol{v}}{\Delta t} = \frac{\mathrm{d}\boldsymbol{v}}{\mathrm{d}t} = \frac{\mathrm{d}^2 \boldsymbol{r}}{\mathrm{d}t^2} \qquad (1-10)$$

可见,加速度是速度对时间的一阶导数,或位矢对时间的二阶导数. 同样,式(1-10)适用于任意坐标系. 加速度 $\boldsymbol{a}$ 的方向沿 $\Delta \boldsymbol{v}$ 的极限方向.

加速度是矢量,具有瞬时性. 它描述质点运动速度大小和方向的变化. 选取彼此之间有相对加速度的不同参考系,描述质点速度变化的快慢和方向是不同的,它具有相对性.

国际单位制中加速度的单位是 $\mathrm{m/s}^2$(米每二次方秒).

1.3.4　运动学中的两类问题

在质点运动学中,质点的运动状态常用位矢 $\boldsymbol{r}$ 和速度 $\boldsymbol{v}$ 来描述,加速度 $\boldsymbol{a}$ 用于描述质点运动状态的变化. 质点运动学一般归纳为下述两类问题:

1. 第一类问题

已知运动学方程,求质点的速度和加速度,即已知 $\boldsymbol{r} = \boldsymbol{r}(t)$,求 $\boldsymbol{v}(t)$ 和 $\boldsymbol{a}(t)$. 此类问题只需根据公式

$$\boldsymbol{v} = \frac{\mathrm{d}\boldsymbol{r}}{\mathrm{d}t} \quad \text{和} \quad \boldsymbol{a} = \frac{\mathrm{d}\boldsymbol{v}}{\mathrm{d}t} = \frac{\mathrm{d}^2 \boldsymbol{r}}{\mathrm{d}t^2}$$

直接将位矢函数 $\boldsymbol{r}(t)$ 对时间 t 求导,即可求解.

2. 第二类问题

已知速度函数(或加速度函数)及初始条件($t = 0$ 时的初位矢 $\boldsymbol{r}_0$、初速度 $\boldsymbol{v}_0$),求质点的运动学方程,即已知 $\boldsymbol{v}(t)$[或 $\boldsymbol{a}(t)$]和 $\boldsymbol{r}_0$、$\boldsymbol{v}_0$,求 $\boldsymbol{r} = \boldsymbol{r}(t)$. 此类问题需要用积分法结合初始条件进行求解.

随着运动学中内容的展开,大家会逐渐体会到,对力学的讨论几乎全部基于位矢、速度和加速度这三个量. 质点的运动学方程是全貌,有了运动学方程,就可以找出轨迹方程,就能得到速

度、加速度的表达式,质点运动的全部信息就都知道了. 因此,要描述质点的运动,关键是找出运动学方程.

本节用矢量描述位矢、速度和加速度并建立它们之间的相互关系,对坐标系的选择并没有作任何规定,因此这样的描述适用于任何坐标系. 下面几节将对不同的坐标系作具体的讨论.

1.4 直角坐标系中运动的描述

为定量地描述质点的运动,我们在选定的参考系上建立坐标系. 最简单、最常用的坐标系是直角坐标系.

质点的位置可以用从坐标原点 O 到质点所在位置 P 的位矢 $\boldsymbol{r}$ 描述,如图 1-6 所示. 将位矢投影到直角坐标系中,令 x、y、z 方向的单位矢量分别为 $\boldsymbol{i}$、$\boldsymbol{j}$、$\boldsymbol{k}$,则位矢在直角坐标系中表达为

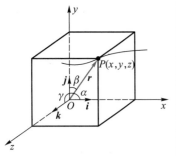

图 1-6 质点在直角
坐标系中的运动

$$\boldsymbol{r} = x\boldsymbol{i} + y\boldsymbol{j} + z\boldsymbol{k} \tag{1-11}$$

其中,位矢的大小为

$$r = |\boldsymbol{r}| = \sqrt{x^2 + y^2 + z^2} \tag{1-12}$$

方向为

$$\cos\alpha = \frac{x}{r}, \quad \cos\beta = \frac{y}{r}, \quad \cos\gamma = \frac{z}{r}$$

如图 1-6 所示,在直角坐标系中,运动学方程的矢量形式可写为

$$\boldsymbol{r}(t) = x(t)\boldsymbol{i} + y(t)\boldsymbol{j} + z(t)\boldsymbol{k} \tag{1-13}$$

质点的位移表示为

$$\Delta\boldsymbol{r} = (x_B\boldsymbol{i} + y_B\boldsymbol{j} + z_B\boldsymbol{k}) - (x_A\boldsymbol{i} + y_A\boldsymbol{j} + z_A\boldsymbol{k}) = \Delta x\boldsymbol{i} + \Delta y\boldsymbol{j} + \Delta z\boldsymbol{k} \tag{1-14}$$

位移是矢量,其大小为

$$|\Delta\boldsymbol{r}| = \sqrt{(\Delta x)^2 + (\Delta y)^2 + (\Delta z)^2}$$

位移方向为由 A 指向 B.

质点位置变化的快慢用速度矢量表示,即

$$\boldsymbol{v} = \frac{\mathrm{d}\boldsymbol{r}}{\mathrm{d}t} = \frac{\mathrm{d}x}{\mathrm{d}t}\boldsymbol{i} + \frac{\mathrm{d}y}{\mathrm{d}t}\boldsymbol{j} + \frac{\mathrm{d}z}{\mathrm{d}t}\boldsymbol{k} = v_x(t)\boldsymbol{i} + v_y(t)\boldsymbol{j} + v_z(t)\boldsymbol{k} \tag{1-15}$$

速度的大小定义为速率,其与路程的关系为

$$v = \left|\frac{\mathrm{d}\boldsymbol{r}}{\mathrm{d}t}\right| = \frac{\mathrm{d}s}{\mathrm{d}t} \tag{1-16}$$

在直角坐标系中,加速度可表示为

$$a = \frac{dv_x}{dt}\boldsymbol{i} + \frac{dv_y}{dt}\boldsymbol{j} + \frac{dv_z}{dt}\boldsymbol{k}$$

$$= \frac{d^2x}{dt^2}\boldsymbol{i} + \frac{d^2y}{dt^2}\boldsymbol{j} + \frac{d^2z}{dt^2}\boldsymbol{k} \tag{1-17}$$

$$= a_x(t)\boldsymbol{i} + a_y(t)\boldsymbol{j} + a_z(t)\boldsymbol{k}$$

加速度是矢量,其大小为

$$a = \sqrt{a_x^2 + a_y^2 + a_z^2}$$

1.4.1　一维直线运动

上述位矢 $\boldsymbol{r}$、位移 $\Delta\boldsymbol{r}$、速度 $\boldsymbol{v}$ 和加速度 $\boldsymbol{a}$ 四个物理量的直角坐标分量描述,都满足运动独立性原理. 因此,质点的空间运动都可看成沿 x、y、z 三个方向各自独立的直线运动的叠加. 那么,一维直线运动的描述就显得非常重要.

质点一维运动的轨迹是一条直线,这条直线取为直角坐标系中的一维坐标轴,根据式(1-11),质点的位置矢量就可表达为

$$\boldsymbol{r} = x\boldsymbol{i}$$

一般来说,可将位置矢量 $\boldsymbol{r}$ 投影在一维坐标系中,在每一时刻的位置直接用坐标 x 描述,这里坐标 x 可正可负,用坐标的正、负号表示位置矢量 $\boldsymbol{r}$ 的方向. 在一维坐标系中描述质点运动的所有物理量都还是矢量,每一个矢量的方向只有两个,要么沿着 $+x$ 方向,要么沿着 $-x$ 方向. 因此,x 可以不写成矢量形式,其方向用正、负号表达. 例如,质点在 t_1 时刻的坐标为 x_1,如果 $x_1 > 0$,就表示 t_1 时刻质点运动到坐标原点的 $+x$ 方向 x_1 位置处. 质点在任意 t 时刻的坐标为 x,其运动学方程表示为

$$x = x(t) \tag{1-18}$$

图 1-7(a)画出了质点作一维直线运动时 $x = x(t)$ 的函数曲线. 在 Δt 时间间隔内,质点由 t_1 时刻 P_1 位置运动到 t_2 时刻 P_2 位置处,则此时间间隔内的位移为

$$\Delta x = x_2 - x_1 \tag{1-19}$$

平均速度为

$$\bar{v} = \frac{x_2 - x_1}{t_2 - t_1} = \frac{\Delta x}{\Delta t} \tag{1-20}$$

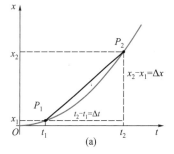

(a)

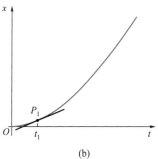

(b)

图 1-7　质点的运动学
方程函数曲线

在图 1-7(a)中,直线 P_1P_2 的斜率就是 Δt 时间内的平均速度.

要精确描述质点位置变化的快慢,需要引入瞬时速度(简称速度),即

$$v = \lim_{\Delta t \to 0} \frac{\Delta x}{\Delta t} = \frac{\mathrm{d}x}{\mathrm{d}t} = v(t) \qquad (1-21)$$

在图 1-7(b)里 $x = x(t)$ 的函数曲线上每一点的切线的斜率就是每一时刻 t 的瞬时速度.

注意,式(1-21)中的 v 是速度,可能 $v>0$,也可能 $v<0$,而式(1-16)中的 v 是速率,总是 $v>0$. 虽然,两者写法相同,但物理意义是有区别的.

如果速度是时间的函数,那么就有加速度的概念. 速度的变化用加速度描述,首先定义平均加速度,即

$$\bar{a} = \frac{\Delta v}{\Delta t} \qquad (1-22)$$

在如图 1-8 所示的速度曲线中,直线 P_1P_2 的斜率就是 Δt 时间内的平均加速. 当 $\Delta t \to 0$ 时,平均加速度的极限就定义为瞬时加速度(简称加速度),即

$$a = \frac{\mathrm{d}v}{\mathrm{d}t} = \frac{\mathrm{d}}{\mathrm{d}t}\left(\frac{\mathrm{d}x}{\mathrm{d}t}\right) = \frac{\mathrm{d}^2 x}{\mathrm{d}t^2} \qquad (1-23)$$

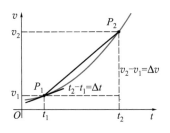

图 1-8　速度函数曲线

在图 1-8 中,$v = v(t)$ 的函数曲线上每一点切线的斜率就是每一时刻 t 的瞬时加速度. 这里,加速度依然是矢量,可能 $a>0$,也可能 $a<0$.

思考　一质点作直线运动,初、末速度分别为 v_1、v_2,其平均速度总等于 $\frac{1}{2}(v_1+v_2)$ 吗? 用此式计算平均速度的条件是什么?

在一维坐标系中,运动学中的问题可分为以下两类.

第一类问题:已知运动学方程,求质点的速度和加速度,即已知 $x = x(t)$,求 $v(t)$ 和 $a(t)$. 此类问题只需根据公式

$$v = \frac{\mathrm{d}x}{\mathrm{d}t} \quad \text{和} \quad a = \frac{\mathrm{d}v}{\mathrm{d}t} = \frac{\mathrm{d}^2 x}{\mathrm{d}t^2}$$

直接将位矢函数 $x = x(t)$ 对时间 t 求导,即可求解.

第二类问题:已知速度函数(或加速度函数)及初始条件($t=0$ 时的初位矢 x_0、初速度 v_0),求质点的运动方程,即已知 $v(t)$[或 $a(t)$]和 x_0、v_0,求 $x(t)$. 此类问题需要用积分法结合初始条件进行求解.

例 1-2

一质点在外力的作用下从静止在原点到开始运动,其加速度为 $a = 2x+1$(SI 单位),求质点运动到 10 m 时所具有的速度.

解 已知加速度是位置的函数(或速度的函数),求速度和位置的函数关系,即已知 $a(x)$ [或 $a(v)$],求 $v(x)$,这道题是运动学中的第二类问题. 此类问题采用如下方法:

$$a_x = \frac{dv_x}{dt} = \frac{dv_x}{dt}\frac{dx}{dx} = \frac{dv_x}{dx}\frac{dx}{dt} = v_x\frac{dv_x}{dx}$$

然后将含有 v 和 x 的部分分离变量,积分求解. 本题中

$$a = v\frac{dv}{dx} = 2x+1$$

分离变量并积分,有

$$\int_0^v v\,dv = \int_0^x (2x+1)\,dx$$

则

$$v = \sqrt{2x^2+2x}$$

当 $x = 10$ m 时,速度为

$$v = \sqrt{2x^2+2x} = \sqrt{220} \text{ m/s} \approx 14.8 \text{ m/s}$$

例 1-3

一质点作直线运动,其瞬时加速度的变化规律为 $a_x = -A\omega^2\cos\omega t$,$t = 0$ 时,$v_0 = 0$,$x_0 = A$,其中 A、ω 均为正值常量,求此质点的运动学方程.

解 这道题是运动学中的第二类问题. 由已知条件得

$$a_x = \frac{dv_x}{dt} = -A\omega^2\cos\omega t$$

考虑初始条件,利用分离变量积分,有

$$\int_{v_0}^{v_x} dv_x = -\int_0^t A\omega^2\cos\omega t\,dt$$

$$v_x = v_0 + \int_0^t -A\omega^2\cos\omega t\,dt = 0 + \int_0^t -A\omega^2\cos\omega t\,dt$$

$$= -A\omega\sin\omega t\,\Big|_0^t = -A\omega\sin\omega t$$

$$v_x = \frac{dx}{dt} = -A\omega\sin\omega t$$

考虑初始条件,利用分离变量积分,有

$$\int_{x_0}^x dx = -\int_0^t A\omega\sin\omega t\,dt$$

$$x = x_0 + \int_0^t (-A\omega\sin\omega t)\,dt$$

$$= A + \int_0^t (-A\omega\sin\omega t)\,dt$$

$$= A + A\cos\omega t\,\Big|_0^t = A + A\cos\omega t - A$$

$$= A\cos\omega t$$

上式即所求运动学方程.

1.4.2 曲线运动

前面描述了一维直线运动,接下来讨论直角坐标系中质点的二维或三维运动.

我们先来讨论二维运动的情况,即质点运动的轨迹在二维平面内,如图 1-9 所示. 根据运动叠加原理,在直角坐标系中,质点的二维运动可以分解为两个正交方向一维运动的叠加. 两

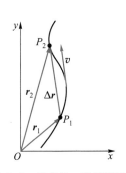

图 1-9 质点的二维平面运动

个正交方向物理量的叠加满足矢量叠加原理,这就是引入矢量来描述质点运动的意义所在. 这时二维运动要进行矢量叠加,每一个正交方向的一维直线运动的描述中,物理量用矢量表达如下:

x 方向:位矢 $x\boldsymbol{i}$,　位移 $\Delta x\boldsymbol{i}$,　速度 $\dfrac{\mathrm{d}x}{\mathrm{d}t}\boldsymbol{i}=v_x(t)\boldsymbol{i}$,　加速度 $\dfrac{\mathrm{d}v_x}{\mathrm{d}t}\boldsymbol{i}=a_x(t)\boldsymbol{i}$

y 方向:位矢 $y\boldsymbol{j}$,　位移 $\Delta y\boldsymbol{j}$,　速度 $\dfrac{\mathrm{d}y}{\mathrm{d}t}\boldsymbol{j}=v_y(t)\boldsymbol{j}$,　加速度 $\dfrac{\mathrm{d}v_y}{\mathrm{d}t}\boldsymbol{j}=a_y(t)\boldsymbol{j}$

下面讨论直角坐标系中,二维运动的矢量描述. 位矢在直角坐标系中表示为

$$\boldsymbol{r}=x\boldsymbol{i}+y\boldsymbol{j} \tag{1-24}$$

运动学方程矢量形式可写为

$$\boldsymbol{r}(t)=x(t)\boldsymbol{i}+y(t)\boldsymbol{j} \tag{1-25}$$

其分量形式为

$$\begin{cases} x=x(t) \\ y=y(t) \end{cases} \tag{1-26}$$

质点的位移表示为

$$\Delta\boldsymbol{r}=(x_B\boldsymbol{i}+y_B\boldsymbol{j})-(x_A\boldsymbol{i}+y_A\boldsymbol{j})=\Delta x\boldsymbol{i}+\Delta y\boldsymbol{j} \tag{1-27}$$

其中,位移大小为

$$|\Delta\boldsymbol{r}|=\sqrt{(\Delta x)^2+(\Delta y)^2}$$

位移方向为由 P_1 指向 P_2,如图 1-9 所示. 路程 Δs 就是图 1-9 中 P_1、P_2 沿轨迹的长度.

　　思考　在二维平面曲线运动中,$|\Delta\boldsymbol{r}|$ 与 $\Delta\boldsymbol{r}$,$|\Delta\boldsymbol{r}|$ 与 Δs,$|\mathrm{d}\boldsymbol{r}|$ 与 $\mathrm{d}|\boldsymbol{r}|$,$|\mathrm{d}\boldsymbol{r}|$ 与 $\mathrm{d}s$ 这四对量之间有什么区别与联系?

　　质点的位置随时间改变,质点位置变化的快慢用速度矢量表示,先引入平均速度,即

$$\bar{\boldsymbol{v}}=\frac{\Delta\boldsymbol{r}}{\Delta t}=\frac{\Delta x}{\Delta t}\boldsymbol{i}+\frac{\Delta y}{\Delta t}\boldsymbol{j} \tag{1-28}$$

如图 1-9 所示,Δt 时间内的平均速度由 P_1 指向 P_2,与位移同向.

　　引入速度矢量精确描述质点运动,即

$$\boldsymbol{v}=\frac{\mathrm{d}\boldsymbol{r}}{\mathrm{d}t}=\frac{\mathrm{d}x}{\mathrm{d}t}\boldsymbol{i}+\frac{\mathrm{d}y}{\mathrm{d}t}\boldsymbol{j}=v_x(t)\boldsymbol{i}+v_y(t)\boldsymbol{j} \tag{1-29}$$

其分量形式为

$$\begin{cases} v_x = \dfrac{\mathrm{d}x}{\mathrm{d}t} \\ v_y = \dfrac{\mathrm{d}y}{\mathrm{d}t} \end{cases} \qquad (1-30)$$

在图 1-9 中,$r = r(t)$ 的轨迹曲线上每一点的切线的斜率就是每一时刻 t 的瞬时速度.

> 思考　一个作平面运动的质点,它的运动学方程是 $r = r(t)$,速度方程是 $v = v(t)$,若
>
> (1) $\dfrac{\mathrm{d}r}{\mathrm{d}t} = 0, \dfrac{\mathrm{d}\boldsymbol{r}}{\mathrm{d}t} \neq 0$,质点作什么运动?
>
> (2) $\dfrac{\mathrm{d}v}{\mathrm{d}t} = 0, \dfrac{\mathrm{d}\boldsymbol{v}}{\mathrm{d}t} \neq 0$,质点作什么运动?

在直角坐标系中,加速度可表示为

$$\boldsymbol{a} = \frac{\mathrm{d}v_x}{\mathrm{d}t}\boldsymbol{i} + \frac{\mathrm{d}v_y}{\mathrm{d}t}\boldsymbol{j} = \frac{\mathrm{d}^2 x}{\mathrm{d}t^2}\boldsymbol{i} + \frac{\mathrm{d}^2 y}{\mathrm{d}t^2}\boldsymbol{j} = a_x(t)\boldsymbol{i} + a_y(t)\boldsymbol{j} \qquad (1-31)$$

其分量形式为

$$\begin{cases} a_x = \dfrac{\mathrm{d}v_x}{\mathrm{d}t} = \dfrac{\mathrm{d}^2 x}{\mathrm{d}t^2} \\ a_y = \dfrac{\mathrm{d}v_y}{\mathrm{d}t} = \dfrac{\mathrm{d}^2 y}{\mathrm{d}t^2} \end{cases} \qquad (1-32)$$

加速度是矢量,其大小为

$$a = \sqrt{a_x^2 + a_y^2}$$

其方向为 $\Delta \boldsymbol{v}$ 的极限方向.

> 思考　质点的运动学方程为 $x = x(t), y = y(t)$. 在计算质点的速度和加速度时,有人先求出 $r = \sqrt{x^2 + y^2}$,然后根据
>
> $$v = \frac{\mathrm{d}r}{\mathrm{d}t} \quad \text{和} \quad a = \frac{\mathrm{d}^2 r}{\mathrm{d}t^2}$$
>
> 求出 v 和 a. 也有人先计算速度和加速度的分量,再求出
>
> $$v = \sqrt{\left(\frac{\mathrm{d}x}{\mathrm{d}t}\right)^2 + \left(\frac{\mathrm{d}y}{\mathrm{d}t}\right)^2} \quad \text{和} \quad a = \sqrt{\left(\frac{\mathrm{d}^2 x}{\mathrm{d}t^2}\right)^2 + \left(\frac{\mathrm{d}^2 y}{\mathrm{d}t^2}\right)^2}$$
>
> 这两种方法哪一种正确? 为什么?

例 1-4

如图 1-10 所示,一质点作半径为 R 的匀速圆周运动,周期为 T,求下列过程中质点的平均速度和平均速率:

(1) 四分之一周期从 A 到 B;

(2) 半个周期从 A 到 C.

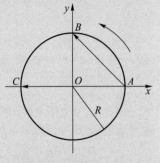

图 1-10 例 1-4 图

解 (1) 由平均速度的定义 $\bar{\boldsymbol{v}} = \dfrac{\Delta \boldsymbol{r}}{\Delta t}$,得

$$\Delta \boldsymbol{r} = \boldsymbol{r}_B - \boldsymbol{r}_A = R\boldsymbol{j} - R\boldsymbol{i}$$

$$\Delta t = \frac{T}{4}$$

则平均速度

$$\bar{\boldsymbol{v}} = \frac{4R}{T}\boldsymbol{j} - \frac{4R}{T}\boldsymbol{i}$$

其大小 $|\bar{\boldsymbol{v}}| = \dfrac{4\sqrt{2}R}{T}$,方向由 A 指向 B.

平均速率为

$$\bar{v} = \frac{\Delta s}{\Delta t} = \frac{\pi R/2}{T/4} = \frac{2\pi R}{T}$$

(2) 在质点半个周期从 A 到 C 的过程中

$$\Delta \boldsymbol{r} = \boldsymbol{r}_C - \boldsymbol{r}_A = -R\boldsymbol{i} - R\boldsymbol{i} = -2R\boldsymbol{i}$$

$$\Delta t = \frac{T}{2}$$

由平均速度定义 $\bar{\boldsymbol{v}} = \dfrac{\Delta \boldsymbol{r}}{\Delta t}$,得

$$\bar{\boldsymbol{v}} = -\frac{4R}{T}\boldsymbol{i}$$

其大小为 $|\bar{\boldsymbol{v}}| = \dfrac{4R}{T}$,方向由 A 指向 C.

平均速率为

$$\bar{v} = \frac{\Delta s}{\Delta t} = \frac{\pi R}{T/2} = \frac{2\pi R}{T}$$

例 1-5

如图 1-11 所示,人高 h,站在高为 H 的塔吊吊灯下,塔吊带着灯以速度 $\boldsymbol{v}_0$ 离开,灯光从人头顶掠过,求人头顶在地上的影子的运动速度.

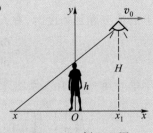

图 1-11 例 1-5 图

解 以人在地面的位置为坐标原点建立直角坐标系,设某时刻 t 吊灯的 x 轴坐标为 x_1,人头顶影子的坐标为 $x(x<0)$,则利用相似三角形的关系有

$$\frac{H}{h} = \frac{x_1 - x}{-x}$$

由上式,得

$$x = -\frac{hx_1}{H-h}$$

人头顶影子的速度为

$$v = \frac{\mathrm{d}x}{\mathrm{d}t} = -\frac{h}{H-h}\frac{\mathrm{d}x_1}{\mathrm{d}t} = -\frac{hv_0}{H-h}$$

速度方向沿 x 轴负方向.

三维直角坐标系中质点的运动描述,即质点的三维空间曲线运动表述,可参考式(1-11)—式(1-17),这里不再重复.这里要强调的是运动学中的两类问题.下面通过两个例子来讨论,关键是要注意在一维问题的基础上怎样解决二维或三维运动学中的两类问题.

> **思考**　回顾一下质点运动学的两类问题.

在二维或三维直角坐标系中,运动学中的两类问题表述如下:

第一类问题:已知运动学方程,求质点的速度和加速度,即已知 $r=r(t)$,求 $v(t)$ 和 $a(t)$.此类问题只需要根据公式

$$v=\frac{\mathrm{d}r}{\mathrm{d}t}\quad\text{和}\quad a=\frac{\mathrm{d}v}{\mathrm{d}t}=\frac{\mathrm{d}^2r}{\mathrm{d}t^2}$$

即可求解.这里的难点是矢量求导如何计算.

第二类问题:已知速度函数(或加速度函数)及初始条件($t=0$ 时的初位矢 r_0、初速度 v_0),求质点的运动学方程,即已知 $v(t)$ [或 $a(t)$] 和 r_0、v_0,求 $r=r(t)$.此类问题需要计算矢量积分,矢量积分如何计算是难点.

例 1-6

已知质点的运动学方程为 $r=(-5t+10t^2)i+(10t-15t^2)j$(SI 单位),求 $t=2$ s 时,质点的速度和加速度.

解　这道题是二维直角坐标系下运动学中的第一类问题,解题方法是求导.采用坐标分量法和微分法进行求解,即质点在 Oxy 平面内运动,由质点的运动学方程可知

$$x=-5t+10t^2,\quad y=10t-15t^2$$

从速度定义出发,得

$$v_x=\frac{\mathrm{d}x}{\mathrm{d}t}=-5+20t$$

$$v_y=\frac{\mathrm{d}y}{\mathrm{d}t}=10-30t$$

$t=2$ s 时,有

$$v_x=(-5+40)\text{ m/s}=35\text{ m/s}$$

$$v_y=(10-60)\text{ m/s}=-50\text{ m/s}$$

$t=2$ s 时,质点速度的大小为

$$v=\sqrt{v_x^2+v_y^2}=\sqrt{35^2+(-50)^2}\text{ m/s}\approx61\text{ m/s}$$

质点速度的方向与 x 轴的夹角为

$$\alpha=\arctan\frac{v_y}{v_x}=\arctan\frac{-50}{35}\approx-55°$$

从加速度定义出发求解,得

$$a_x=\frac{\mathrm{d}v_x}{\mathrm{d}t}=20\text{ m/s}^2,\quad a_y=\frac{\mathrm{d}v_y}{\mathrm{d}t}=-30\text{ m/s}^2$$

质点加速度的大小为

$$a=\sqrt{a_x^2+a_y^2}=\sqrt{20^2+(-30)^2}\text{ m/s}^2\approx36\text{ m/s}^2$$

质点加速度的方向与 x 轴的夹角为

$$\beta=\arctan\frac{a_y}{a_x}=\arctan\frac{-30}{20}\approx-56°19'$$

例 1-7

一人在阳台上以投射角 $\theta = 30°$ 和速度 $v_0 = 20$ m/s 向阳台前地面投出一小球,球离手时距离地面的高度为 $h = 10$ m. 试问球投出后何时着地? 在何处着地? 着地时速度的大小和方向如何?

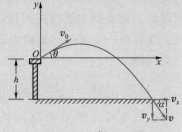

图 1-12 例 1-7 图

解 这道题是二维直角坐标系下运动学中的第二类问题,解题方法是计算矢量积分. 矢量积分的计算是这道题的难点. 以投出点为原点,建立直角坐标系,如图1-12所示,则加速度为

$$a = -g\,j$$

初始速度、位矢分别为 $v_0 = v_0(\cos\theta)i + v_0(\sin\theta)j$, $r_0 = 0$, 由

$$a = \frac{dv}{dt} = -g\,j$$

结合初始条件积分,得

$$\int_{v_0}^{v} dv = -\int_0^t g\,j\,dt$$

速度方程为

$$v = v_0 - gtj = v_0(\cos\theta)i + (v_0\sin\theta - gt)j$$

由 $\quad v = \dfrac{dr}{dt} = (v_0\cos\theta)i + (v_0\sin\theta - gt)j$

结合初始条件积分,得

$$\int_{r_0}^{r} dr = \int_0^t [v_0(\cos\theta)i + (v_0\sin\theta - gt)j]\,dt$$

运动学方程为

$$r = v_0 t(\cos\theta)i + \left(v_0 t\sin\theta - \frac{1}{2}gt^2\right)j$$

当小球落地时,位矢的 y 轴分量为 $-h$, 即

$$y = v_0 t\sin\theta - \frac{1}{2}gt^2 = -h$$

取 $g = 9.8$ m/s², 得

$$20\times\frac{1}{2}t - \frac{1}{2}\times9.8t^2 = -10\,(\text{SI 单位})$$

解得 $t = 2.78$ s ($t = -0.74$ s 舍去), 即球出手后 2.78 s 着地.

着地点与投射点的水平距离为

$$x = v_0\cos\theta \cdot t = 20\cos 30°\times2.78 \text{ m} \approx 48.2 \text{ m}$$

着地时小球的速度分量为

$$v_x = v_0\cos\theta = 20\cos 30° \text{ m/s} \approx 17.3 \text{ m/s}$$

$$v_y = v_0\sin\theta - gt = (20\sin 30° - 9.8\times2.78)\text{m/s}$$
$$\approx -17.2 \text{ m/s}$$

着地时速度的大小为

$$v = \sqrt{v_x^2 + v_y^2} = \sqrt{17.3^2 + 17.2^2} \text{ m/s} \approx 24.4 \text{ m/s}$$

速度与 x 轴夹角为

$$\alpha = \arctan\frac{v_y}{v_x} \approx -44.8°$$

需要注意,以上的两类问题都是在直角坐标系情况下的计算,若在其他坐标系中研究运动学问题,情况会有所不同.

1.5 圆周运动

1.5.1 自然坐标系 切向加速度和法向加速度

圆周运动是一类特殊的平面曲线运动. 质点作圆周运动时,

由于其轨迹的曲率半径处处相等,而速度方向始终在圆周的切线上,因此,对圆周运动的描述,可采用以平面自然坐标系为基础的线量描述.

自然坐标系是以质点的运动轨迹为坐标轴的坐标系. 如图 1-13 所示,在轨迹曲线上,任取一点 O 作为自然坐标原点,沿轨迹选取正方向,以 O 点到质点的曲线长度 s 为自然坐标来确定质点的位置. 自然坐标系中的运动方程可写为

$$s = s(t) \tag{1-33}$$

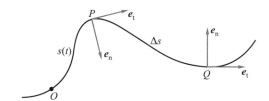

图 1-13 自然坐标系

质点轨迹曲线上(即自然坐标系上)的任意一点 P,存在着两个单位矢量 $\boldsymbol{e}_t$ 和 $\boldsymbol{e}_n$,其中 $\boldsymbol{e}_t$ 是切向单位矢量,它沿着轨道在 P 点的切线方向并指向自然坐标系的正方向;$\boldsymbol{e}_n$ 是法向单位矢量,它沿着轨道在 P 点的法线方向并指向轨道的凹侧,这是一个动坐标系.

与直角坐标系的三个单位矢量 $\boldsymbol{i}$、$\boldsymbol{j}$、$\boldsymbol{k}$ 不同,$\boldsymbol{e}_t$ 和 $\boldsymbol{e}_n$ 并不是常矢量,它们会随着自然坐标位置的变化而变化,因此它们是时间的函数.

若 t 时刻质点处于 P 点,经过 Δt 时间后到达 Q 点,则 Δt 时间内质点的位置变化可由质点经过的路程来描述,即

$$\Delta s = s(t + \Delta t) - s(t) \tag{1-34}$$

需要注意,自然坐标系中路程是有正负的. 若 P 点到 Q 点沿正方向,则 $\Delta s > 0$;若 P 点到 Q 点沿负方向,则 $\Delta s < 0$. 当时间间隔 $\Delta t \to 0$ 时,路程 Δs 可以写为 $\mathrm{d}s$.

由速度的定义 $\boldsymbol{v} = \dfrac{\mathrm{d}\boldsymbol{r}}{\mathrm{d}t}$,其大小为 $|\boldsymbol{v}| = \dfrac{|\mathrm{d}\boldsymbol{r}|}{\mathrm{d}t} = \dfrac{\mathrm{d}s}{\mathrm{d}t}$,其方向沿轨迹的切线方向. 若质点沿轨迹向正方向运动即沿 $\boldsymbol{e}_t$ 方向运动,此时 $\mathrm{d}s > 0$,则在自然坐标系中,质点的速度可表示为

$$\boldsymbol{v} = |\boldsymbol{v}|\boldsymbol{e}_t = v\boldsymbol{e}_t = \frac{|\mathrm{d}\boldsymbol{r}|}{\mathrm{d}t}\boldsymbol{e}_t = \frac{\mathrm{d}s}{\mathrm{d}t}\boldsymbol{e}_t \tag{1-35}$$

需要指出,自然坐标系中速率 v 是有正负的. 若速度沿正方向,$v > 0$;若速度沿负方向,$v < 0$.

下面,我们对质点圆周运动过程中的加速度 $\boldsymbol{a}$ 作进一步讨论.

由加速度的定义,有

$$\boldsymbol{a}=\frac{\mathrm{d}\boldsymbol{v}}{\mathrm{d}t}=\frac{\mathrm{d}}{\mathrm{d}t}(v\boldsymbol{e}_{\mathrm{t}})=\frac{\mathrm{d}v}{\mathrm{d}t}\boldsymbol{e}_{\mathrm{t}}+v\frac{\mathrm{d}\boldsymbol{e}_{\mathrm{t}}}{\mathrm{d}t} \qquad (1-36)$$

设质点作圆周运动,如图 1-14 所示. 由于切向单位矢量 $\boldsymbol{e}_{\mathrm{t}}$ 是时间 t 的函数 $\boldsymbol{e}_{\mathrm{t}}(t)$,则 $\dfrac{\mathrm{d}\boldsymbol{e}_{\mathrm{t}}}{\mathrm{d}t}\neq 0$. 下面来讨论 $\dfrac{\mathrm{d}\boldsymbol{e}_{\mathrm{t}}}{\mathrm{d}t}$ 在自然坐标系中的形式.

如图 1-14 所示,设 t 时刻质点位于 P 点,切向单位矢量为 $\boldsymbol{e}_{\mathrm{t}}(t)$;经过时间间隔 Δt 后,质点运动到 Q 点,切向单位矢量为 $\boldsymbol{e}_{\mathrm{t}}(t+\Delta t)$. 此过程中切向单位矢量的变化量为

$$\Delta\boldsymbol{e}_{\mathrm{t}}=\boldsymbol{e}_{\mathrm{t}}(t+\Delta t)-\boldsymbol{e}_{\mathrm{t}}(t)$$

当时间间隔 $\Delta t\to 0$ 时,该过程中质点运动的路程 Δs 是半径为 R 的一段圆弧,Δs 对应的圆心角为 $\Delta\theta$,即 $\Delta s=R\Delta\theta$. 此时切向单位矢量的变化量 $\Delta\boldsymbol{e}_{\mathrm{t}}$ 的方向趋于垂直于 $\boldsymbol{e}_{\mathrm{t}}$ 的方向,即 $\boldsymbol{e}_{\mathrm{n}}$ 方向;其大小为 $|\Delta\boldsymbol{e}_{\mathrm{t}}|=\Delta\theta|\boldsymbol{e}_{\mathrm{t}}|=\Delta\theta$,即 $\Delta\boldsymbol{e}_{\mathrm{t}}=|\Delta\boldsymbol{e}_{\mathrm{t}}|\boldsymbol{e}_{\mathrm{n}}=\Delta\theta\boldsymbol{e}_{\mathrm{n}}$. 因此,有

$$\frac{\mathrm{d}\boldsymbol{e}_{\mathrm{t}}}{\mathrm{d}t}=\lim_{\Delta t\to 0}\frac{\Delta\boldsymbol{e}_{\mathrm{t}}}{\Delta t}=\lim_{\Delta t\to 0}\frac{\Delta\theta}{\Delta t}\boldsymbol{e}_{\mathrm{n}}=\lim_{\Delta t\to 0}\frac{\Delta s}{R\Delta t}\boldsymbol{e}_{\mathrm{n}}=\frac{1}{R}\frac{\mathrm{d}s}{\mathrm{d}t}\boldsymbol{e}_{\mathrm{n}}=\frac{v}{R}\boldsymbol{e}_{\mathrm{n}} \qquad (1-37)$$

将式(1-37)代入式(1-36),可得

$$\boldsymbol{a}=\frac{\mathrm{d}v}{\mathrm{d}t}\boldsymbol{e}_{\mathrm{t}}+\frac{v^2}{R}\boldsymbol{e}_{\mathrm{n}} \qquad (1-38)$$

由式(1-38)可以看出,在自然坐标系中,加速度可以沿切线方向和法线方向分解,分别称之为切向加速度 $\boldsymbol{a}_{\mathrm{t}}$ 和法向加速度 $\boldsymbol{a}_{\mathrm{n}}$,其矢量形式为

$$\begin{cases} \boldsymbol{a}_{\mathrm{t}}=\dfrac{\mathrm{d}v}{\mathrm{d}t}\boldsymbol{e}_{\mathrm{t}}=\dfrac{\mathrm{d}^2 s}{\mathrm{d}t^2}\boldsymbol{e}_{\mathrm{t}} \\[2mm] \boldsymbol{a}_{\mathrm{n}}=\dfrac{v^2}{R}\boldsymbol{e}_{\mathrm{n}} \end{cases}$$

其标量形式为

$$\begin{cases} a_{\mathrm{t}}=\dfrac{\mathrm{d}v}{\mathrm{d}t}=\dfrac{\mathrm{d}^2 s}{\mathrm{d}t^2} \\[2mm] a_{\mathrm{n}}=\dfrac{v^2}{R} \end{cases}$$

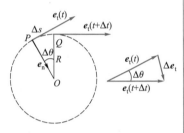

图 1-14 切向加速度和法向加速度

由切向加速度和法向加速度的定义可以看出,切向加速度是改变质点运动速率的原因;法向加速度是改变质点运动方向的原因.

总加速度大小为

$$a = \sqrt{a_{\mathrm{t}}^2 + a_{\mathrm{n}}^2} = \sqrt{\left(\frac{\mathrm{d}v}{\mathrm{d}t}\right)^2 + \left(\frac{v^2}{R}\right)^2}$$

一般情况下,质点作圆周运动时的加速度方向既不沿切向 $\boldsymbol{e}_{\mathrm{n}}$,也不沿法向 $\boldsymbol{e}_{\mathrm{n}}$,而是与切线方向的夹角为 $\alpha = \arctan\dfrac{a_{\mathrm{n}}}{a_{\mathrm{t}}}$. 对于一般平面曲线运动,法向加速度 $a_{\mathrm{n}} = \dfrac{v^2}{R}$ 中的 R 可用曲率半径 ρ 来替代.

> **思考**　物体作圆周运动时,速度一定沿轨迹的切向,法向分速度恒为零,因此法向加速度也一定为零. 这种说法对吗?

1.5.2 圆周运动的角量描述

圆周运动中用自然坐标系描述的质点的位置、路程的量纲是长度量纲时,我们将这种描述方法称为线量描述. 同一种运动还可采用不同的描述方法,既可以用自然坐标系,也可以用其他坐标系来描述圆周运动. 下面讨论圆周运动的平面极坐标系描述.

以圆心 O 为极点,引一条射线为极轴 Ox 建立平面极坐标系. 质点的坐标可以由极径 r 和极角 θ 确定. 由于圆周运动中极径 r 保持不变,因此质点的运动可以由极角 θ 完全描述. 这种描述方法称为角量描述.

1. 角位置和角位移

在平面极坐标系中,作圆周运动的质点的位置可以由极角 θ 唯一确定,我们称极角 θ 为角位置.

一般规定逆时针方向为正方向,则从极轴初始位置开始,逆时针方向的角位置都是正的;而顺时针方向的角位置都是负的. 角位置的单位是 rad(弧度).

在圆周运动中,角量描述的运动学方程可以写为

$$\theta = \theta(t) \tag{1-39}$$

如图 1-15 所示,在圆周运动中,某一时刻 t 质点位于 A 点,

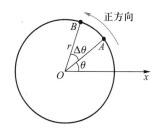

图 1-15　圆周运动角量描述

经过 Δt 时间间隔后位于 B 点,相应的角位置由 θ_A 变为 θ_B,为描述角位置的变化,定义角位移 $\Delta\theta$ 为

$$\Delta\theta = \theta_B - \theta_A \qquad (1-40)$$

它表示在 Δt 时间内质点角位置的变化. 此时,角位移不是矢量. 当从 t 时刻的 A 点到 $t+\Delta t$ 时刻的 B 点实际运动路径为逆时针时,角位移为正;当从 t 时刻的 A 点到 $t+\Delta t$ 时刻的 B 点实际运动路径为顺时针时,角位移为负. 当时间间隔 $\Delta t \to 0$ 时,称 $\Delta\theta$ 为无限小角位移,记为 $d\theta$. 这个无限小角位移是矢量.

角位移的单位是 rad(弧度).

2. 角速度

与质点速度的定义类似,为定量描述圆周运动中质点转动的快慢,我们引入**角速度** ω,定义质点逆时针转动时,角速度的方向为正方向,则

$$\omega = \lim_{\Delta t \to 0} \frac{\Delta\theta}{\Delta t} = \frac{d\theta}{dt} \qquad (1-41)$$

在国际单位制中,角速度单位是 rad/s(弧度每秒).

角速度是矢量,有大小、方向. 质点作平面圆周运动时,其角速度的方向遵循右手螺旋定则,可知其方向为垂直于运动平面,且沿大拇指所指方向,如图 1-16 所示. 但是,在圆周运动中,角速度矢量的方向只有两个,要么沿着轴向上,要么就是反向. 为了简便,在以后讨论质点作平面圆周运动时,角速度矢量的方向用正负号来表示.

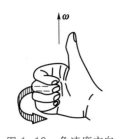

图 1-16　角速度方向

3. 角加速度

同样,我们可以定义**角加速度** α 来描述角速度的变化快慢. 定义质点逆时针转动时的右手螺旋方向为正方向,则

$$\alpha = \frac{d\omega}{dt} = \frac{d^2\theta}{dt^2} \qquad (1-42)$$

与角速度一样,角加速度也有正负.

在国际单位制中,角加速度的单位是 rad/s^2(弧度每二次方秒).

在圆周运动的角量描述中,式(1-41)和式(1-42)表达了角位置 θ、角速度 ω 和角加速度 α 三者之间的关系,它们与线量描述中位矢 r、速度 v 和加速度 a 三者之间的分量关系式(1-30)和式(1-32)类似. 因此,圆周运动的角量描述中也有相应的运动学的两类问题,它们可表述如下.

第一类问题:已知运动学方程,求质点的角速度和角加速度,即已知 $\theta = \theta(t)$,求 $\omega = \omega(t)$ 和 $\alpha = \alpha(t)$. 此类问题只需对时间 t

求导,即可求解.

第二类问题:已知角速度函数(或角加速度函数)及初始条件($t=0$ 时的初角位置 θ_0、初角速度 ω_0),求质点的运动学方程. 此类问题需要用积分法结合初始条件进行求解.

4. 角量描述与线量描述的关系

在描述半径为 R 的圆周运动时,我们同时建立平面极坐标系和自然坐标系,如图 1-17 所示. 以圆心为极点,引一条射线为极轴 Ox 建立平面极坐标系,逆时针为极角 θ 正方向. 以极轴 Ox 与圆周的交点 $O'(\theta=0)$ 作为原点,以圆周为坐标轴,建立自然坐标系,逆时针为自然坐标 s 的正方向. 则角量描述和线量描述之间的关系如下.

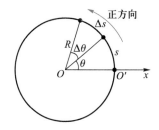

图 1-17　角量与线量关系

自然坐标 s 与角位置 θ:

$$s=R\theta$$

路程 Δs 与角位移 $\Delta\theta$:

$$\Delta s=R\Delta\theta$$

速率 v 与角速度 ω:

$$v=\frac{\mathrm{d}s}{\mathrm{d}t}=R\frac{\mathrm{d}\theta}{\mathrm{d}t}=R\omega$$

切向加速度 a_t:

$$a_t=\frac{\mathrm{d}v}{\mathrm{d}t}=R\frac{\mathrm{d}\omega}{\mathrm{d}t}=R\alpha$$

法向加速度 a_n:

$$a_n=\frac{v^2}{R}=R\omega^2$$

例 1-8

一飞轮以速率 $n=1\,200$ r/min 转动,受到制动而开始均匀地减速,并经过 $t=40$ s 后静止. 求:

(1)角加速度 α;

(2)制动开始后 $t=10$ s 时,飞轮的角速度 ω;

(3)从制动开始到静止时飞轮的转数 N;

(4)设飞轮的半径为 $R=1$ m,求 $t=10$ s 时,飞轮边缘上一点的速率、切向加速度和法向加速度大小.

解　(1)飞轮的初角速度为

$$\omega_0=\frac{1\,200\times 2\pi}{60}\ \mathrm{rad/s}=40\pi\ \mathrm{rad/s}$$

由于飞轮均匀减速,所以角加速度 α 为常量. 由定

义 $\alpha=\dfrac{\mathrm{d}\omega}{\mathrm{d}t}$,结合初、末时刻条件,积分得

$$\int_0^{40\ \mathrm{s}}\alpha\mathrm{d}t=\int_{\omega_0}^0\mathrm{d}\omega$$

则角加速度为

$$\alpha = \frac{0-40\pi}{40}\ \text{rad/s}^2 = -\pi\ \text{rad/s}^2$$

（2）由积分 $\int_0^t \alpha \mathrm{d}t = \int_{\omega_0}^{\omega} \mathrm{d}\omega$ 算出任意时刻 t 时

的角速度为

$$\omega = \omega_0 + \alpha t = 40\pi - \pi t(\text{SI 单位})$$

当 $t = 10$ s 时，角速度为

$$\omega = 30\pi\ \text{rad/s}$$

（3）由定义 $\omega = \dfrac{\mathrm{d}\theta}{\mathrm{d}t} = 40\pi - \pi t$，结合初、末时刻条

件，积分得

$$\int_0^{40\ \text{s}} \omega \mathrm{d}t = \int_{\theta_0}^{\theta} \mathrm{d}\theta$$

则角位移为

$$\Delta\theta = \theta - \theta_0 = \int_0^{40} (40\pi - \pi t)\,\mathrm{d}t$$

$$= \left(40\pi t - \frac{1}{2}\pi t^2\right)\ \bigg|_0^{40} = 800\pi\ \text{rad}$$

（中间步骤均采用 SI 单位）

则转数为

$$N = \frac{800\pi}{2\pi} = 400$$

（4）当 $t = 10$ s 时，飞轮边缘上一点的速率为

$$v = R\omega = 1 \times 30\pi\ \text{m/s} = 30\pi\ \text{m/s}$$

切向加速度 a_t 和法向加速度 a_n 大小分别为

$$a_\text{t} = R\alpha = 1 \times (-\pi)\ \text{m/s}^2 = -\pi\ \text{m/s}^2$$

$$a_\text{n} = R\omega^2 = 1 \times (30\pi)^2\ \text{m/s}^2 = 900\pi^2\ \text{m/s}^2$$

例 1-9

一质点作半径为 $r = 0.1$ m 的圆周运动，其角位置 θ 的运动学方程为 $\theta = 2 + 3t^3$（SI 单位）. 试求：

（1）速率随时间的变化关系；

（2）$t = 1$ s 时的法向加速度和切向加速度大小.

解　（1）由角速度的定义得

$$\omega = \frac{\mathrm{d}\theta}{\mathrm{d}t} = \frac{\mathrm{d}}{\mathrm{d}t}(2 + 3t^3) = 9t^2(\text{SI 单位})$$

则速率为

$$v = r\omega = 0.9t^2(\text{SI 单位})$$

（2）由角加速度的定义

$$\alpha = \frac{\mathrm{d}\omega}{\mathrm{d}t} = \frac{\mathrm{d}}{\mathrm{d}t}(9t^2) = 18t(\text{SI 单位})$$

则法向加速度为

$$a_\text{n} = r\omega^2 = 8.1t^4(\text{SI 单位})$$

切向加速度大小为

$$a_\text{t} = r\alpha = 1.8t(\text{SI 单位})$$

当 $t = 1$ s 时，法向加速度大小为

$$a_\text{n} = 8.1\ \text{m/s}^2$$

切向加速度大小为

$$a_\text{t} = 1.8\ \text{m/s}^2$$

1.6　相对运动

描述一个物体的运动时，采用不同的参考系会有不同的结果. 下面我们讨论在任意两个参考系 A 和 B 中描述质点 P 运动时的相互关系.

首先取参考系 A 上任意点 O 为坐标原点建立坐标系 A，然后

取参考系 B 上任意点 O' 为坐标原点建立坐标系 B. 则在任意时刻 t, 质点 P 在坐标系 A 中的位矢为 $\boldsymbol{r}_{AP}$, 质点 P 在坐标系 B 中的位矢为 $\boldsymbol{r}_{BP}$, 坐标系 B 的原点 O' 在坐标系 A 中的位矢为 $\boldsymbol{r}_{AB}$, 如图 1-18 所示, 则这三个矢量之间有如下关系:

$$\boldsymbol{r}_{AP} = \boldsymbol{r}_{BP} + \boldsymbol{r}_{AB} \tag{1-43}$$

对时间求导, 可得

$$\frac{\mathrm{d}\boldsymbol{r}_{AP}}{\mathrm{d}t} = \frac{\mathrm{d}\boldsymbol{r}_{BP}}{\mathrm{d}t} + \frac{\mathrm{d}\boldsymbol{r}_{AB}}{\mathrm{d}t}$$

其中, $\dfrac{\mathrm{d}\boldsymbol{r}_{AP}}{\mathrm{d}t}$ 是质点 P 相对坐标系 A 的速度 (记作 $\boldsymbol{v}_{PA}$), $\dfrac{\mathrm{d}\boldsymbol{r}_{BP}}{\mathrm{d}t}$ 是质点 P 相对坐标系 B 的速度 (记作 $\boldsymbol{v}_{PB}$), $\dfrac{\mathrm{d}\boldsymbol{r}_{AB}}{\mathrm{d}t}$ 是坐标系 B 相对坐标系 A 的速度 (记作 $\boldsymbol{v}_{BA}$, 称为牵连速度), 则

$$\boldsymbol{v}_{PA} = \boldsymbol{v}_{PB} + \boldsymbol{v}_{BA} \tag{1-44}$$

式 (1-44) 即速度合成公式. 再次对时间求导, 可得

$$\frac{\mathrm{d}\boldsymbol{v}_{PA}}{\mathrm{d}t} = \frac{\mathrm{d}\boldsymbol{v}_{PB}}{\mathrm{d}t} + \frac{\mathrm{d}\boldsymbol{v}_{BA}}{\mathrm{d}t}$$

其中, $\dfrac{\mathrm{d}\boldsymbol{v}_{PA}}{\mathrm{d}t}$ 是质点 P 相对坐标系 A 的加速度 (记作 $\boldsymbol{a}_{PA}$), $\dfrac{\mathrm{d}\boldsymbol{v}_{PB}}{\mathrm{d}t}$ 是质点 P 相对坐标系 B 的加速度 (记作 $\boldsymbol{a}_{PB}$), $\dfrac{\mathrm{d}\boldsymbol{v}_{BA}}{\mathrm{d}t}$ 是坐标系 B 相对坐标系 A 的加速度 (记作 $\boldsymbol{a}_{BA}$, 称为牵连加速度), 则

$$\boldsymbol{a}_{PA} = \boldsymbol{a}_{PB} + \boldsymbol{a}_{BA} \tag{1-45}$$

式 (1-45) 即加速度合成公式.

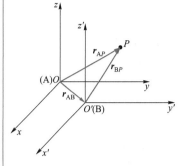

图 1-18　两个参考系中的质点运动

例 1-10

电车以速率 $v_0 = 10$ m/s 向东行驶, 风裹着雨使雨有 7 m/s 向西的分速度. 坐在行驶的电车中, 人可以看到雨与竖直方向成 45° 角下落. 问: 雨相对于地面的速率为多少?

解　以雨滴为研究对象, 分别以地面和电车为参考系, 雨在两个参考系中的速度分别为 $\boldsymbol{v}$ 和 $\boldsymbol{v}'$, 电车相对于地面的速度 (牵连速度) 为 $\boldsymbol{v}_0$, 则

$$\boldsymbol{v} = \boldsymbol{v}' + \boldsymbol{v}_0$$

已知 $\boldsymbol{v}$ 的水平分量 v_x 为 7 m/s, 向西, $\boldsymbol{v}'$ 与竖直方向成 45° 角, $|\boldsymbol{v}_0| = v_0 = 10$ m/s, 方向向东, 如图

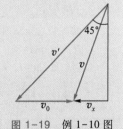

图 1-19　例 1-10 图

1-19 所示, 则雨相对于地面的速率为

$$v = \sqrt{(v_0 + v_x)^2 + v_x^2} = \sqrt{17^2 + 7^2} \text{ m/s} \approx 18.4 \text{ m/s}$$

例 1-11

河的两岸相互平行,一船由 A 点沿与岸垂直的方向匀速驶去,经 10 min 到达对岸 C 点,若船从 A 点出发保持渡河速率不变但垂直到达彼岸的 B 点,需 12.5 min,已知 $|BC|=l=120$ m,求:

(1) 水流速率 v;

(2) 渡河时船速率 u;

(3) 河宽 L.

解　(1) 以船 P 为研究对象,分别以地面和河水为参考系 1 和参考系 2,则船在两个参考系中的速度分别记为 $\boldsymbol{v}_{P1}$ 和 $\boldsymbol{v}_{P2}$,河水相对于地面的速度(牵连速度)记为 $\boldsymbol{v}_{21}$,则有

$$\boldsymbol{v}_{P1}=\boldsymbol{v}_{P2}+\boldsymbol{v}_{21}$$

如图 1-20 所示建立直角坐标系,第一次渡河时,$|\boldsymbol{v}_{P2}|=u$,$\boldsymbol{v}_{P2}$ 方向垂直于河岸,$\boldsymbol{v}_{P1}$ 的方向由 A 指向 C,牵连速度大小 $|\boldsymbol{v}_{21}|=v$,经历时间 $t_1=10$ min $=600$ s,则

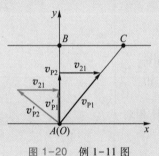

图 1-20　例 1-11 图

$$\boldsymbol{v}_{P1}=v\boldsymbol{i}+u\boldsymbol{j}$$

对时间积分得:$r_{AC}=vt_1\boldsymbol{i}+ut_1\boldsymbol{j}=l\boldsymbol{i}+L\boldsymbol{j}$,即

$$\begin{cases}vt_1=l & ① \\ ut_1=L & ②\end{cases}$$

则水流速率为

$$v=\frac{l}{t_1}=\frac{120\text{ m}}{600\text{ s}}=0.2\text{ m/s}$$

(2) 第二次渡河时,设船在两个参考系中的速度分别记为 $\boldsymbol{v}'_{P1}$ 和 $\boldsymbol{v}'_{P2}$,则

$$\boldsymbol{v}'_{P1}=\boldsymbol{v}'_{P2}+\boldsymbol{v}_{21}$$

$|\boldsymbol{v}'_{P2}|=u$,$\boldsymbol{v}'_{P1}$ 的方向由 A 指向 B,设 $|\boldsymbol{v}'_{P1}|=v'$,牵连速度大小 $|\boldsymbol{v}_{21}|=v$,经历时间 $t_2=12.5$ min $=750$ s,则有

$$|\boldsymbol{v}'_{P1}|^2=(v')^2=|\boldsymbol{v}'_{P2}|^2-|\boldsymbol{v}_{21}|^2=u^2-v^2$$

又 $L=v't_2=\sqrt{u^2-v^2}\,t_2$,将式②代入可得

$$ut_1=\sqrt{u^2-v^2}\,t_2$$

求解,得船速率

$$u=\frac{vt_2}{\sqrt{t_2^2-t_1^2}}=\frac{0.2\times750}{\sqrt{750^2-600^2}}\text{ m/s}\approx0.33\text{ m/s}$$

(3) 河宽 L 为

$$L=ut_1=0.33\times600\text{ m}\approx198\text{ m}$$

本章提要

1. 描述质点运动的四个物理量

位置矢量:r,运动学方程 $r=r(t)$;

位移矢量:$\Delta r=r_2-r_1$ 和路程 Δs;

平均速度:$\bar{\boldsymbol{v}}=\dfrac{\Delta \boldsymbol{r}}{\Delta t}$ 和平均速率:$\bar{v}=\dfrac{\Delta s}{\Delta t}$;

瞬时速度(速度):$\boldsymbol{v}=\dfrac{\mathrm{d}\boldsymbol{r}}{\mathrm{d}t}$ 和瞬时速率(速率):$v=\dfrac{\mathrm{d}s}{\mathrm{d}t}$;

加速度:$\boldsymbol{a}=\dfrac{\mathrm{d}\boldsymbol{v}}{\mathrm{d}t}=\dfrac{\mathrm{d}^2\boldsymbol{r}}{\mathrm{d}t^2}$.

这些定义是与坐标系的选取无关的,但在不同坐标系中有不同形式.

2. 直角坐标系中的运动学描述

位置矢量:

矢量形式　$r(t)=x(t)\boldsymbol{i}+y(t)\boldsymbol{j}+z(t)\boldsymbol{k}$

分量形式 $\begin{cases}x=x(t) \\ y=y(t) \\ z=z(t)\end{cases}$

位移矢量:

$$\Delta r=\Delta x\boldsymbol{i}+\Delta y\boldsymbol{j}+\Delta z\boldsymbol{k}$$

速度:

矢量形式 $v = \dfrac{\mathrm{d}\boldsymbol{r}}{\mathrm{d}t} = \dfrac{\mathrm{d}x}{\mathrm{d}t}\boldsymbol{i} + \dfrac{\mathrm{d}y}{\mathrm{d}t}\boldsymbol{j} + \dfrac{\mathrm{d}z}{\mathrm{d}t}\boldsymbol{k} = v_x\boldsymbol{i} + v_y\boldsymbol{j} + v_z\boldsymbol{k}$

分量形式 $\begin{cases} v_x = \dfrac{\mathrm{d}x}{\mathrm{d}t} \\[2mm] v_y = \dfrac{\mathrm{d}y}{\mathrm{d}t} \\[2mm] v_z = \dfrac{\mathrm{d}z}{\mathrm{d}t} \end{cases}$

速率：$v = \left| \dfrac{\mathrm{d}\boldsymbol{r}}{\mathrm{d}t} \right| = \sqrt{\left(\dfrac{\mathrm{d}x}{\mathrm{d}t}\right)^2 + \left(\dfrac{\mathrm{d}y}{\mathrm{d}t}\right)^2 + \left(\dfrac{\mathrm{d}z}{\mathrm{d}t}\right)^2}$

$\qquad = \sqrt{v_x^2 + v_y^2 + v_z^2}$

加速度：

矢量形式 $a = \dfrac{\mathrm{d}v_x}{\mathrm{d}t}\boldsymbol{i} + \dfrac{\mathrm{d}v_y}{\mathrm{d}t}\boldsymbol{j} + \dfrac{\mathrm{d}v_z}{\mathrm{d}t}\boldsymbol{k} = \dfrac{\mathrm{d}^2x}{\mathrm{d}t^2}\boldsymbol{i} + \dfrac{\mathrm{d}^2y}{\mathrm{d}t^2}\boldsymbol{j} + \dfrac{\mathrm{d}^2z}{\mathrm{d}t^2}\boldsymbol{k} =$

$a_x\boldsymbol{i} + a_y\boldsymbol{j} + a_z\boldsymbol{k}$

分量形式 $\begin{cases} a_x = \dfrac{\mathrm{d}v_x}{\mathrm{d}t} = \dfrac{\mathrm{d}^2x}{\mathrm{d}t^2} \\[2mm] a_y = \dfrac{\mathrm{d}v_y}{\mathrm{d}t} = \dfrac{\mathrm{d}^2y}{\mathrm{d}t^2} \\[2mm] a_z = \dfrac{\mathrm{d}v_z}{\mathrm{d}t} = \dfrac{\mathrm{d}^2z}{\mathrm{d}t^2} \end{cases}$

3. 直角坐标系中的两类运动学问题：

(1) 已知 $\boldsymbol{r}(t)$，求 $\boldsymbol{v}(t)$ 和 $\boldsymbol{a}(t)$，直接求导.

(2) 已知 $\boldsymbol{v}(t)$ [或 $\boldsymbol{a}(t)$] 和初始条件 $\boldsymbol{r}_0$、$\boldsymbol{v}_0$，求 $\boldsymbol{r}(t)$，结合初始条件积分.

4. 圆周运动

(1) 圆周运动的线量描述

位置：自然坐标 s，运动方程 $s = s(t)$；

速度矢量：$\boldsymbol{v} = v\boldsymbol{e}_t = \dfrac{\mathrm{d}s}{\mathrm{d}t}\boldsymbol{e}_t$，分量形式 $v = \dfrac{\mathrm{d}s}{\mathrm{d}t}$；

加速度分为切向加速度 $\boldsymbol{a}_t$ 和法向加速度 $\boldsymbol{a}_n$：

$\begin{cases} a_t = \dfrac{\mathrm{d}v}{\mathrm{d}t} = \dfrac{\mathrm{d}^2s}{\mathrm{d}t^2} \\[2mm] a_n = \dfrac{v^2}{\rho} \end{cases}$

加速度大小：$a = \sqrt{a_t^2 + a_n^2} = \sqrt{\left(\dfrac{\mathrm{d}v}{\mathrm{d}t}\right)^2 + \left(\dfrac{v^2}{\rho}\right)^2}$

(2) 圆周运动的角量描述

角位置：θ（极角），运动学方程 $\theta = \theta(t)$；

角速度：$\omega = \dfrac{\mathrm{d}\theta}{\mathrm{d}t}$

角加速度：$\alpha = \dfrac{\mathrm{d}\omega}{\mathrm{d}t} = \dfrac{\mathrm{d}^2\theta}{\mathrm{d}t^2}$

(3) 圆周运动线量描述和角量描述的关系

自然坐标 s 与角位置 θ：$s = R\theta$

速率 v 与角速度 ω：$v = \dfrac{\mathrm{d}s}{\mathrm{d}t} = R\dfrac{\mathrm{d}\theta}{\mathrm{d}t} = R\omega$

切向加速度 a_t：$a_t = \dfrac{\mathrm{d}v}{\mathrm{d}t} = R\dfrac{\mathrm{d}\omega}{\mathrm{d}t} = R\alpha$

法向加速度 a_n：$a_n = \dfrac{v^2}{R} = R\omega^2$

5. 相对运动

分别在参考系 A 和 B 中描述质点 P 运动的关系如下.

位置关系：$\boldsymbol{r}_{AP} = \boldsymbol{r}_{BP} + \boldsymbol{r}_{AB}$，其中 $\boldsymbol{r}_{AP}$、$\boldsymbol{r}_{BP}$、$\boldsymbol{r}_{AB}$ 分别表示质点 P 在 A 系、B 系中的位矢以及 B 系原点在 A 系中的位矢；

速度关系：$\boldsymbol{v}_{PA} = \boldsymbol{v}_{PB} + \boldsymbol{v}_{BA}$，其中 $\boldsymbol{v}_{PA}$、$\boldsymbol{v}_{PB}$、$\boldsymbol{v}_{BA}$ 分别表示质点 P 在 A 系、B 系中的速度以及 B 系原点在 A 系中的速度；

加速度关系：$\boldsymbol{a}_{PA} = \boldsymbol{a}_{PB} + \boldsymbol{a}_{BA}$，其中 $\boldsymbol{a}_{PA}$、$\boldsymbol{a}_{PB}$、$\boldsymbol{a}_{BA}$ 分别表示质点 P 在 A 系、B 系中的加速度以及 B 系原点在 A 系中的加速度.

习题

1-1 在下列关于质点运动的表述中，不可能出现的情况是（　　）

(A) 某质点具有恒定的速率，但却有变化的速度

(B) 某质点向前的加速度减小了，其前进速度也随之减小

(C) 某质点加速度值恒定，而其速度方向不断改变

(D) 某质点速度为零，同时具有不为零的加速度

1-2 一质点在平面上运动，已知质点位置矢量的表示式为 $\boldsymbol{r} = at^2\boldsymbol{i} + bt^2\boldsymbol{j}$（其中 a、b 为常量），则该质点作（　　）

(A) 匀速直线运动

（B）变速直线运动

（C）抛物线运动

（D）一般曲线运动

1-3　一质点在平面上作一般曲线运动,其瞬时速度为 $\boldsymbol{v}$,瞬时速率为 v,某一时间内的平均速度为 $\overline{\boldsymbol{v}}$,平均速率为 $\overline{v}$,它们之间的关系必定有　　（　）

（A）$|\boldsymbol{v}|=v,|\overline{\boldsymbol{v}}|=\overline{v}$

（B）$|\boldsymbol{v}|\neq v,|\overline{\boldsymbol{v}}|=\overline{v}$

（C）$|\boldsymbol{v}|\neq v,|\overline{\boldsymbol{v}}|\neq\overline{v}$

（D）$|\boldsymbol{v}|=v,|\overline{\boldsymbol{v}}|\neq\overline{v}$

1-4　如习题 1-4 图所示,质点作匀速圆周运动,其半径为 R,从 A 点出发,经半个圆周而到达 B 点,则在下列表达式中,不正确的是　　（　）

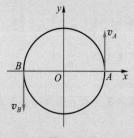

习题 1-4 图

（A）速度增量 $\Delta\boldsymbol{v}=0$,速率增量 $\Delta v=0$

（B）速度增量 $\Delta\boldsymbol{v}=-2v\boldsymbol{j}$,速率增量 $\Delta v=0$

（C）位移大小 $|\Delta\boldsymbol{r}|=2R$,路程 $s=\pi R$

（D）位移 $\Delta\boldsymbol{r}=-2R\boldsymbol{i}$,路程 $s=\pi R$

1-5　如习题 1-5 图所示,物块 A 与 B 分别置于高度差为 h 的水平面上,借一跨过滑轮的细绳连接,若 A 以恒定速度 $\boldsymbol{v}_0$ 运动,则 B 在水平面上的运动为　　　　　　　　（　）

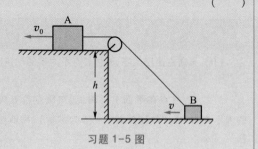

习题 1-5 图

（A）匀速运动,且 $v=v_0$

（B）加速运动,且 $v>v_0$

（C）加速运动,且 $v<v_0$

（D）减速运动

1-6　一质点作曲线运动时,r 表示位置矢量,s 表示路程,a_t 表示切向加速度大小,下列表达式中正确的是　　　　　　　　　　　　（　）

（A）$\mathrm{d}v/\mathrm{d}t=a$

（B）$\mathrm{d}r/\mathrm{d}t=v$

（C）$\mathrm{d}s/\mathrm{d}t=v$

（D）$|\mathrm{d}\boldsymbol{v}/\mathrm{d}t|=a_t$

1-7　一质点沿 x 轴运动,其运动方程为 $x=4t^2-2t^3$(SI 单位),当质点再次返回原点时,其速度和加速度分别为　　　　　　　　（　）

（A）8 m/s,16 m/s²

（B）-8 m/s,16 m/s²

（C）-8 m/s,-16 m/s²

（D）8 m/s,-16 m/s²

1-8　某物体的运动规律为 $\mathrm{d}v/\mathrm{d}t=-kv^2t$,式中 k 为正值常量. 当 $t=0$ 时,初速度为 v_0,则速度 v 与时间 t 的函数关系是　　　　　　　　　　（　）

（A）$v=\dfrac{1}{2}kt^2+v_0$

（B）$v=-\dfrac{1}{2}kt^2+v_0$

（C）$\dfrac{1}{v}=\dfrac{1}{2}kt^2+\dfrac{1}{v_0}$

（D）$\dfrac{1}{v}=\dfrac{1}{2}kt^2-\dfrac{1}{v_0}$

1-9　一质点沿半径为 $R=1$ m 的圆轨道作圆周运动,其角位置与时间的关系为 $\theta=\dfrac{1}{2}t^2+1$(SI 单位),则质点在 $t=1$ s 时,其速度和加速度的大小分别是　　（　）

（A）1 m/s,1 m/s²　　　　（B）1 m/s,2 m/s²

（C）1 m/s,$\sqrt{2}$ m/s²　　（D）2 m/s,$\sqrt{2}$ m/s²

1-10　A、B 两船都以 2 m/s 的速率相对于河岸匀速行驶,且 A 船沿 x 轴正向运动,B 船沿 y 轴正向运动,则 B 船相对于 A 船的速度为　（　　）

(A) $(2i+2j)$ m/s　　　(B) $(-2i+2j)$ m/s
(C) $(-2i-2j)$ m/s　　　(D) $(2i-2j)$ m/s

1-11　设质点的运动学方程为 $r = R(\cos \omega t)i + R(\sin \omega t)j$(式中 $R、\omega$ 皆为常量),则质点的速度 $v =$ _____, $dv/dt =$ _____.

1-12　一质点沿 x 方向运动,其加速度随时间变化关系为 $a = 3+2t$(SI 单位),如果初始时质点的速度 v_0 为 5 m/s,则当 t 为 3 s 时,质点的速度 $v =$ _____.

1-13　一质点在 Oxy 平面内运动. 运动学方程为 $x = 2t$ 和 $y = 19-2t^2$(SI 单位),则在第 2 s 内质点的平均速度 $\bar{v} =$ _____,第 2 s 末瞬时速度大小 $v_2 =$ _____.

1-14　一质点从 O 点出发以匀速率 1 cm/s 作顺时针方向的圆周运动,圆的半径为 1 m,如习题 1-14 图所示. 当它走过 2/3 圆周时,走过的路程为 _____,这段时间内的平均速度大小为 _____,方向是 _____.

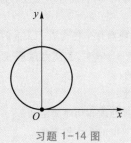

习题 1-14 图

1-15　飞轮作加速转动时,轮边缘上一点的运动学方程为 $s = 0.1t^3$(SI 单位),飞轮半径为 2 m. 当此点的速率 $v = 30$ m/s 时,其切向加速度大小为 _____,法向加速度大小为 _____.

1-16　如习题 1-16 图所示,一根绳子跨过滑轮,绳子的一端挂一重物,一人拉着绳子的另一端沿水平路面匀速前进,速率 $u = 1$ m/s. 设滑轮离地面的高度为 $H = 12$ m,开始时重物位于地面,人在滑轮正下方,滑轮、重物和人的大小都忽略. 求:

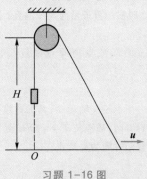

习题 1-16 图

(1) 重物在 10 s 时的速度和加速度;
(2) 重物上升到滑轮处所需要的时间.

1-17　一质点在 xy 平面上运动,运动学方程为 $x = 3t+5, y = \dfrac{1}{2}t^2+3t-4$(SI 单位). 求:

(1) 质点运动的轨迹方程;
(2) 质点速度矢量的表达式;
(3) 质点加速度矢量的表达式.

1-18　有一质点沿 x 轴作直线运动,t 时刻的坐标为 $x = 4.5t^2-2t^3$(SI 单位). 试求:

(1) 第 2 s 内的平均速度;
(2) 第 2 s 末的瞬时速度;
(3) 第 2 s 内的路程.

1-19　一质点从 A 运动到 B,其速度和时间的关系如习题 1-19 图所示,求各段时间的运动学方程和路程,并画出 $x-t$ 及 $a-t$ 曲线.

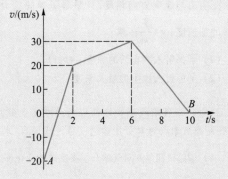

习题 1-19 图

1-20   一质点在 xy 平面上运动,运动学方程为 $r=2ti+(19-2t^2)j$(SI 单位). 问:

(1) 什么时候位置矢量与速度垂直? 这时质点位于哪里?

(2) 什么时候质点离原点最近? 这时距离是多少?

1-21   一质点沿 x 轴运动,其加速度为 $a=4t$(SI 单位),已知 $t=0$ 时,质点位于 $x=10$ m 处,初速度 $v=0$. 试求其位置和时间的关系式.

1-22   一物体沿 x 轴作直线运动,加速度 $a=a_0+kt$,a_0,k 是常量. 已知 $t=0$ 时,$v=0$,$x=0$. 求在任意时刻 t 物体的速率和位置.

1-23   一质点在 xy 平面上运动,其加速度为 $a=5t^2i+3j$(SI 单位). 已知 $t=0$ 时,质点位于 $x=10$ m 处,初速度 $v=0$. 试求其运动学方程.

1-24   一质点具有恒定加速度 $a=6i+4j$,在 $t=0$ 时,其速度为 $v_0=j$,位置矢量为 $r_0=10i$,以上各量均用 SI 单位. 求:

(1) 质点在任一时刻的速度和位置矢量;

(2) 质点在平面上的轨迹方程.

1-25   一质点沿 x 轴运动,其加速度与位置坐标的关系为 $a=4+3x^2$(SI 单位),若质点在原点处的速度为零,试求其在任意位置处的速度.

1-26   一子弹以速度 v_0 水平射入沙土中,设子弹所受阻力与速度方向相反,且忽略子弹的重力,则子弹的加速度 $a=-\dfrac{k}{m}v$. 求:

(1) 子弹射入沙土后的速度 $v=v(t)$;

(2) 子弹射入沙土的最大深度.

1-27   一气象气球自地面以匀速率 v 上升到空中,在距离放出点为 R 处用望远镜对气球观测. 求:

(1) 望远镜仰角 θ 对气球升空高度 h 的变化率 $\dfrac{\mathrm{d}\theta}{\mathrm{d}h}$;

(2) 仰角 θ 对时间的变化率 $\dfrac{\mathrm{d}\theta}{\mathrm{d}t}$.

1-28   如习题 1-28 图所示,位于原点的气枪口瞄准了靶子 $P(x_0,h)$,开枪同时靶子下落. 证明只要气枪子弹的速度 $v_0\geqslant\sqrt{\dfrac{x_0g}{\sin 2\theta}}$,子弹总是能击中靶子.

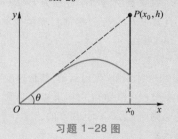

习题 1-28 图

1-29   质点 P 在水平面内沿一半径为 $R=2$ m 的圆轨道转动. 转动的角速度 ω 与时间 t 的函数关系为 $\omega=kt^2$(k 为常量). 已知 $t=2$ s 时,质点 P 的速度大小为 32 m/s. 试求 $t=1$ s 时,质点 P 的速度与加速度的大小.

1-30   一质点由静止开始沿半径为 $R=3$ m 的圆周运动,切向加速度大小为 $a_t=3$ m/s^2,问:

(1) 经过多少时间它的总加速度与径向成 45°角?

(2) 在上述时间内,质点所经过的路程为多少?

1-31   一质点作半径为 $R=10$ m 的圆周运动,其角加速度为 $\alpha=\pi$ rad/s^2,若质点从静止开始运动,求质点第 1 s 末的:

(1) 角速度;

(2) 法向加速度和切向加速度;

(3) 总加速度的大小和方向.

1-32   一质点作半径为 0.1 m 的圆周运动,其运动方程为 $\theta=2+4t^3$(SI 单位),试问:

(1) $t=2$ s 时,法向加速度和切向加速度各是多少?

(2) 当 θ 角等于多少时,速度与加速度方向夹角为 45°?

1-33   一架飞机 A 以相对于地面 300 km/h 的速度向北飞行,另一架飞机 B 以相对于地面 200 km/h 的速度向北偏西 60°的方向飞行. 求 A 相对于 B 的速度.

1-34　把两个物体 A 和 B 分别以初速度 $\boldsymbol{v}_A$ 和 $\boldsymbol{v}_B$ 同时抛掷出去. 若忽略空气阻力, 试证明在两个物体落地前, 物体 B 相对于 A 作匀速直线运动.

1-35　一升降机以加速度 1.22 m/s² 上升, 当上升速度为 2.44 m/s 时, 有一螺帽从升降机的天花板上脱落, 天花板到升降机的底面距离为 2.74 m. 试计算:

（1）螺帽从天花板落到升降机底面所需要的时间;

（2）这段时间内螺帽相对于升降机外固定柱子的位移.

第 1 章习题答案

第 2 章　牛顿运动定律

牛顿(I. Newton),英国伟大的物理学家,在力学领域建立了牛顿运动定律和万有引力定律,并建立了经典力学的理论体系.

 文档:哥白尼

 文档:开普勒

 文档:伯努利

　　力学中,质点作机械运动是最为简单、直观且便于研究的一种运动形式. 在运动学里,我们引入了位矢、速度、加速度等物理量来描述质点所处的状态或其状态变化的快慢程度. 而质点状态的变化缘由即动力学理论,在人们不断的观测、研究、总结中得到了发展与完善. 17 世纪,伟大的科学家牛顿,在综合众多前人研究、论述的工作后提出了著名的"牛顿三定律",从而奠定了质点动力学乃至整个经典物理学理论的基础. 本章介绍了牛顿运动定律及其在质点运动方面的应用.

2.1　牛顿运动定律

2.1.1　牛顿第一定律

　　1687 年,牛顿在他的名著《自然哲学的数学原理》一书中写道:任何物体都将保持其静止或匀速直线运动状态,直到外力迫使它改变这种状态为止. 这就是牛顿第一定律.

　　牛顿第一定律提出了两个力学基本概念,一个是物体的惯性,一个是力. 第一定律指出任何物体都具有保持其运动状态不变的性质,这种性质叫惯性. 因此,牛顿第一定律也称为惯性定律. 第一定律还指出,仅当物体受到其他物体作用时才会改变其运动状态,这种作用称为力,也就是说,力是使物体改变运动状态的原因,而不是维持物体运动的原因.

　　由于力是使物体运动状态发生变化的原因,而物体的运动状态发生变化,就会产生加速度,于是可以得出这样的结论:牛顿第一定律确认力是物体产生加速度的原因.

2.1.2　牛顿第二定律

在高中阶段,我们学习过牛顿第二定律,其内容是:物体受到合外力 $\boldsymbol{F}$ 作用时,它所获得的加速度 $\boldsymbol{a}$ 的大小与合外力 $\boldsymbol{F}$ 的大小成正比,与物体的质量 m 成反比,加速度 $\boldsymbol{a}$ 的方向与合外力 $\boldsymbol{F}$ 的方向相同.牛顿第二定律的数学形式为

$$\boldsymbol{F} = m\boldsymbol{a} \tag{2-1}$$

在国际单位制中,质量的单位是 kg,加速度的单位是 m/s^2,力的单位是 N.

其实,牛顿建立起来的牛顿第二定律并不是大家所熟知的 $\boldsymbol{F} = m\boldsymbol{a}$ 这种形式.牛顿在《自然哲学的数学原理》一书中,对外力与物体运动状态之间的规律,提出了下述的定量关系:

$$\boldsymbol{F} = \frac{\mathrm{d}(m\boldsymbol{v})}{\mathrm{d}t} \tag{2-2}$$

它表明:物体所受的合外力等于物体动量的瞬时变化率,其中 $m\boldsymbol{v}$ 为物体的动量,记为 $\boldsymbol{p} = m\boldsymbol{v}$,动量 $\boldsymbol{p}$ 的方向与速度 $\boldsymbol{v}$ 的方向相同,在国际单位制中,动量的单位是 $kg\cdot m/s$,其实,根据

$$\boldsymbol{F} = \frac{\mathrm{d}(m\boldsymbol{v})}{\mathrm{d}t} = \frac{\mathrm{d}m}{\mathrm{d}t}\boldsymbol{v} + m\frac{\mathrm{d}\boldsymbol{v}}{\mathrm{d}t}$$

当物体在运动中质量保持不变时,可得出 $\boldsymbol{F} = m\boldsymbol{a}$.

需要指出的是,式(2-1)是在质量为常量的条件下的特殊形式.但是,当物体的质量发生变化时,比如火箭在发射过程中,由于不断向外喷射气体,因而火箭的质量随时间减少,这时就不能用式(2-1)来分析这类变质量物体的运动;而且,当物体的速率接近光速时,即使物体在运动过程中并不喷出质量,物体的运动质量也将随速率而变化,因而式(2-1)也不再适用,但式(2-2)被实验证明依然是成立的.所以,式(2-2)较式(2-1)具有更广泛的意义.

牛顿第二定律是牛顿运动定律的核心,对它必须有正确的理解.应用牛顿第二定律时须注意:

（1）适用于质点

应当明确,牛顿运动定律反映的是物体作平动时的运动规律,这是由无数事实验证过的.所谓平动:即在运动过程中,物体上任意两点的连线始终保持平行.作平动的物体上,各点的运动情况是完全相同的,所以,一个物体的平动完全可以看成是一个质点的运动,由此可以看出,牛顿运动定律实质上是质点的运动

规律.

（2）具有矢量性

力和加速度都是矢量,既有大小,又有方向,式(2-1)是矢量关系. 因此,在运用此定律时应采用矢量的规则来处理,为了运算方便,可选取适当的坐标系,把上式分解为各坐标方向上的分量方程后再进行运算.

在直角坐标系下,式(2-1)可分解为

$$
\begin{cases}
F_x = ma_x = m\dfrac{\mathrm{d}v_x}{\mathrm{d}t} = m\dfrac{\mathrm{d}^2 x}{\mathrm{d}t^2} \\[2ex]
F_y = ma_y = m\dfrac{\mathrm{d}v_y}{\mathrm{d}t} = m\dfrac{\mathrm{d}^2 y}{\mathrm{d}t^2} \\[2ex]
F_z = ma_z = m\dfrac{\mathrm{d}v_z}{\mathrm{d}t} = m\dfrac{\mathrm{d}^2 z}{\mathrm{d}t^2}
\end{cases}
\tag{2-1a}
$$

在自然坐标系中,式(2-1)可分解为

$$
\begin{cases}
F_n = ma_n = m\dfrac{v^2}{R} \\[2ex]
F_t = ma_t = m\dfrac{\mathrm{d}v}{\mathrm{d}t}
\end{cases}
\tag{2-1b}
$$

式中 F_n 和 F_t 分别是质点在该时刻所受合外力 $\boldsymbol{F}$ 在法向和切向的分力.

这两组分量式表现了牛顿运动定律的矢量意义,某方向的外力只能改变该方向上物体的运动状态,只能在该方向上使物体产生加速度.

（3）具有瞬时性

牛顿第二定律定量地表述了物体的加速度与所受合外力之间的瞬时关系,$\boldsymbol{a}$ 表示瞬时加速度,$\boldsymbol{F}$ 表示瞬时力,物体的加速度 $\boldsymbol{a}$ 只在物体受到力的作用时才产生,它们同时产生,同时消失,如果在某一瞬间物体失去了力的作用,则就在这一瞬间物体的加速度立即消失,此后,物体将以这一时刻的速度作匀速直线运动,这正是惯性的表现. 物体有无运动,表现在它有无速度,而运动有无改变,则要决定于它有无加速度,如果有加速度,则作用在物体上的合外力一定存在,力是产生加速度的原因.

2.1.3 牛顿第三定律

牛顿第三定律:两物体之间的作用力 F 和反作用力 F',沿同一直线,大小相等,方向相反,分别作用在两个物体上. 即

$$F = -F' \tag{2-3}$$

牛顿第三定律告诉我们,物体之间的作用总是相互的,我们常把其中一个力称为作用力,而把另一个力称为反作用力.

为了正确理解牛顿第三定律,必须注意以下几点:

(1)作用力和反作用力总是大小相等,方向相反,沿同一直线;

(2)作用力和反作用力总是成对出现,同时产生同时消失,对等地变化;

(3)作用力和反作用力一定是属于同一性质的力;

(4)作用力和反作用力分别作用在两个物体上,因此,绝对不是一对平衡力.

2.2 经典力学中常见的力和基本力

2.2.1 经典力学中常见的力

应用牛顿运动定律解决实际问题,必须先正确分析物体的受力情况. 在日常生活和工程技术中经常遇到的力有万有引力、弹力、摩擦力等. 关于它们的知识,在高中物理中已经学习过,在此我们只作一些简单的回顾.

1. 万有引力

任何物体之间都存在着相互吸引力,称为万有引力. 万有引力定律是牛顿在开普勒等前人研究成果的基础上总结出来的. 如图 2-1 所示,按照万有引力定律,质量分别为 m_1 和 m_2 的两个质点,相距 r 时,m_1 和 m_2 间的引力为

图 2-1 m_2 受到 m_1 的万有引力

$$F = -G\frac{m_2 m_1}{r^2}e_r \tag{2-4}$$

式中 G 叫做引力常量,它是对任何物体都适用的普适常量,在国际单位制中,它的大小经测定为 $G = 6.67 \times 10^{-11}$ N·m²/kg². e_r 为由施力者指向受力者的单位矢量,式中的负号则表示该力的方向与 e_r 的方向相反. 引力常量 G 的数量级很小,因此,通常地面上两物体之间的引力很小,可以忽略不计. 但是,质量很大的天体之间的引力以及天体与附近物体间的引力就不可忽略了. 所以,只有在所涉及的物体至少包括一个天体时,万有引力才是重要的.

近代物理研究指出,两个物体之间的万有引力,是通过一种叫做引力场的特殊物质来相互作用的. 万有引力定律把天上的运动和地面上的运动统一起来,被称为"物理学的第一次伟大的综合",它打破了自古以来人们对天体的神秘感,增强了人们认识自然界的信心.

2. 重力

地球表面附近的任何物体都要受到地球引力的作用,称为地表面物体的重力,它的大小也常常称为物体的重量. 若忽略地球自转的影响,物体所受的重力就等于它所受的地球对它的万有引力,其大小等于物体的质量 m 与重力加速度 g 的乘积,用 P 表示物体的重力,则

$$P = mg \tag{2-5}$$

式中 g 的大小因所在地的纬度和离地面高度的不同而不同,有时还受到所在地区的矿产结构的影响,通常取 $g = 9.8$ m/s².

3. 弹性力

物体在外力作用下发生形变,发生形变的物体,由于要恢复原状,就会对与它接触的物体产生力的作用,这种力叫做弹性力,简称弹力. 拉伸或压缩的弹簧作用于物体的力,桌面作用于放在其上的物体的力,绳子作用于系在其末端的物体的力等,都属于弹力. 实际上,当两个物体直接接触时,只要物体之间发生形变,物体间就会产生一种相互作用力,并且在一定的弹性限度内,形变越大,力也越大;形变消失,力也随之消失. 这种与物体形变有关的力,就是弹力. 弹力是一种接触力,弹力的方向指向物体恢复原状的方向.

弹力的表现形式很多,下面只讨论三种常见的表现形式.

(1) 支持力(或正压力):两个物体通过一定面积相互挤压,这种相互挤压的物体都会发生形变(即使小到难以观察,形变依然存在),为了恢复原状,便产生了支持力(或正压力),其大小取决于相互挤压的程度,其方向总是垂直于两物体的接触面而指向

对方.

（2）绳子对物体的拉力:这种拉力是由于绳子发生了形变而产生的,其大小取决于绳子被拉紧的程度,其方向总是沿着绳子而指向绳子收缩的方向.绳子产生拉力时,其内部各段之间也有相互作用的弹力存在,这种绳子内部的弹力叫做张力.一般来说,绳中各处的张力可以是不同的,由绳子的形变情况,同时也由绳子的质量分布及运动状态决定.在我们通常讨论的问题中,绳子的质量都可以忽略不计,这样,不论绳子是处于静止状态,还是作加速运动,绳子上各处的张力都是相等的,而且,就等于外力.一旦绳子的质量不能忽略,则当绳子作加速运动时,绳子上各处的张力就不相等了.

（3）弹簧的弹力:当弹簧被拉伸或压缩时,弹簧发生形变,它就会对与之相连的物体产生弹力的作用,这种弹力总是要使弹簧恢复原长.弹簧的弹力遵守胡克定律:在弹性限度内,弹力的大小与形变量成正比.如图 2-2 所示,若以 F 表示弹力的大小,以 x 表示被拉伸或压缩的长度（即形变量）,则根据胡克定律有

$$F = -kx \qquad (2\text{-}6)$$

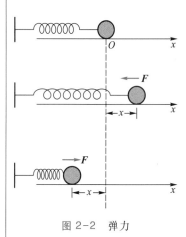

图 2-2　弹力

其中 k 为弹簧的劲度系数,它的数值取决于弹簧本身的结构,负号表示弹力 F 的方向与形变的方向相反.当 x 为正值时,表示弹簧被拉伸,则 F 为负值,即弹力 F 的方向沿着 x 轴的负方向;当 x 负值时,表示弹簧被压缩,则 F 为正值,即弹力 F 的方向沿着 x 轴的正方向.可见,弹簧的弹力方向总是指向要恢复原状的方向.

> **思考**　胡克定律 $F = -kx$ 中,负号所反映的物理意义是什么?

4. 摩擦力

当一个物体在另一个物体表面上滑动或者有滑动的趋势时,在这两个物体的接触面上就会产生阻碍物体间相对滑动的力,这种力就是摩擦力.当物体有相对滑动的趋势,但尚未运动时,物体间的摩擦力称为静摩擦力.静摩擦力的特征是:其大小 F_s 因物体所受的沿接触面的外力大小的不同而不同,而且总与外力的大小相等,方向相反.另外,物体之间的静摩擦力有一个最大值,称为最大静摩擦力.实验表明,最大静摩擦力 F_{sm} 与接触面的正压力 F_N 的大小成正比,它们存在下面的关系:

$$F_{sm} = \mu_0 F_N \qquad (2\text{-}7)$$

静摩擦力的方向与相对运动趋势的方向相反. 式中 μ_0 称为静摩擦因数,其数值由两个物体表面状况和材料性质等因素决定,通常由实验测得. 所以,静摩擦力的大小由外力决定,可以取从零到 F_{sm} 之间的任何值. 当物体有相对滑动时,两物体接触面的摩擦力称为滑动摩擦力. 实验表明,滑动摩擦力 F 的大小也与正压力 F_N 的大小成正比,即

$$F = \mu F_N \tag{2-8}$$

滑动摩擦力的方向与相对运动的方向相反. 式中 μ 称为滑动摩擦因数,其数值主要由接触面的状况和材料性质等因素决定. 对于给定的两个物体,其滑动摩擦因数 μ 略小于其静摩擦因数 μ_0,但在不严格区分的情况下,可以认为 $\mu = \mu_0$.

摩擦力是普遍存在的,是一种接触力,且在我们的生活和技术中发挥着重要的作用. 在地面上运动的物体,由于摩擦力的存在,其运动速度会逐渐减小;机床和车轮的转轴,由于摩擦力的存在,会逐渐损坏. 但是,世界上若不存在摩擦力,那么我们的生活将变得无法想象了,人无法行走,车无法行驶,即便将车子开动起来也无法使其停止,无法想象没有摩擦力的世界将是怎样的世界.

思考　举例说明以下两种说法是否正确:
（1）物体受到的摩擦力的方向总是与物体的运动方向相反;
（2）摩擦力总是阻碍物体的运动.

2.2.2　基本力

近代物理学证明,在自然界中,从宇宙天体到微观粒子这样广阔领域里的运动,均起因于四种基本相互作用力,它们是:万有引力、电磁力、强相互作用和弱相互作用. 万有引力前面已有介绍,下面分别对电磁力、强相互作用和弱相互作用作简单介绍.

1. 电磁力

存在于静止电荷之间的电性力以及存在于运动电荷之间的电性力和磁性力,由于它们在本质上相互联系,19 世纪末,麦克斯韦把它们统一为电磁相互作用,称为电磁力.

由于分子和原子都是由电荷组成的系统,所以,它们之间的

作用力基本上就是它们的电荷之间的电磁力. 从物质的微观结构看, 弹力起源于构成物质的微粒之间的电磁力, 而摩擦力也与分子间的引力作用和静电作用有关, 它们均属于电磁力.

2. 强相互作用

进入 20 世纪, 人们认识到原子核由质子和中子组成. 虽然质子间具有强大的电排斥作用, 但却能聚集在原子核的小体积内. 当人们对物质结构的探索进入到比原子还小的微观领域中时, 发现在核子、介子等粒子之间存在一种强相互作用, 正是这种强相互作用把原子内的质子和中子紧紧地束缚在一起, 形成原子核. 强相互作用是一种短程力, 其作用范围很短, 数量级为 10^{-15} m. 当粒子间的距离超过 10^{-15} m 时, 强相互作用小得可以忽略, 当粒子间的距离小于 10^{-15} m 时, 强相互作用占支配地位.

3. 弱相互作用

同样, 进入 20 世纪, 在微观领域中人们还发现一种短程力, 叫做弱相互作用. 弱相互作用在导致 β 衰变放出电子和中微子时, 显示出它的重要性. 贝可勒尔和居里夫人发现了原子核的放射性现象, 表明即使有强相互作用存在, 原子核也会裂变, 质子也会从原子核中挣脱出来. 研究表明, 这是一种弱相互作用, 弱相互作用的作用距离只有 10^{-17} m 左右.

综上所述, 自然界各种各样的力, 就其本质而言, 都来自四种基本力——万有引力、电磁力、强相互作用和弱相互作用. 重力属于万有引力, 而弹力、摩擦力, 甚至包括浮力、黏性力、气体的压力等, 从本质上讲都属于电磁力.

2.3　牛顿运动定律的应用

经常应用牛顿运动定律解决的问题有两类: 一类是已知质点受力求其运动学方程; 第二类是已知质点的运动学方程求其受力. 无论怎样, 解题步骤应有四步: 首先要确定研究对象; 其次要分析质点所受的力; 再次要建立适当的坐标系; 最后是在各坐标方向上列出牛顿运动定律的方程并求解. 以下就常见的两种情况举例说明.

1. 常力作用下的连体问题

例 2-1

如图 2-3(a)所示,水平面上有一质量为 $m=51$ kg 的小车,其上有一定滑轮,通过绳在滑轮两侧分别连有质量为 $m_1=5$ kg 和 $m_2=1$ kg 的物体 A 和 B. 其中物体 A 在小车水平台面上,物体 B 被悬挂着. 整个系统开始时处于静止. 求以多大的力作用于小车上,才能使物体 A 与小车之间无相对滑动地运动(设各接触面均光滑,滑轮与绳的质量不计,绳与滑轮间无滑动).

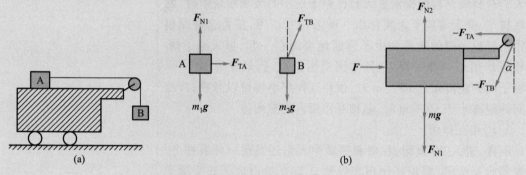

图 2-3 例 2-1 图

解 物体 A、B 及小车受力分析如图 2-3(b)所示. A 与小车无相对滑动,二者加速度 a 相同. 注意: $F_{TA}=F_{TB}=F_T$.

对物体 A:
$$F_T=m_1a$$

对物体 B:
$$F_T\sin\,\alpha=m_2a, \quad F_T\cos\,\alpha=m_2g$$

对小车:
$$F-F_T-F_T\sin\,\alpha=ma$$

联立以上各式可得
$$F=\frac{(m_1+m_2+m)m_2g}{\sqrt{m_1^2-m_2^2}}\approx116.35\ \text{N}$$

2. 变力作用下的单体问题

例 2-2

质量为 m 的质点在外力 F 的作用下沿 x 轴运动,已知 $t=0$ 时质点位于原点,且初始速度为零. 力 F 随距离线性地减小,$x=0$ 时,$F=F_0$;$x=L$ 时,$F=0$. 试求质点在 $x=L$ 处的速率.

解 设 $F=kx+b$,由已知得 $k=-\dfrac{F_0}{L}$,$b=F_0$,则 $F=F_0-\dfrac{F_0}{L}x$. 由牛顿第二定律,有
$$F=m\frac{\mathrm{d}v}{\mathrm{d}t}=mv\frac{\mathrm{d}v}{\mathrm{d}x}$$

分离变量,两边积分,有
$$\int_0^v mv\mathrm{d}v=\int_0^L\left(F_0-\frac{F_0}{L}x\right)\mathrm{d}x$$

得
$$v=\sqrt{\frac{F_0L}{m}}$$

例 2-3

研究小球在水中的沉降速度. 已知小球质量为 m,水对小球的浮力为 F_0,水对小球的黏性力与其运动速度成正比,即 $F=kv$,k 为比例系数,设 $t=0$ 时,小球的速度为零.

解　如图 2-4(a) 所示,小球受重力 $m\boldsymbol{g}$、黏性力 F 和浮力 F_0 三个力的作用. 选取竖直向下为正方向,

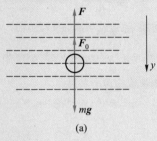

(a)

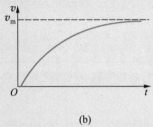

(b)

图 2-4　例 2-3 图

由牛顿第二定律可得

$$mg-F_0-F=ma$$

由于 $F=kv$,因此小球是在变力作用下作直线运动,a 不是恒定的,则上式可以写成

$$mg-F_0-kv=m\frac{\mathrm{d}v}{\mathrm{d}t}$$

分离积分变量

$$\frac{\mathrm{d}v}{mg-F_0-kv}=\frac{1}{m}\mathrm{d}t$$

两边取定积分

$$\int_0^v \frac{\mathrm{d}v}{mg-F_0-kv}=\int_0^t \frac{\mathrm{d}t}{m}$$

$$\int_0^v \frac{\mathrm{d}(mg-F_0-kv)}{-k(mg-F_0-kv)}=\int_0^t \frac{\mathrm{d}t}{m}$$

得　　$$\ln(mg-F_0-kv)-\ln(mg-F_0)=-\frac{k}{m}t$$

$$v=\frac{mg-F_0}{k}(1-\mathrm{e}^{-\frac{k}{m}t})$$

这就是小球在水中的沉降速度 v 随时间 t 的变化规律,如图 2-4(b) 所示. 可以看出小球的运动速度随时间 t 按指数规律递增,当 $t\to\infty$ 时,小球速度趋于一个极限值 v_m,$v_m=\dfrac{mg-F_0}{k}$ 是常量,称为终极速度,之后小球以此速度匀速下降.

注意:在物理学中,$t\to\infty$ 是具有物理意义的,即对时间"足够长"而言,并不意味着"无限长".

例 2-4

如图 2-5 所示,一质量为 m 的小球最初位于 A 点,然后沿半径为 R 的光滑圆轨道 $ABCD$ 下滑,试求小球达到 C 点时的角速度和小球对圆轨道的作用力.

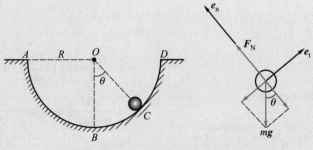

图 2-5　例 2-4 图

解 小球在圆轨道上受两个力的作用:重力 mg 和轨道的支持力 F_N. 由于小球在光滑圆轨道上作变速率圆周运动,故可以建立自然坐标系,并写出在自然坐标系中牛顿第二定律的分量形式:

法向分力 $\quad F_n = F_N - mg\cos\theta = m\dfrac{v^2}{R}$ ①

切向分力 $\quad F_t = -mg\sin\theta = m\dfrac{\mathrm{d}v}{\mathrm{d}t}$ ②

由式②得

$$-mg\sin\theta = m\frac{\mathrm{d}v}{\mathrm{d}s}\frac{\mathrm{d}s}{\mathrm{d}t}$$

由于 $\dfrac{\mathrm{d}s}{\mathrm{d}t} = v, \mathrm{d}s = R\mathrm{d}\theta$,有

$$v\mathrm{d}v = -gR\sin\theta\mathrm{d}\theta$$

两边取定积分,有

$$\int_0^v v\mathrm{d}v = \int_{-\frac{\pi}{2}}^{\theta} -gR\sin\theta\mathrm{d}\theta$$

得

$$v = \sqrt{2gR\cos\theta}$$

故小球在 C 点的角速度为

$$\omega = \frac{v}{R} = \sqrt{\frac{2g\cos\theta}{R}}$$

又由式①可得,轨道对小球的支持力为

$$F_N = m\frac{v^2}{R} + mg\cos\theta = 3mg\cos\theta$$

则小球对圆轨道的作用力为

$$F'_N = -F_N = -3mg\cos\theta$$

例 2-5

质量为 45.0 kg 的物体,由地面以初速 60.0 m/s 竖直向上发射,物体受到空气的阻力为 $F = kv$,且 $k = 0.03$ N/m·s^{-2}.

(1) 求物体发射到最大高度所用的时间;

(2) 物体发射的最大高度.

解 (1) 物体受重力 mg、空气阻力 F 两个力的作用,在合力作用下,物体作减速运动,加速度 a 不是恒定的,以发射点为原点,取竖直向上为正方向,由牛顿第二定律得

$$-mg - kv = m\frac{\mathrm{d}v}{\mathrm{d}t}$$ ①

分离积分变量

$$\mathrm{d}t = -\frac{m\mathrm{d}v}{mg+kv} = -\frac{m\mathrm{d}(mg+kv)}{k(mg+kv)}$$

两边取定积分

$$\int_0^t \mathrm{d}t = -\int_{v_0}^0 \frac{m\mathrm{d}(mg+kv)}{k(mg+kv)}$$

得

$$t = -\frac{m}{k}\left[\ln mg - \ln(mg+kv_0)\right]$$

$$t = \frac{m}{k}\ln\left(1+\frac{kv_0}{mg}\right) = \frac{45}{0.03}\ln\left(1+\frac{0.03\times60}{45\times9.8}\right) \text{ s}$$

$$\approx 6.11 \text{ s}$$

(2) 将式①进行变量代换,有

$$-mg - kv = m\frac{\mathrm{d}v}{\mathrm{d}y}\frac{\mathrm{d}y}{\mathrm{d}t}$$

即

$$-mg - kv = mv\frac{\mathrm{d}v}{\mathrm{d}y}$$

分离变量得

$$\mathrm{d}y = \frac{mv\mathrm{d}v}{-mg-kv}$$

两边取定积分

$$\int_0^y \mathrm{d}y = \int_{v_0}^0 -\frac{mv\mathrm{d}v}{mg+kv}$$

则

$$y = -\frac{m}{k^2}\left[mg\ln\left(1+\frac{kv_0}{mg}\right) - kv_0\right]$$

$$= -\frac{45}{(0.03)^2}\left[45\times9.8\ln\left(1+\frac{0.03\times60}{45\times9.8}\right) - 0.03\times60\right] \text{ m}$$

$$\approx 183 \text{ m}$$

即物体发射的最大高度为 183 m.

2.4 力学相对性原理 惯性力

一件事能引起人们的争论,是由于他们的立场或观点不同.而一个物体的运动状态及其受力情况,在不同的参考系中去表述,也会有不同的结论.应用牛顿运动定律时,参考系的选取是最基本的,因为牛顿运动定律并非在任何参考系中都成立.

2.4.1 惯性参考系

实验表明,在有些参考系中,牛顿运动定律是成立的,而在另一些参考系中,牛顿运动定律却并不适用,例如:地面上放着一个静止的物体,人站在地面上观察该物体时,物体静止着,加速度为零,这是因为作用在它上面的力相互平衡,即合力为零的缘故.因此以地面为参考系观察该物体,符合牛顿运动定律.如果此人坐在一辆沿路面加速行驶的汽车上观察此物体,则在车上的他看到的该物体的情况就大不一样了,该物体向着与汽车相反的方向作加速运动.该物体的受力情况没有变化,合力仍然为零,但却有了加速度,这显然是不符合牛顿运动定律的.因此,以相对于地面作加速运动的汽车作为参考系,牛顿运动定律不再成立.由此可见,牛顿运动定律并不是对任何参考系都适用的.

我们把牛顿运动定律成立的参考系称为惯性参考系,简称惯性系;而牛顿运动定律不成立的参考系称为非惯性参考系,简称非惯性系.

确定一个参考系是否是惯性参考系,只能依靠观察和实验,如果在所选择的参考系中应用牛顿运动定律,所得的结果在要求的精确度范围内与实验相符合,就可以认为该参考系是惯性参考系.从天体运动的研究知道,如果我们选定太阳为参考系,以太阳的中心为原点,指向任一恒星的直线为坐标轴,那么所观察到的大量天文现象,都能和根据牛顿运动定律及万有引力定律所推算的结果相符合,因此,通常把太阳参考系认为是惯性参考系.实验还表明,相对于惯性参考系作匀速直线运动的参考系也都是惯性参考系,而相对于惯性参考系作变速运动的参考系不是惯性参考系.实验表明,地球可视为惯性参考系,但不是一个严格的惯性系,因为地球对太阳有公转和自转,也就是说地心相对于太阳以及地面相对于地心都有加速度.但是如果我们把地球对太阳的向心加速度和地面对地心的向心加速度计算出来,可以发现,这些向心加速度都是极其微小的,因此,在一般计算范围内,地球或静止在地面上的任一物体都可以近似看成惯性参考系. 同样,在地面上作匀速直线运动的物体也可近似看成惯性参考系,但是在地面上作变速运动的物体就不能看成惯性参考系了,不能直接应用牛顿运动定律.

> **思考**　在惯性系中,质点受到的合力为零,该质点是否一定处于静止状态?

2.4.2　力学相对性原理

文档:伽利略

早在 1632 年,伽利略就在作匀速直线运动的封闭船舱里仔细观察了力学现象,并作了如下生动的描述:"把你和一些朋友关在一条大船甲板下的主舱里,再让你带几只蝴蝶和其他小飞虫,舱里放一只大水碗,其中放几条鱼,然后挂上一个水瓶,让水一滴一滴地滴到下面的宽口罐里. 船停着不动时,你留神观察,小虫等都以等速向舱内各方向飞行,只要距离相等,向这一方向不必比向另一方向用更多的力;你双脚齐跳,无论向哪个方向跳过的距离都相等. 当你仔细地观察这些事情后,再使船以任何速度前进,只要运动是匀速的,你将发现,所有上述现象没有丝毫的改变,你也不能够根据任何现象来判断船究竟是运动还是停止着. 当你双脚齐跳时,你能跳出的距离和你静止时跳出的距离完全相同;从天花板上挂着的水瓶里滴下的水,将依然垂直落在下面的宽口罐里;那几只虫子将继续随便地到处飞行,它们也绝对不会向船尾集中……"在这里,伽利略所描述的种种现象正是说明了:

（1）在相对于惯性参考系作匀速直线运动的参考系中,对于所描述的力学定律来说都是完全等价的;

（2）在一个惯性系的内部所做的任何力学实验都不能够确定这一惯性参考系是处于静止状态,还是在作匀速直线运动.

由以上两点,我们自然会得出下面的结论:在一切惯性参考系中,力学定律具有完全相同的表达形式. 这个结论便是伽利略相对性原理,也称为力学相对性原理. 由伽利略相对性原理可知:在研究力学规律时,所有的惯性参考系都是等价的,在一切惯性参考系中,力学现象都按同样的方式进行着.

2.4.3　惯性力

尽管牛顿运动定律只在惯性系中成立,但在实际问题中我们常常需要在非惯性系中观察和处理物体的运动,若希望在非惯性系中仍然能运用牛顿运动定律处理动力学问题,则必须引入一种惯性力.

1. 直线加速参考系的惯性力

设有一个质点,质量为 m,相对于某一惯性系,在实际的外力 F 的作用下获得加速度 a,根据牛顿第二定律,有

$$F = ma$$

设想有另一非惯性系 S′,相对于惯性系 S 以加速度 a_0 平动. 设质点在非惯性系 S′ 中的加速度为 a,由运动的相对性可得

$$a = a' + a_0$$

上两式联立得

$$F = ma + ma_0$$

也可写成

$$F + (-ma_0) = ma$$

此式说明,质点受的合外力 F 并不等于 ma,因此牛顿运动定律在非惯性系 S′ 中不成立. 若仍要在非惯性系 S′ 中应用牛顿运动定律观测该质点的运动,则可认为质点除了受到实际的外力 F 外,还受到一个大小和方向由 $-ma_0$ 表示的力,称此力为惯性力,用 F_0 表示,即

$$F_0 = -ma_0 \tag{2-9}$$

它表示:在直线加速参考系中,惯性力的大小等于质点的质量 m 和此非惯性系相对于惯性系的加速度 a_0 的乘积,而方向与此加速度 a_0 的方向相反.

惯性力是为了在非惯性系中应用牛顿第二定律而必须引入的力. 引进了惯性力,则在非惯性系中就有了下述牛顿第二定律的形式:

$$F + F_0 = ma' \tag{2-10}$$

其中 F 是实际存在的各种力(或它们的合力),它们是物体之间的相互作用,是前面提到的常见力和基本力,属于真实力. 而惯性力 F_0 是一种"假想力",因为惯性力并不是来自物体间的相互作用. 所以,惯性力无施力物体,也就不存在相互作用,它只是物体的惯性在非惯性系中的表现.

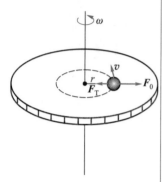

图 2-6　作匀角速度转动的
参考系中的惯性力

2. 匀速转动参考系的惯性力

如图 2-6 所示,长度为 r 的细绳的一端系一个质量为 m 的小球,另一端固定于圆盘的中心. 当圆盘以匀角速度 ω 绕通过盘心并垂直于盘面的竖直轴旋转时,小球也随圆盘一起转动. 若以地面为参考系,绳子给予小球的拉力 F_T 使小球作圆周运动,这是符合牛顿运动定律的,而且

$$F_T = ma_n = m\frac{v^2}{R} = m\omega^2 r$$

若以转动的圆盘这个非惯性系为参考系,小球受到细绳的拉力 F_T 的作用,但却是静止的,这是不符合牛顿第二定律的. 如果还要使用牛顿第二定律,则必须认为小球除了受到细绳的拉力 F_T 的作用外,还受到惯性力 F_0 的作用,惯性力 F_0 与拉力 F_T 平衡,这样相对于圆盘非惯性系,小球受力满足下面的关系:

$$F_0 = -F_T = -ma_n$$

即
$$F_0 = -ma_n \tag{2-11}$$

显然这种惯性力的方向总是与法向加速度 a_n 的方向相反,总是背离轴心沿着半径向外,故称为惯性离心力,即把相对于转动参考系静止的物体所受的惯性力称为惯性离心力.

由前面的分析可知,惯性离心力和在惯性系中观察到的向心力大小相等,方向相反,因此常有人认为惯性离心力是向心力的反作用力,其实这是一种误解. 因为我们知道,向心力是真实力(或它们的合力)作用的表现,而惯性离心力是一种"假想力",它只是运动物体的惯性在参考系中的表现,它没有反作用力. 因此,不能说惯性离心力是向心力的反作用力.

思考　牛顿运动定律的适用范围是什么?

例 2-6

如图 2-7 所示,在刹车时卡车有一恒定的加速度 $a = 7.0\ \mathrm{m/s^2}$,刹车一开始,原来停在上面的一个箱子就开始滑动,它在卡车车厢上滑动了 $L = 2\ \mathrm{m}$ 后撞上了卡车的前帮,问此箱子撞上前帮时相对于卡车的速度为多大? 设箱子与车厢底板之间的滑动摩擦因数 $\mu = 0.5$.

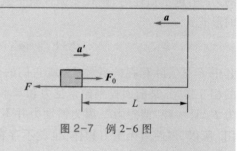

图 2-7　例 2-6 图

解　以车厢为参考系,由于车厢是非惯性参考系,因此,箱子在水平方向除了受到摩擦力 F 以外,还要受到惯性力 $F_0 = ma$ 的作用. 设箱子相对卡车的加速度为 a',由牛顿第二定律得

$$F_0 - F = ma'$$

即

$$ma - \mu mg = ma'$$

故

$$a' = \frac{ma - \mu mg}{m} = a - \mu g$$

再由 $v^2 = 2a'L$,得箱子碰上车厢前帮时相对于卡车的速度为

$$v = \sqrt{2a'L} = \sqrt{2(a - \mu g)L}$$
$$= \sqrt{2 \times (7 - 0.5 \times 9.8) \times 2}\ \text{m/s} \approx 2.9\ \text{m/s}$$

本章提要

1. 几种常见的力

重力：　　　　　　$\boldsymbol{P} = mg$

弹簧的弹性力：　　$F = -kx$

最大静摩擦力：　$F = \mu_0 F_N$,　μ_0 为静摩擦因数

滑动摩擦力：　　$F = \mu F_N$

万有引力：　　　$\boldsymbol{F} = -G\dfrac{m_1 m_2}{r^2}\boldsymbol{e}_r$

2. 牛顿运动定律

牛顿第一定律:任何物体都将保持静止或匀速直线运动状态,直到外力迫使它改变这种状态为止.

牛顿第一定律指出力是使物体运动状态变化的原因.

牛顿第二定律:物体受到外力作用时,它所获得的加速度 a 的大小与合外力 F 的大小成正比,与物体的质量 m 成反比,加速度 a 的方向与合外力 F 的方向相同,即

$$\boldsymbol{F} = m\boldsymbol{a}$$

当 m 变化时,有

$$\boldsymbol{F} = \frac{\mathrm{d}(m\boldsymbol{v})}{\mathrm{d}t} = \frac{\mathrm{d}\boldsymbol{p}}{\mathrm{d}t}$$

牛顿第二定律在直角坐标系中的分量式为

$$\begin{cases} F_x = ma_x = m\dfrac{\mathrm{d}v_x}{\mathrm{d}t} = m\dfrac{\mathrm{d}^2 x}{\mathrm{d}t^2} \\[2mm] F_y = ma_y = m\dfrac{\mathrm{d}v_y}{\mathrm{d}t} = m\dfrac{\mathrm{d}^2 y}{\mathrm{d}t^2} \\[2mm] F_z = ma_z = m\dfrac{\mathrm{d}v_z}{\mathrm{d}t} = m\dfrac{\mathrm{d}^2 z}{\mathrm{d}t^2} \end{cases}$$

在自然坐标系中,可表示为

$$\begin{cases} F_n = ma_n = m\dfrac{v^2}{R} \\[2mm] F_t = ma_t = m\dfrac{\mathrm{d}v}{\mathrm{d}t} \end{cases}$$

牛顿第三定律:两物体之间的作用力 F 和反作用力 F',沿同一直线,大小相等,方向相反,分别作用在两个物体上. 即

$$\boldsymbol{F} = -\boldsymbol{F}'$$

3. 惯性系和非惯性系

牛顿运动定律成立的参考系称为惯性系,牛顿运动定律不成立的参考系称为非惯性系.

在平动参考系中,惯性力

$$\boldsymbol{F}_0 = -m\boldsymbol{a}$$

在转动参考系中,惯性离心力

$$\boldsymbol{F}_0 = -m\omega^2 \boldsymbol{r}$$

牛顿运动定律适用的范围:牛顿力学适用于宏观物体在惯性系中的低速运动,在当今的科学技术和工程中仍然有广泛的应用.

习题

2-1　在下列关于力与运动关系的叙述中,正确的是　　　　　　　　　　　　　（　）

（A）若质点所受合力的方向不变,则一定作直线运动

（B）若质点所受合力的大小不变,则一定作匀速直线运动

（C）若质点所受合力恒定,肯定不会作曲线运动

（D）若质点从静止开始，所受合力恒定，则一定作匀加速直线运动

2-2   质量为 m 的质点沿 x 轴方向运动，其运动方程为 $x = A\cos\omega t$，式中 A、ω 均为正的常量，则该质点所受的合外力为   （   ）

（A）$F = \omega^2 x$ （B）$F = -m\omega^2 x$

（C）$F = -m\omega x$ （D）$F = m\omega^2 x$

2-3   一段路面水平的公路，转弯处轨道半径为 R，汽车轮胎与路面间的摩擦因数为 μ，要使汽车不至于发生侧向打滑，汽车在该处的行驶速率   （   ）

（A）不得小于 $\sqrt{\mu g R}$

（B）必须等于 $\sqrt{\mu g R}$

（C）不得大于 $\sqrt{\mu g R}$

（D）还应由汽车的质量 m 决定

2-4   如习题 2-4 图所示，一个质量为 m_1 的物体拴在长为 L_1 的轻绳上，绳的另一端绑在一个水平光滑桌面上的钉子上．另一物体质量为 m_2，用长为 L_2 的轻绳与 m_1 相连接，两者均在桌面上作匀速圆周运动，假设 m_1、m_2 的角速度为 ω，则各段绳子的张力为   （   ）

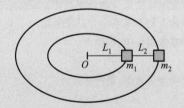

习题 2-4 图

（A）$F_{T1} = F_{T2} = \omega^2 m_1 L_1$

（B）$F_{T1} = F_{T2} = \omega^2 m_1 (L_1 + L_2)$

（C）$F_{T2} = \omega^2 m_2 (L_1 + L_2)$， $F_{T1} = \omega^2 [m_1 L_1 + m_2 (L_1 + L_2)]$

（D）$F_{T2} = \omega^2 m_2 (L_1 + L_2)$， $F_{T1} = \omega^2 m_1 L_1$

2-5   如习题 2-5 图所示，质量为 m 的物体 A 用平行于斜面的细线连接置于光滑的斜面上，若斜面向

左方作加速运动，当物体开始脱离斜面时，它的加速度的大小为   （   ）

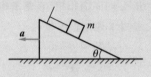

习题 2-5 图

（A）$g\sin\theta$ （B）$g\cos\theta$

（C）$g\tan\theta$ （D）$g\cot\theta$

2-6   一个圆锥摆的摆线长为 l，摆线与竖直方向的夹角恒为 θ，如习题 2-6 图所示．则摆锤转动的周期为   （   ）

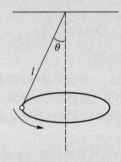

习题 2-6 图

（A）$\sqrt{\dfrac{l}{g}}$ （B）$\sqrt{\dfrac{l\cos\theta}{g}}$

（C）$2\pi\sqrt{\dfrac{l}{g}}$ （D）$2\pi\sqrt{\dfrac{l\cos\theta}{g}}$

2-7   一物体沿固定圆弧形光滑轨道由静止下滑，在下滑过程中，则   （   ）

（A）它的加速度方向永远指向圆心，其速率保持不变

（B）它受到的轨道的作用力的大小不断增加

（C）它受到的合外力大小变化，方向永远指向圆心

（D）它受到的合外力大小不变，其速率不断增加

2-8   如习题 2-8 图所示，一轻绳跨过一个定滑轮，两端各系一质量分别为 m_1 和 m_2 的重物，且 $m_1 > m_2$．

滑轮质量及轴上摩擦均不计,此时重物的加速度的大小为 a. 今用一竖直向下的恒力 $F = m_1 g$ 代替质量为 m_1 的物体,可得质量为 m_2 的重物的加速度大小 a',则　　　　　　　　　　(　　)

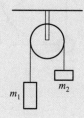

习题 2-8 图

(A) $a' > a$　　　　　(B) $a' = a$
(C) $a' < a$　　　　　(D) 不能确定

2-9　一个质量为 0.5 kg 的质点在平面上运动,其运动学方程为 $x = 2\cos \pi t, y = 4t$(SI 单位),求 $t = 2$ s 时该质点所受的合力 F 是多少?

2-10　设作用在一个质量为 2 kg 的物体上的力 F 在 5 s 内均匀地从 0 增加到 40 N,开始时物体处于静止状态,求 5 s 时物体的速度.

2-11　一质量为 10 kg 的质点在力 F 的作用下沿 x 轴作直线运动,已知力 $F = 120t + 40$,式中 F 的单位为 N,t 的单位为 s. 在 $t = 0$ 时,质点位于 $x_0 = 5.0$ m 处,速度为 $v_0 = 6.0$ m/s. 求质点在任意时刻的位置和速度.

2-12　如习题 2-12 图所示,已知两物体 A、B 的质量均为 $m = 3.0$ kg,物体 A 以加速度 $a = 1.0$ m/s^2 运

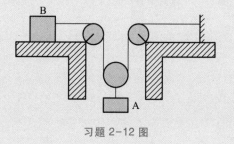

习题 2-12 图

动,求物体 B 与桌面间的摩擦力(滑轮与绳的质量不计).

2-13　质量为 m 的摩托车,在恒定的牵引力 F 的作用下工作,它所受的阻力与其速率的平方成正比,它能达到的最大速率为 v_m.试计算从静止加速到 $\dfrac{v_m}{2}$ 所需的时间以及所走过的路程.

2-14　轻型飞机连同驾驶员总质量为 1.0×10^3 kg,飞机以 55.0 m/s 的速率在水平跑道上着陆后,驾驶员开始制动,若阻力与时间成正比,比例系数 $\alpha = 5.0 \times 10^2$ N/s,求:
(1) 10 s 后飞机的速率;
(2) 飞机着陆后 10 s 内滑行的距离.

2-15　质量为 m 的物体由高空下落,它所受到的阻力与速率成正比,即 $F = -kv$,证明 t 时刻质点的速度为
$$v = \dfrac{mg}{k}\left(1 - e^{-\frac{k}{m}t}\right)$$

2-16　一物体自地球表面以速率 v_0 竖直上抛,假定空气对物体阻力的值为 $F = kmv^2$,其中 m 为物体的质量,k 为常量. 求:(1) 该物体能上升的高度;(2) 物体返回地面时速度的值.

2-17　如习题 2-17 图所示,一个半径为 R 的圆环水平地固定在一光滑桌面上,质量为 m 的质点在桌面上沿圆环的内壁运动,已知质点与环壁间的摩擦因数为 μ,质点开始运动的速率为 v_0,试求质点在任一时刻的速率.

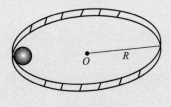

习题 2-17 图

2-18   如习题 2-18 图所示,长为 l 的轻绳,一端固定,另一端系一质量为 m 的小球,使小球从悬挂着的竖直位置以水平初速度 v_0 开始运动,用牛顿运动定律求小球沿逆时针方向转过 θ 角时的角速度和绳中的张力.

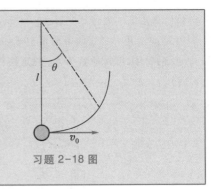

习题 2-18 图

第 2 章习题答案

第3章 动量守恒定律和角动量守恒定律

通过上一章的学习,我们已经知道,在外力作用下,质点的运动状态将会发生变化.但是,牛顿第二运动定律提供的是力和加速度的瞬时对应关系,而质点运动状态的变化,则是力持续作用的累积效果.这种累积效果反映在两个方面:一个是力的时间累计效应,另一个是力的空间累计效应.通过对累积效应的研究,产生了力学中非常重要的三条定理(动量定理、角动量定理、动能定理)和三个定律(动量守恒定律、角动量守恒定律、机械能守恒定律).

本章将首先讨论力的时间累积效应,通过学习动量、冲量和角动量等概念以及动量定理和角动量定理,进而讨论动量守恒定律和角动量守恒定律.这些定理和定律的重要性和适用性,甚至已经超出了经典力学和经典物理学的范围.

花样滑冰运动员在旋转时运用了角动量守恒定律.

3.1 质点和质点系的动量定理

3.1.1 冲量 质点的动量定理

在介绍牛顿第二定律时已经引入了动量这一物理量,引入动量后,牛顿第二定律可以写成

$$F = \frac{\mathrm{d}(m\boldsymbol{v})}{\mathrm{d}t} = \frac{\mathrm{d}\boldsymbol{p}}{\mathrm{d}t}$$

即也可以从质点的动量是否变化来判断它是否受到合外力的作用,将上式改写成

$$\boldsymbol{F}\mathrm{d}t = \mathrm{d}\boldsymbol{p} \qquad (3-1)$$

其中 $\boldsymbol{F}\mathrm{d}t$ 表示质点所受合外力 $\boldsymbol{F}$ 在时间 $\mathrm{d}t$ 内的累积量,我们称之为在 $\mathrm{d}t$ 时间内质点所受合外力 $\boldsymbol{F}$ 的冲量,用 $\mathrm{d}\boldsymbol{I}$ 表示,即

$$\mathrm{d}\boldsymbol{I} = \boldsymbol{F}\mathrm{d}t \qquad (3-2)$$

如果合外力 F 持续地从 t_0 时刻作用到 t 时刻,设 t 时刻质点的动量为 p,t_0 时刻质点的动量为 p_0,则对上式积分就可以求出这段时间力的持续作用效果,即

$$I = \int \mathrm{d}I = \int_{t_0}^{t} F \mathrm{d}t = \int_{p_0}^{p} \mathrm{d}p = p - p_0 \tag{3-3}$$

式中 I 表示合外力 F 在 $t \to t_0$ 时间内的冲量,即 $I = \int_{t_0}^{t} F \mathrm{d}t$,于是得到

$$I = m\boldsymbol{v} - m\boldsymbol{v}_0 \tag{3-4}$$

它表示:在质点运动过程中,作用于质点的合外力的冲量等于质点动量的增量. 这个结论称为质点的动量定理.

由 $I = \int_{t_0}^{t} F \mathrm{d}t$ 可知,冲量定义为合外力 F 在一段时间内的积分,即冲量是描述力的时间累积效应的物理量. 质点从一个状态变化到另一个状态中间要经历某种过程. 有一类物理量是用来描述过程的,称为过程量;另一类物理量是用来描述状态的,称为状态量. 显然,冲量是过程量,动量是状态量,动量定理表明力的持续作用的时间效应,它给出了过程量(冲量 I)和该过程初、末两状态的状态量(动量 $m\boldsymbol{v}_0$ 和 $m\boldsymbol{v}$)之间的定量关系.

冲量是矢量,方向与质点动量增量的方向相同,仅在力的方向恒定不变的情况下,冲量的方向才与合外力的方向一致. 冲量的单位是 N·s(牛顿秒).

虽然动量定理与牛顿第二定律一样,都反映质点运动状态的变化与力的作用关系,但是它们是有区别的. 牛顿第二定律所表示的是在力的作用下动量的瞬时变化规律,而动量定理则表示在力的作用下质点动量的持续变化情形,反映一段时间内力对质点作用的累积效果. 动量定理可以直接由牛顿第二定律得到,所以它也只在惯性参考系中成立.

动量定理在打击和碰撞等问题中特别有用,在打击和碰撞的极短时间内质点间的相互作用力称为冲力,冲力的特点是:作用时间极短,大小随时间而急剧变化,冲力随时间变化的情况往往很复杂,有时无法知道冲力与时间的函数关系,因此引入平均冲力的概念. 如图 3-1 所示,冲量的大小 $I = \int_{t_0}^{t} F \mathrm{d}t$,它就等于冲力随时间变化曲线下的面积,现在找出一个恒力 $\overline{F}$,使它在同样时间 $(t - t_0)$ 内的冲量与 I 相等,也就是图中所示矩形的阴影面积与冲力曲线下的面积相等,即

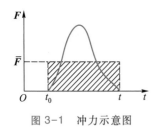

图 3-1　冲力示意图

$$I = \int_{t_0}^{t} F \mathrm{d}t = \overline{F} \cdot (t - t_0)$$

称恒力 $\overline{F}$ 为平均冲力,因此平均冲力定义为

$$\overline{F} = \frac{1}{t - t_0} \int_{t_0}^{t} F \mathrm{d}t = \frac{\overline{I}}{t - t_0} = \frac{m\boldsymbol{v} - m\boldsymbol{v}_0}{t - t_0} \qquad (3\text{-}5)$$

由上式可以看出,平均冲力也是一个矢量,其方向与冲量 I 的方向相同.

有了平均冲力的概念,对于估算碰撞或打击的机械效果十分有用. 在打击、碰撞这类问题中,我们可以在实验中测定物体在碰撞前后的动量,借助于动量定理来确定物体所受的冲量,从而估算冲力的平均值. 尽管这个平均冲力并不是冲力的确切描述,但在不少实际问题中,这样估算就足够了.

动量定理是矢量式,式(3-4)是矢量方程,它表明合外力的冲量 I 的方向就是动量增量 Δp 的方向,为了正确地找出冲量 I,就必须用矢量作图法来处理,因此在处理具体问题时,常使用动量定理的分量形式. 在直角坐标系中,动量定理在各坐标轴的分量形式为

$$\begin{cases} I_x = \int_{t_0}^{t} F_x \mathrm{d}t = \overline{F_x}(t - t_0) = mv_x - mv_{x0} \\ I_y = \int_{t_0}^{t} F_y \mathrm{d}t = \overline{F_y}(t - t_0) = mv_y - mv_{y0} \\ I_z = \int_{t_0}^{t} F_z \mathrm{d}t = \overline{F_z}(t - t_0) = mv_z - mv_{z0} \end{cases} \qquad (3\text{-}6)$$

这些分量式说明:冲量在某个方向上的分量等于在该方向上质点动量分量的增量,也就是说,冲量在任一方向上的分量只能改变它自己方向上的动量分量,而不能改变与它相垂直的其他方向上的动量分量. 由此我们看到,如果作用于质点的冲量在某个方向上的分量等于零,尽管质点的总动量在改变,但在这个方向上的动量分量却保持不变.

在应用动量定理的分量式时,应该注意各个分量都是代数量,其正负号由坐标轴的方向来确定.

例 3-1

一小球在弹簧的作用下作简谐振动,弹力 $F = -kx$,而位移 $x = A\cos \omega t$,其中,k、A、ω 都是常量. 求在 $t = 0$ 到 $t = \dfrac{\pi}{2\omega}$ 的时间间隔内弹力施于小球的冲量.

解 由冲量的积分形式 $I = \int_{t_0}^{t} F \mathrm{d}t$ 可知,所求的冲量为

$$I = \int_{0}^{\pi/2\omega} F \mathrm{d}t = -k \int_{0}^{\pi/2\omega} A\cos \omega t \mathrm{d}t = -\frac{kA}{\omega}$$

负号表示此冲量的方向与 x 轴的正方向相反.

例 3-2

用棒打击水平方向飞来的小球,小球的质量为 0.3 kg,速率为 20 m/s,小球受棒击打后,竖直向上运动 10 m,即达到最高点. 若棒与球的接触时间是 0.02 s,并忽略小球的自重,求棒受到的平均冲力.

解 以小球为研究对象,由动量定理可求得小球所受的平均冲力,再应用牛顿第三定律,即可求得棒所受的平均冲力. 如图 3-2 所示,建立坐标系,并画出打击前后动量变化矢量图. 有

$$I = \overline{F}\Delta t \qquad ①$$

而

$$I = \sqrt{I_x^2 + I_y^2} \qquad ②$$

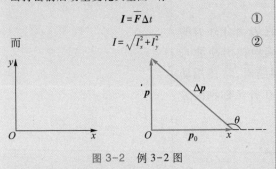

图 3-2 例 3-2 图

再由动量定理的分量形式,得

$$I_x = mv_x - mv_{x0} \qquad ③$$

$$I_y = mv_y - mv_{y0} \qquad ④$$

已知 $v_{x0} = 20$ m/s,$v_x = 0$,$v_{y0} = 0$,打击后瞬间小球向上飞行的速率为

$$v_y = \sqrt{2gh} = \sqrt{2 \times 9.8 \times 10} \text{ m/s} = 14 \text{ m/s}$$

将已知量代入式③和式④,得

$$I_x = (0 - 0.3 \times 20) \text{ kg} \cdot \text{m/s} = -6 \text{ kg} \cdot \text{m/s}$$

$$I_y = (0.3 \times 14 - 0) \text{ kg} \cdot \text{m/s} = 4.2 \text{ kg} \cdot \text{m/s}$$

将 I_x、I_y 代入式②,并由式①得

$$\overline{F} = \frac{\sqrt{(-6)^2 + (4.2)^2}}{0.02} \text{ N} \approx 366.2 \text{ N}$$

小球所受冲量的方向就是棒施于小球的平均冲力的方向,则有

$$\tan \theta = \frac{I_y}{I_x} = \frac{4.2}{-6} = -0.7$$

得

$$\theta = 180° - 35° = 145°$$

即棒施于小球的平均冲力的方向与 x 轴正向间的夹角为 145°.

由牛顿第三定律可知,小球施于棒的平均冲力的大小为 366.2 N,方向与小球所受平均冲力的方向相反,与 x 轴正向的夹角为 35°.

例 3-3

一根质量为 m、长度为 L 的均匀链条被竖直悬挂起来,其下端恰好与地面接触,今释放链条,求链条给予地面的最大压力.

解 此链条可看成是由无相互作用的无数圆环组成,各圆环下落时,均作自由落体运动,任一圆环与地面碰撞后,立即停止运动而不反弹. 链条对地面的压力由两部分组成:一部分是已落地的圆环,此部分对地面的作用力在数值上等于重力;另一部分是圆环与地面碰撞时给予地面的冲力.

由于链条质量均匀分布,其线密度 $\lambda = \frac{m}{L}$,如图

3-3 所示,取向上为正方向,任选高度为 y 处的质元 $\mathrm{d}m$,其质量 $\mathrm{d}m = \lambda \mathrm{d}y = \frac{m}{L}\mathrm{d}y$,该质元自由下落到 y 高度时,由

$$\frac{1}{2}mv^2 = mgy$$

可得此时速度为 $v = \sqrt{2gy}$,设落地时受地面的冲力为 F,碰撞时间 $\mathrm{d}t$,由质点的动量定理得

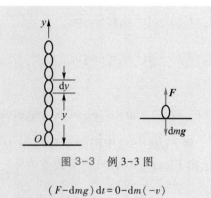

图 3-3　例 3-3 图

$$(F - \mathrm{d}mg)\,\mathrm{d}t = 0 - \mathrm{d}m(-v)$$

由于 $F \gg \mathrm{d}mg$，所以

$$F\,\mathrm{d}t = v\,\mathrm{d}m = v\,\frac{m}{L}\,\mathrm{d}y$$

$$F = v\,\frac{m}{L}\,\frac{\mathrm{d}y}{\mathrm{d}t} = v^2\,\frac{m}{L} = 2gy\,\frac{m}{L}$$

显然，当 $y = L$ 时，有

$$F_{\max} = 2gL\,\frac{m}{L} = 2mg$$

即链条最上端的圆环与地面碰撞时的冲力最大，再考虑已落地的链条的重力，可得链条给予地面的最大压力为

$$F_{N} = mg + F_{\max} = mg + 2mg = 3mg$$

3.1.2　质点系的动量定理

1. 质点系　内力和外力

前面我们所讨论的都是一个质点的运动，今后还要讨论一组质点的运动. 在分析运动问题时，常可以把有相互作用的若干物体作为一个整体加以考虑. 当这些物体都可以看成质点时，这一组质点称为一个系统，简称质点系，一个质点系由两个或更多的质点构成.

在一个质点系构成的力学系统中，我们把系统外的物体对系统内的各质点的作用力称为外力，把系统内各质点间的相互作用力称为内力. 一个力是内力还是外力，取决于所选取系统的范围. 例如：把地球和下落的重物看成是一个质点系，它们之间的引力是系统的内力，而空气作用在下落重物上的阻力则属于外力；如果把地球、重物和空气看成一个质点系，则空气阻力也是内力. 因此，同一个力，在一种情况下是内力，在另一种情况下，就有可能是外力. 今后的讨论将表明，对内力和外力加以区分是很有必要的.

2. 质点系的动量定理

可以证明，对于一个质点系，动量定理依然成立. 我们先以两个质点构成的质点系为例来讨论. 如图 3-4 所示，两个质点的质量分别为 m_1 和 m_2，在初时刻 t_0，速度分别为 v_{10} 和 v_{20}. 设两个质点受到的外力分别是 F_1 和 F_2，两质点的相互作用的内力分别为 F_{12} 和 F_{21}，它们持续作用到末时刻 t，两质点的速度分别变为 v_1 和 v_2，分别对两质点应用动量定理，有

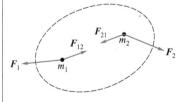

图 3-4　两质点组成的质点系

对 m_1：
$$\int_{t_0}^{t}(\boldsymbol{F}_1+\boldsymbol{F}_{12})\cdot\mathrm{d}t=m_1\boldsymbol{v}_1-m_1\boldsymbol{v}_{10}$$

对 m_2：
$$\int_{t_0}^{t}(\boldsymbol{F}_2+\boldsymbol{F}_{21})\cdot\mathrm{d}t=m_2\boldsymbol{v}_2-m_2\boldsymbol{v}_{20}$$

将两式相加,有

$$\int_{t_0}^{t}(\boldsymbol{F}_1+\boldsymbol{F}_2)\cdot\mathrm{d}t+\int_{t_0}^{t}(\boldsymbol{F}_{12}+\boldsymbol{F}_{21})\cdot\mathrm{d}t=m_1\boldsymbol{v}_1-m_1\boldsymbol{v}_{10}+m_2\boldsymbol{v}_2-m_2\boldsymbol{v}_{20}$$

由牛顿第三定律可知 $\boldsymbol{F}_{12}$ 和 $\boldsymbol{F}_{21}$ 是一对作用力和反作用力,$\boldsymbol{F}_{12}=-\boldsymbol{F}_{21}$,可得系统的内力之和 $\boldsymbol{F}_{12}+\boldsymbol{F}_{21}=0$,所以,上式变为

$$\int_{t_0}^{t}(\boldsymbol{F}_1+\boldsymbol{F}_2)\cdot\mathrm{d}t=(m_1\boldsymbol{v}_1+m_2\boldsymbol{v}_2)-(m_1\boldsymbol{v}_{10}+m_2\boldsymbol{v}_{20})\qquad(3\text{-}7)$$

式(3-7)表明:作用于两个质点组成的质点系的外力的矢量和的冲量,等于系统内两质点动量之和的增量. 把这一结论进一步推广到由 n 个质点组成的质点系,则有

$$\int_{t_0}^{t}\left(\sum_{i=1}^{n}\boldsymbol{F}_i\right)\mathrm{d}t=\sum_{i=1}^{n}m_i\boldsymbol{v}_i-\sum_{i=1}^{n}m_i\boldsymbol{v}_{i0}\qquad(3\text{-}8)$$

即
$$\boldsymbol{I}=\boldsymbol{p}-\boldsymbol{p}_0\qquad(3\text{-}9)$$

其中 $\boldsymbol{p}$ 和 $\boldsymbol{p}_0$ 分别表示系统的末动量和初动量,式(3-8)和式(3-9)表明:作用于质点系的外力的矢量和的冲量等于质点系动量的增量,这就是质点系的动量定理.式(3-8)和式(3-9)也可写成直角坐标系的分量形式.

从上面的讨论可知,系统的内力可以改变系统内单个质点的动量,但不能改变系统的总动量.

3. 质心

我们知道,由两个或两个以上的质点组成的系统叫质点系.在研究由多个质点组成的系统或有一定形状且质量连续分布的物体在空间运动时,质心是个非常有用的概念.例如,如图 3-5 所示,当将一个斧头投掷出去时,会看到它一边翻转一边前进,斧头在空间的运动是很复杂的,组成斧头的每个质点的轨迹都不是抛物线,但仔细研究却发现,斧头总是绕着一个确定的 C 点翻转,而这个点在空中的轨迹是一个抛物线(不计空气阻力时). C 点的运动规律就像斧头的质量都集中在 C 点,全部外力也像是作用在 C 点一样,这个特殊点 C 就是质点系的质量中心,简称质心.

质心的位置可由下面的方法来计算. 如图 3-6 所示,质量分别为 m_1 和 m_2 的两个小球,用刚性轻杆连接,用实验的方法可测出其质心位置 C,C 位于两小球连杆上,而且质心 C 与两小球的距离 d_1 和 d_2 之比,恰好等于两个小球的质量 m_1 和 m_2 的反

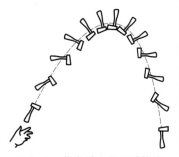

图 3-5　斧头质心的运动轨迹

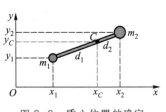

图 3-6　质心位置的确定

比，即

$$\frac{d_1}{d_2}=\frac{m_2}{m_1}$$

质心的坐标 (x_C, y_C) 和 m_1、m_2 的坐标 (x_1, y_1)、(x_2, y_2) 之间有如下关系：

$$\frac{d_1}{d_2}=\frac{x_2-x_C}{x_C-x_1}=\frac{y_2-y_C}{y_C-y_1}$$

将以上两式联立，经过整理可得

$$x_C=\frac{m_1x_1+m_2x_2}{m_1+m_2}$$

$$y_C=\frac{m_1y_1+m_2y_2}{m_1+m_2}$$

这说明，一个质点系的质心位置由其质量分布决定. 在一般情况下，若一个质点系由 n 个质点组成，那么它的质心位置是

$$\begin{cases} x_C=\dfrac{m_1x_1+m_2x_2+\cdots+m_nx_n}{m_1+m_2+\cdots+m_n}=\dfrac{\sum m_ix_i}{\sum m_i} \\[2mm] y_C=\dfrac{m_1y_1+m_2y_2+\cdots+m_ny_n}{m_1+m_2+\cdots+m_n}=\dfrac{\sum m_iy_i}{\sum m_i} \\[2mm] z_C=\dfrac{m_1z_1+m_2z_2+\cdots+m_nz_n}{m_1+m_2+\cdots+m_n}=\dfrac{\sum m_iz_i}{\sum m_i} \end{cases} \quad (3-10)$$

若质心的位置矢量为 $\boldsymbol{r}_C$，则质心的位置可用矢量式表示为

$$\boldsymbol{r}_C=\frac{m_1\boldsymbol{r}_1+m_2\boldsymbol{r}_2+\cdots+m_n\boldsymbol{r}_n}{m_1+m_2+\cdots+m_n}=\frac{\sum m_i\boldsymbol{r}_i}{\sum m_i} \quad (3-11)$$

若质量是连接分布的，式中的求和可以用积分代替，那么质心的位置可表示为

$$\boldsymbol{r}_C=\int\frac{\boldsymbol{r}\mathrm{d}m}{m} \quad (3-12)$$

在直角坐标系中，其分量式为

$$\begin{cases} x_C=\int\dfrac{x\mathrm{d}m}{m} \\[2mm] y_C=\int\dfrac{y\mathrm{d}m}{m} \\[2mm] z_C=\int\dfrac{z\mathrm{d}m}{m} \end{cases} \quad (3-13)$$

从以上质心位置计算公式可以看到，选择不同的参考系，质心的坐标值不同，但是质心相对于质点系的位置是不变的，它完

全取决于质点系的质量分布. 因此, 质心是物体的质量分布中心, 是研究物体机械运动的一个重要参考点, 当作用力(或合力)通过该点时, 物体只作平动, 而不发生转动; 否则, 在发生平动的同时将绕该点转动.

值得注意的是, 质心和重心是两个不同的概念, 不能混为一谈. 重心是一个物体各部分所受重力的合力的作用点, 而一个物体的质心, 是由其质量分布所决定的一个特殊点. 当物体远离地球时不再受重力作用, 重心这个概念便失去意义, 而质心却依然存在. 因此, 质心和重心的概念是根本不同的. 可以证明, 对于尺寸不太大的物体, 其质心和重心的位置是重合的.

4. 质心运动定理

当质点系的各质点在空间运动时, 系统质心在空间的位置也在发生变化, 但其质心的运动遵守一定的规律. 现在, 我们由牛顿第二定律可推出质心的运动规律.

由式(3-11)可知, 质点系在运动过程中, 其质心的位置 $\boldsymbol{r}_c$ 将随时间变化, 将 $\boldsymbol{r}_c$ 对时间求一阶导数, 可得到质心的运动速度

$$\boldsymbol{v}_c = \frac{\mathrm{d}\boldsymbol{r}_c}{\mathrm{d}t} = \frac{\sum m_i \dfrac{\mathrm{d}\boldsymbol{r}_i}{\mathrm{d}t}}{\sum m_i} = \frac{\sum m_i \boldsymbol{v}_i}{m}$$

其中 $m = \sum m_i$ 为质点系的总质量. 由此可得

$$m\boldsymbol{v}_c = \sum \boldsymbol{p}_i = \boldsymbol{p} \tag{3-14}$$

其中 $\boldsymbol{p} = \sum \boldsymbol{p}_i$ 为质点系的总动量. 即质点系内各质点的动量的矢量和 $\boldsymbol{p}$ 等于其质心的速度乘以质点系的总质量.

再对式(3-14)求一阶导数, 可得动量 $\boldsymbol{p}$ 的变化率为

$$\frac{\mathrm{d}\boldsymbol{p}}{\mathrm{d}t} = m\frac{\mathrm{d}\boldsymbol{v}_c}{\mathrm{d}t} = m\boldsymbol{a}_c$$

由牛顿第二定律可知, $\boldsymbol{F} = \dfrac{\mathrm{d}\boldsymbol{p}}{\mathrm{d}t}$, 因而上式为

$$\boldsymbol{F} = m\boldsymbol{a}_c \tag{3-15}$$

上式表明: 作用于质点系上的合外力等于质点系的总质量乘以质心的加速度, 这就是质心运动定理. 它与牛顿第二定律在形式上完全相同. 质心运动定理告诉我们: 不管质点系的质量如何分布, 也不管外力作用在质点系的什么位置上, 该质点系的运动就相当于其质量全部集中于质心, 在合外力 $\boldsymbol{F}$ 的作用下, 质心以加速度 $\boldsymbol{a}_c$ 运动.

质心运动定理反映了"质心"这一概念的重要性. 这一定理

图 3-7 炮弹在空中爆炸——
质心轨迹为抛物线

告诉我们,一个质点系内各个质点由于内力和外力的作用,其运动情况可能很复杂,但相对于此质点系有一个特殊的点,即质心,它的运动可能相当简单,只由质点系所受到的合外力决定.例如,发射的一枚炮弹,如图 3-7 所示,当它在其飞行轨迹上爆炸时,碎片向四面八方飞散,但如果把这颗炮弹看作一个质点,所有碎片组成的系统的质心仍继续按原来的轨迹运动,即此轨迹仍是一条抛物线.又如高台跳水运动员离开跳台后,如图 3-8 所示,他的身体可以作出各种优美的翻转伸缩动作,但是,他的质心的轨迹是一条抛物线,而在翻转过程中,身体的其他部分既随质心作斜抛运动,同时又绕着过质心的轴线作半径不同的圆周运动.

图 3-8　跳水运动员在跳水过程中的质心轨迹为抛物线

　　思考　质心运动定理和牛顿第二定律在形式上相似,试比较它们所代表的意义有何不同?

　　思考　放烟花时,一朵五彩缤纷的烟花的质心运动轨迹如何(忽略空气阻力与风力)? 为什么在空中以球形逐渐扩大?

例 3-4

求图 3-9 中质点系的质心.

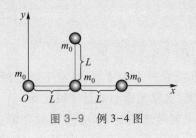

图 3-9　例 3-4 图

解　建立直角坐标系,由质心的坐标公式得

$$x_C = \frac{0+m_0L+m_0L+6m_0L}{6m_0} = 1.33L$$

$$y_C = \frac{0+0+0+m_0L}{6m_0} \approx 0.17L$$

所以质心的位置为 $(1.33L, 0.17L)$.

3.2　动量守恒定律

　　由质点系的动量定理可以看出,合外力的冲量使系统的动量发生变化,当系统不受外力或外力的矢量和为零时,系统的总动量保持不变. 由式(3-8)可见,若 $\sum F_i = 0$,则有

$$\sum_{i=1}^{n} m_i \boldsymbol{v}_i - \sum_{i=1}^{n} m_i \boldsymbol{v}_{i0} = 0$$

或
$$\sum_{i=1}^{n} m_i \boldsymbol{v}_i = \sum_{i=1}^{n} m_i \boldsymbol{v}_{i0} = 常矢量 \tag{3-16}$$

上式表明：如果系统所受外力的矢量和为零，则系统的总动量保持不变，这就是动量守恒定律.

如果质点系由两个质点组成，则动量守恒定律可表示为

$$m_1 \boldsymbol{v}_1 + m_2 \boldsymbol{v}_2 = m_1 \boldsymbol{v}_{10} + m_2 \boldsymbol{v}_{20}$$

将上式移项，可得

$$m_1 \boldsymbol{v}_1 - m_1 \boldsymbol{v}_{10} = -(m_2 \boldsymbol{v}_2 - m_2 \boldsymbol{v}_{20})$$

上式表明，这两个质点的动量都有改变，但它们各自的动量增量大小相等，方向相反，即一个质点动量的增加量恰等于另一个质点动量的减小量，动量在两个质点之间进行了交换. 所以，一般来说，当系统动量守恒时，系统内各质点的动量都可以发生变化，但这种变化只能是动量守恒系统内各个质点之间动量的交换，而系统内动量的交换是通过系统内各质点间相互作用的内力实现的，系统中内力的作用可以使动量在系统内各个质点之间交换，但不改变系统的总动量，系统的总动量保持不变.

此外，对于质点系，我们可用质心运动定律处理. 式（3-15）中 $\boldsymbol{a}_c = \dfrac{\mathrm{d}\boldsymbol{v}_c}{\mathrm{d}t}$，而 m 为常量，则该式可写为 $\boldsymbol{F} = \dfrac{\mathrm{d}}{\mathrm{d}t}(m\boldsymbol{v}_c)$，显然，当 $\boldsymbol{F} = 0$ 时，有

$$\boldsymbol{p} = m\boldsymbol{v}_c = 常矢量 \tag{3-17}$$

式（3-17）表明，质点系所受合外力为零时，对应于质心所表示的质点系的总动量保持守恒，这就是质心动量守恒定律.

动量守恒定律是一个矢量式，在实际应用动量守恒定律时，常利用动量守恒定律的分量形式. 在直角坐标系中，动量守恒定律的分量式为：

当 $\sum F_{ix} = 0$ 时， $\sum m_i v_{ix} = p_x = 常量$

当 $\sum F_{iy} = 0$ 时， $\sum m_i v_{iy} = p_y = 常量$

当 $\sum F_{iz} = 0$ 时， $\sum m_i v_{iz} = p_z = 常量$

上式说明，若系统所受合外力不为零，但合外力在某个方向上的分量为零，则系统的总动量虽然不守恒，但在该方向上动量的分量是守恒的.

为了正确理解和应用动量守恒定律，需注意以下几点：

（1）动量守恒定律成立的条件：系统所受的合外力等于零，即 $\sum \boldsymbol{F}_i = \boldsymbol{0}$；

（2）若系统所受的合外力不为零，但在某一方向上合外力的分量为零，则在该方向上动量的分量守恒；

（3）若系统所受的合外力不为零，但外力远小于内力，也可以近似认为动量守恒；

（4）动量守恒定律比牛顿运动定律更加基本普遍，是物理学最基本、最普遍的定律之一；

（5）动量守恒定律是由牛顿运动定律导出来的，因此它只适用于惯性参考系。物理学的发展进入到高速运动和微观粒子运动的领域之后，大到天体间的相互作用，小到质子、中子、电子等基本粒子间的相互作用，动量守恒定律都适用；而在原子、原子核等微观领域中，牛顿运动定律却不适用了，因此动量守恒定律比牛顿运动定律适用范围更加广泛。

动量守恒定律中的动量都应是相对同一惯性参考系的。在解决动力学问题时，可以不考虑系统内力作用下的复杂变化，只需考虑变化前后系统的总动量，因此可以带来很大方便。所以，只要满足守恒条件，可以不必过问过程中间系统内质点动量变化的细节，只需考虑过程始末状态系统总动量的关系，这是应用动量守恒定律求解问题比用牛顿运动定律便利之处。

例 3-5

两球质量分别是 $m_1 = 20$ g，$m_2 = 50$ g，在光滑桌面上运动，速度分别为 $v_1 = 10i$ cm/s，$v_2 = (3i+5j)$ cm/s，碰撞后合为一体，求碰撞后的速度。

解　以 v 表示碰撞后的速度，对两球应用动量守恒定律可得

$$m_1 v_1 + m_2 v_2 = (m_1 + m_2) v$$

$$[20 \times 10i + 50 \times (3i+5j)] \text{ cm/s} = (20+50)(v_x i + v_y j)$$

由此可得

$$v_x = \frac{20 \times 10 + 50 \times 3}{20+50} \text{ cm/s} = 5 \text{ cm/s}$$

$$v_y = \frac{50 \times 5}{20+50} \text{ cm/s} \approx 3.57 \text{ cm/s}$$

从而碰后速度的大小为

$$v = \sqrt{v_x^2 + v_y^2} = \sqrt{5^2 + 3.57^2} \text{ cm/s} \approx 6.14 \text{ cm/s}$$

此速度和 x 轴的夹角为

$$\theta = \arctan \frac{v_y}{v_x} = \arctan \frac{3.57}{5} \approx 35°32'$$

例 3-6

运载火箭的最后一级以 $v_0 = 7\ 600$ m/s 的速率飞行。这一级火箭由一个质量为 $m_1 = 290.0$ kg 的火箭壳和一个质量为 $m_2 = 150.0$ kg 的仪器舱扣在一起组成。当扣松开后，两者间的压缩弹簧使两者分离。这时两者的相对速度为 $u = 910.0$ m/s。设所有速度都在同一直线上，求两部分分开后各自的速度。

解　对于太空惯性系,取 v_0 的方向为正方向,以 v_1 和 v_2 分别表示火箭壳和仪器舱分开后各自的速度.对于火箭壳和仪器舱组成的系统来说,动量守恒,因此

$$(m_1+m_2)v_0 = m_1v_1+m_2v_2 \qquad ①$$

由于仪器舱应在前,所以 $u=v_2-v_1$,即

$$v_2 = u+v_1 \qquad ②$$

将式②代入式①得

$$(m_1+m_2)v_0 = m_1v_1+m_2(u+v_1)$$

于是得火箭壳的速度

$$v_1 = v_0 - \frac{m_2 u}{m_1+m_2} = \left(7\ 600 - \frac{150 \times 910}{150+290}\right) \text{m/s} = 7\ 290 \text{ m/s}$$

仪器舱的速度

$$v_2 = u+v_1 = (910+7\ 290)\text{m/s} = 8\ 200 \text{ m/s}$$

例 3-7

一个长为 $l=4$ m,质量为 $m'=150$ kg 的船,静止于湖面上.今有一质量 $m=50$ kg 的人从船头走到船尾,如图 3-10 所示,求人和船相对于湖岸移动的距离,设水的阻力不计.

解　取人和船组成的系统为研究对象,由于水的阻力不计,系统在水平方向无外力作用,水平方向动量守恒.

以 v' 和 v 分别表示任意时刻船和人相对于湖岸的速度,建立 x 轴,由动量守恒定律得

$$mv - m'v' = 0$$

即

$$mv = m'v'$$

此式在任何时刻都成立.设 $t=0$ 时人位于船头,t 时刻达到船尾,对上式积分,有

$$m\int_0^t v\mathrm{d}t = m'\int_0^t v'\mathrm{d}t$$

用 s' 和 s 分别表示船和人相对于湖岸移动的距离,则有

$$s' = \int_0^t v'\mathrm{d}t$$

$$s = \int_0^t v\mathrm{d}t$$

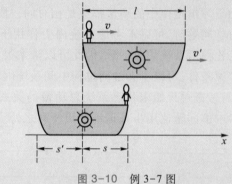

图 3-10　例 3-7 图

于是有

$$ms = m's'$$

又

$$s'+s = l$$

所以

$$s' = \frac{m}{m'+m}l = \frac{50}{150+50} \times 4 \text{ m} = 1 \text{ m}$$

$$s = l-s' = 3 \text{ m}$$

3.3　质点的角动量定理

3.3.1　力矩

对于一个静止的质点来说,当它受到外力的作用时,就会

运动;但对于一个能够转动的物体而言,当它受到外力作用时,可能转动也可能不转动,这取决于此力是否产生力矩.外力对物体产生力矩,物体就会转动起来,反之,如果外力对物体不产生力矩,物体就不会转动.因此力矩反映了力对物体的转动效果.

　　力矩是相对于一个参考点定义的.如图 3-11 所示,设力 F 的作用点对某一参考点的位矢为 r,则位矢 r 与作用力 F 的矢积定义为力 F 对该参考点的力矩 M,即

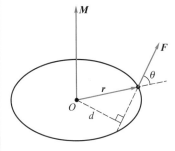

$$M = r \times F \qquad (3-18)$$

　　力矩是矢量,其大小为 $M = Fr\sin\theta = Fd$,其中 θ 是 r 与 F 之间的夹角,d 为力对参考点的力臂.力矩 M 的方向用右手螺旋定则来判断:伸直右手大拇指,其余四指由位矢 r 通过小于 $180°$ 的角转到矢量 F 的方向,这时大拇指所指的方向就是力矩 M 的方向.由此可以判断,M 的方向垂直于位矢 r 与 F 所决定的平面.

图 3-11　外力对参考点 O 的力矩

　　在国际单位制中,力矩的单位是 N·m(牛·米).

　　由式(3-18)可知,力矩 M 与位矢 r 有关,也就是与参考点 O 的选取有关.对于同样的作用力 F,选择不同的参考点,力矩 M 的大小和方向可能会不同.

3.3.2　质点对定点的角动量

　　我们先给出角动量(也叫动量矩)的定义.设质量为 m 的质点某一时刻的运动速度为 v,该时刻相对于参考点 O 的位置矢量为 r,如图 3-12 所示,则质点的动量为 $p = mv$,我们定义质点 m 相对于参考点 O 的角动量为

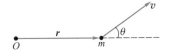

图 3-12　质点的角动量

$$L = r \times p = r \times mv \qquad (3-19)$$

上式表示:一个质点相对于参考点 O 的角动量等于质点的位置矢量与其动量的矢积.

　　质点的角动量 L 是一个矢量,其大小为

$$L = rmv\sin\theta \qquad (3-20)$$

式中 θ 为位矢 r 与动量 p 之间的夹角,L 的方向由右手螺旋定则确定:伸直右手大拇指,其余四指由位矢 r 通过小于 $180°$ 的角转到矢量 p 的方向,大拇指所指的方向就是角动量 L 的方向,如图 3-13 所示.显然,角动量 L 的方向垂直于由矢量 r 与动量 p 所决定的平面.

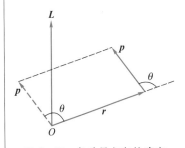

图 3-13　角动量方向的确定

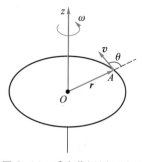

图 3-14   质点作圆周运动的
角动量

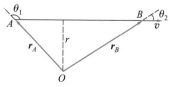

图 3-15   匀速直线运动的质点
对参考点 O 的角动量

在国际单位制中,角动量的单位是 $kg \cdot m^2 \cdot s^{-1}$.

从角动量的定义式(3-19)可以看出,质点的角动量 L 与位矢 r 有关,也就是与参考点 O 的选取有关. 同一质点对不同参考点的位矢不同,因而角动量也不同. 因此在表示质点的角动量时,必须指明是对哪一点的角动量. 为了表示角动量 L 是相对于参考点 O 的,所以一般总把角动量 L 画在参考点 O 上,如图 3-13 所示.

若质量为 m 的质点作半径为 r 的圆周运动,如图 3-14 所示. 某一时刻质点位于 A 点,速度为 v. 若以圆心 O 为参考点,那么 r 与 v 总是相互垂直的,则质点对圆心 O 的角动量 L 的大小为

$$L = rmv = mr^2\omega$$

式中 ω 为质点绕 O 点转动的角速度,L 的方向平行于 Oz 轴.

如果质点以恒定速度 v 作直线运动,对空间某一给定点也可能有角动量. 如图 3-15 所示,当选取参考点 O 时,质点对 O 点的角动量大小如下:

A 点:$\qquad\qquad\qquad L_A = mvr_A \sin\theta_1$

B 点:$\qquad\qquad\qquad L_B = mvr_B \sin\theta_2$

因为 $r_A \sin\theta_1 = r_B \sin\theta_2 = r$,所以 $L_A = L_B$. 这说明质点在匀速直线运动过程中对某一定点的角动量是恒定的,其方向始终垂直于纸面向里.

但当参考点选在该质点运动的直线上时,由于 $\sin\theta = 0$,那么质点在运动过程中的角动量就是零. 所以,作直线运动的质点,只有对不在此直线上的参考点才有角动量.

> 思考   如果一个质点作直线运动,那么质点相对于哪些点的角动量守恒?

> 思考   在匀速圆周运动中,质点的动量是否守恒? 角动量呢?

3.3.3   质点对定点的角动量定理

以上我们定义了角动量和力矩这两个物理量,现在就来导出它们之间的定量关系,从而说明力矩的作用效果.

设质量为 m 的质点,在合力 F 的作用下,某一时刻的动量为 $p = mv$,该质点相对于某参考点 O 的位置矢量为 r,那么此时质点

相对于参考点 O 的角动量为

$$L = r \times mv$$

将上式对时间 t 求导,可得

$$\frac{\mathrm{d}L}{\mathrm{d}t} = \frac{\mathrm{d}}{\mathrm{d}t}(r \times mv) = r \times \frac{\mathrm{d}(mv)}{\mathrm{d}t} + \frac{\mathrm{d}r}{\mathrm{d}t} \times mv$$

根据牛顿第二定律,应有

$$F = \frac{\mathrm{d}(mv)}{\mathrm{d}t}$$

又由于

$$v = \frac{\mathrm{d}r}{\mathrm{d}t}$$

所以

$$\frac{\mathrm{d}L}{\mathrm{d}t} = r \times F + v \times mv$$

根据矢积的性质,$v \times mv = 0$,而 $r \times F = M$,于是有

$$M = \frac{\mathrm{d}L}{\mathrm{d}t} \tag{3-21}$$

上式表明:作用在质点上的合外力对某参考点的力矩,等于质点对同一参考点的角动量的时间变化率.

式(3-21)还可以写成

$$M\mathrm{d}t = \mathrm{d}L \tag{3-22}$$

式中,$M\mathrm{d}t$ 是质点在运动过程中,力矩对时间的累积量,叫作冲量矩. 对上式两边取积分,可得

$$\int_{t_0}^{t} M\mathrm{d}t = L - L_0 \tag{3-23}$$

式(3-23)表明:质点所受到的冲量矩,等于质点角动量的增量. 这个结论称为质点的角动量定理.

我们常把式(3-21)和式(3-22)叫做质点的角动量定理的微分形式. 把式(3-23)叫做角动量定理的积分形式. 质点的角动量定理告诉我们力矩对物体转动的作用效果:使物体的角动量发生改变.

关于质点的角动量定理需要注意:

(1)角动量定理中的角动量 L 和力矩 M 必须是相对于同一参考点的;

(2)角动量定理与牛顿第二定律在数学形式上相互对应,即

$$\frac{\mathrm{d}L}{\mathrm{d}t} = M, \quad \frac{\mathrm{d}p}{\mathrm{d}t} = F$$

可见,力矩 M 和角动量 L 是描述转动的物理量.

3.4　质点的角动量守恒定律

在上一节,我们学习了质点的角动量定理

$$M = \frac{dL}{dt}$$

如果作用于质点的合外力对参考点的力矩等于零,即 $M = 0$,则有

$$\frac{dL}{dt} = 0$$

或者说

$$L = r \times mv = 常矢量 \qquad (3-24)$$

上式表明:相对于某一参考点,如果质点所受的合外力矩等于零,则质点的角动量保持不变. 这个结论叫做质点的角动量守恒定律.

我们必须明确,质点的角动量守恒条件是合外力矩为零,即 $M = 0$. 因为 $M = r \times F$ 或 $M = Fr\sin\theta$. 所以,力矩等于零有三种情况:

(1) $F = 0$,即质点不受外力作用时,质点的角动量守恒;

(2) $r = 0$,表示质点位于参考点而静止不动时,质点的角动量守恒;

(3) r 与 F 都不为零,但是 $r \times F = 0$,即 $\sin\theta = 0$,也就是 r 与 F 平行或反平行,这时力的作用线通过参考点,那么质点的角动量也是守恒的.

在第(3)种情况中,质点并非不受外力,而是力的作用线始终通过参考点. 我们把这样的力称为有心力,参考点叫做力心. 所以不能笼统地认为,凡是受力作用的质点其角动量都不守恒,而要看此力是否是有心力. 只要作用于质点的力是有心力,那么此力对力心的力矩总是等于零. 所以,在有心力作用下质点对力心的角动量都是守恒的. 例如,行星绕太阳转动时,太阳对它们的引力指向太阳的中心;原子核对核外电子的静电力总是指向原子核. 在这里,行星受到的引力,核外电子受到的静电力都属于有心力,因此,行星绕太阳转动的过程中,行星对太阳的角动量守恒;同样的道理,核外电子绕核转动的过程中,电子对核的角动量守恒.

从以上的分析可以得出,质点的角动量守恒定律是物理学的一条很重要的基本规律,在研究天体的运动及微观粒子的运动时,角动量守恒定律都起着极为重要的作用.

> **思考**　质点在有心力场中的运动具有什么性质?

思考 下列系统的角动量守恒吗?

(1) 圆锥摆;

(2) 冲击摆;

(3) 荡秋千;

(4) 在空中翻筋斗的京剧演员;

(5) 在水平面上匀速滚动的车轮;

(6) 从旋转着的砂轮边缘飞出的碎屑.

例 3-8

质量为 m 的小球系于细绳的一端,绳的另一端绑在一根竖直放置的细棒上,如图 3-16 所示. 小球被约束在光滑水平面内绕细棒旋转,某时刻角速度为 ω_1,细绳的长度为 r_1. 当旋转了若干圈后,由于细绳缠绕在细棒上,绳长变为 r_2,求此时小球绕细棒旋转的角速度 ω_2.

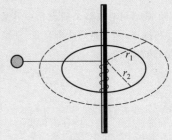

图 3-16 例 3-8 图

解 在小球绕细棒作圆周运动的过程中,小球受到三个力的作用:竖直向下的重力 mg,光滑水平面对小球的向上的支持力 F_N,绳子对小球的拉力 F_T. 重力和支持力相平衡,而绳子对小球的拉力 F_T 属于有心力,因此小球对细棒的角动量守恒.

根据质点对轴的角动量守恒定律,应有

$$mv_1 r_1 = mv_2 r_2 \quad \text{①}$$

式中 v_1 是半径为 r_1 时小球的线速度,v_2 是半径为 r_2 时小球的线速度,并且

$$v_1 = \omega_1 r_1$$
$$v_2 = \omega_2 r_2$$

将 v_1、v_2 代入式①,可得

$$m r_1^2 \omega_1 = m r_2^2 \omega_2$$

因此

$$\omega_2 = \left(\frac{r_1}{r_2}\right)^2 \omega_1$$

可见,由于细绳越转越短,$r_2 < r_1$,小球的角速度必定越转越大,即 $\omega_2 > \omega_1$.

例 3-9

当地球处于远日点时,到太阳的距离为 1.52×10^{11} m,轨道速度为 2.93×10^4 m/s,半年后,地球处于近日点,到太阳的距离为 1.47×10^{11} m,求:

(1) 地球在近日点时的轨道速度;

(2) 两种情况下,地球的角速度.

解 地球和太阳间的引力是有心力,取太阳为参考系,将地球视为质点,则有心力的力心就是太阳的中心. 对力心而言,地球受到的合外力矩为零,因此,地球对力心的角动量守恒. 地球运动到椭圆轨道的近日点和远日点时,速度方向垂直于它对力心的位矢.

设地球质量为 m,并设 r_1、r_2、v_1、v_2 分别为地球在远日点和近日点的位矢和速度的大小,由角动量守恒定律,有

$$mv_1 r_1 = mv_2 r_2$$

(1) 地球在近日点时轨道速度

$$v_2 = \frac{v_1 r_1}{r_2} \approx 3.03 \times 10^4 \text{ m}$$

(2) 地球在远日点的角速度

$$\omega_1 = \frac{v_1}{r_1} \approx 1.93 \times 10^{-7} \text{ rad/s}$$

地球在近日点的角速度

$$\omega_2 = \frac{v_2}{r_2} \approx 2.06 \times 10^{-7} \text{ rad/s}$$

本章提要

1. 动量

动量:
$$p = mv$$

冲量:
$$I = \int_{t_0}^{t} F\,\mathrm{d}t$$

动量定理:合外力作用的冲量等于质点(或质点系)动量的增量.

$$I = \int_{t_0}^{t} F\,\mathrm{d}t = p - p_0$$

2. 质心

质心可看成整个质点系中各质点位置分布的一个特殊点.质点系的全部质量、动量都集中在该点上.质心的位矢

$$r_C = \frac{\sum m_i r_i}{m}$$

$$r_C = \int \frac{r\,\mathrm{d}m}{m}$$

其中 m 为质点系的总质量,r_i 为质点 m_i 对应的位矢.

质心运动定理:质点系所受的合外力等于质点系的总质量与其质心的加速度的乘积,即

$$F = ma_C$$

质心运动定理还表明,在合外力 $F = 0$ 的情况下,$a_C = 0$,说明质心参考系是个惯性系.

3. 动量守恒定律

系统所受的合外力为零时,系统的总动量保持不变,即当

$$F = \sum F_i = 0$$

时,有
$$p = \sum p_i = \sum m_i v_i = 常矢量$$

4. 力矩

对于某一参考点,质点所受的力矩为
$$M = r \times F$$

其大小为

$$M = Fr\sin\theta \ (\theta \text{ 为 } r \text{ 与 } F \text{ 的夹角})$$

力矩表示力对质点的转动作用.

5. 质点对定点的角动量

对于某一参考点,质点的角动量
$$L = r \times p = r \times mv$$

其大小为

$$L = rmv\sin\theta \ (\theta \text{ 为 } r \text{ 与 } p \text{ 的夹角})$$

质点的角动量表示质点对某一参考点的转动状态.

6. 质点对定点的角动量定理

作用在质点上的合力对某一参考点的力矩,等于质点对同一参考点的角动量随时间的变化率,即

$$M = \frac{\mathrm{d}L}{\mathrm{d}t}$$

质点的角动量定理表明:力对质点作用的转动效果是使该质点的角动量发生改变.

7. 质点的角动量守恒定律

对于某一参考点,质点所受的合外力矩为零时,即 $M = 0$,则该质点对于该参考点的角动量不随时间变化,即

$$L = 常矢量$$

习题

3-1 质量为 m 的质点以速率 v 绕半径为 R 的圆周轨道作匀速圆周运动,在半个周期内动量的改变量大小为 (   )

(A) 0

(B) mv

(C) $2mv$

(D) 条件不足,无法确定

3-2 如习题 3-2 图所示,一恒力 F 与水平方向夹角为 θ,作用在置于光滑水平面上、质量为 m 的物体上,作用时间为 t,则力 F 的冲量为 (   )

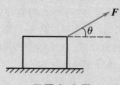

习题 3-2 图

(A) Ft

(B) mgt

(C) $Ft\cos\theta$

(D) $(mg - F\sin\theta)t$

3-3　质量分别为 m_A 和 m_B ($m_A > m_B$)、速度分别为 v_A 和 v_B ($v_A > v_B$) 的两质点 A 和 B,受到相同的冲量作用,则　　　　　　　　　　　( )

(A) A 的动量增量的绝对值比 B 的小

(B) A 的动量增量的绝对值比 B 的大

(C) A、B 的动量增量相等

(D) A、B 的速度增量相等

3-4　机枪每分钟可射出质量为 20 g 的子弹 900 颗,子弹射出的速率为 800 m/s,则射击时的平均反冲力大小为　　　　　　　　　　　( )

(A) 0.267 N　　　　　　(B) 16 N

(C) 240 N　　　　　　　(D) 14 400 N

3-5　力 $F = 12ti$ (SI 单位) 作用在质量 $m = 2$ kg 的物体上,使物体由原点从静止开始运动,则它在 3 s 末的动量应为　　　　　　　　　　　( )

(A) $-54i$ kg·m·s^{-1}　　(B) $54i$ kg·m·s^{-1}

(C) $-27i$ kg·m·s^{-1}　　(D) $27i$ kg·m·s^{-1}

3-6　如习题 3-6 图所示,作匀速圆周运动的物体,从 A 点运动到 B 点的过程中,物体所受合外力的冲量　　　　　　　　　　　　　　　( )

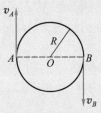

习题 3-6 图

(A) 大小不等于零,方向与 v_B 相同

(B) 大小不等于零,方向与 v_A 相同

(C) 大小为零

(D) 大小不等于零,方向与物体在 B 点所受合力相同

3-7　在下列关于动量的表述中,不正确的是　　　　　　　　　　　　　　　　　　　( )

(A) 质点始、末位置的动量相等,表明其动量一定守恒

(B) 动量守恒是指全过程中动量时时(处处)都相等

(C) 系统的内力无论为多大,只要合外力为零,系统的动量必守恒

(D) 内力不影响系统的总动量,但要影响其总能量

3-8　一质点作匀速率圆周运动时　　　( )

(A) 它的动量不变,对圆心的角动量也不变

(B) 它的动量不变,对圆心的角动量不断改变

(C) 它的动量不断改变,对圆心的角动量不变

(D) 它的动量不断改变,对圆心的角动量也不断改变

3-9　已知地球的质量为 m,太阳的质量为 m',地球与日心的距离为 R,引力常量为 G,则地球绕太阳作圆周运动的轨道角动量为　　　　　　　( )

(A) $m\sqrt{Gm'R}$　　　　(B) $\sqrt{\dfrac{Gmm'}{R}}$

(C) $mm'\sqrt{\dfrac{G}{R}}$　　　(D) $\sqrt{\dfrac{Gmm'}{2R}}$

3-10　人造地球卫星绕地球作椭圆轨道运动,卫星轨道近地点和远地点分别为 A 和 B. 用 L 和 E_k 分别表示卫星对地心的角动量及其动能的瞬时值,则应有　　　　　　　　　　　　　　　　　( )

(A) $L_A > L_B, E_{kA} > E_{kB}$　　(B) $L_A = L_B, E_{kA} < E_{kB}$

(C) $L_A = L_B, E_{kA} > E_{kB}$　　(D) $L_A < L_B, E_{kA} < E_{kB}$

3-11　下列说法正确的是　　　　　　( )

(A) 质点系的总动量为零,总角动量一定为零

(B) 一质点作直线运动,质点的角动量一定为零

(C) 一质点作匀速圆周运动,其动量方向在不断改变,所以角动量的方向也随之不断改变

(D) 以上说法都不对

3-12　人造地球卫星,绕地球作椭圆轨道运动,如果地球在椭圆的一个焦点上,则卫星的　　( )

(A) 动量不守恒,动能守恒

（B）对地心的角动量守恒，动能不守恒

（C）动量守恒，动能不守恒

（D）对地心的角动量不守恒，动能守恒

3-13   物体所受冲力 F 与时间的关系如习题 3-13 图所示，则该曲线与横坐标 t 所围成的面积表示物体在 $\Delta t = t_2 - t_1$ 时间内所受的_____.

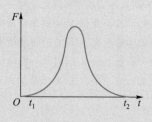

习题 3-13 图

3-14   质量为 m 的物体以初速度 v_0，倾角 α 斜向抛出，不计空气阻力，抛出点与落地点在同一水平面，则整个过程中，物体所受重力的冲量大小为_____，方向为_____.

3-15   设有三个质量完全相同的物体，在某时刻 t 它们的速度分别为 v_1、v_2、v_3，并且 $v_1 = v_2 = v_3$，v_1 与 v_2 方向相反，v_3 与 v_1 相互垂直，设它们的质量全为 m，则该时刻三个物体组成的系统的总动量为_____.

3-16   质量 $m = 2.0$ kg 的质点，沿 Ox 轴作直线运动，受合力 $F = 12t$（SI 单位）的作用，已知 $t = 0$ 时 $x_0 = 0$，$v_0 = 0$，则从 $t = 0$ 到 $t = 3$ s 这段时间内，合力 F 的冲量大小为 $I =$ _____，3 s 末质点的速度为 $v =$ _____.

3-17   一吊车底板上放一质量为 10 kg 的物体，若吊车底板加速上升，加速度大小为 $a = 3 + 5t$（SI 单位），则 2 s 内吊车底板给物体的冲量大小 $I =$ _____，2 s 内物体动量的增量大小 $\Delta p =$ _____.

3-18   将质量 $m = 800$ g 的物体，以初速 $v_0 = 20i$ m/s 抛出，取 i 水平向右，j 竖直向下，忽略阻力，g 取 10 m/s^2，试计算（并作出矢量图）：

（1）物体抛出后第 2 s 末和第 5 s 末的动量；

（2）第 2 s 末至第 5 s 末的时间间隔内，物体重力的冲量.

3-19   质量为 m 的小球在水平面内作速率为 v_0 的匀速圆周运动，试求小球在经过（1）$\dfrac{1}{4}$ 圆周；（2）$\dfrac{1}{2}$ 圆周；（3）$\dfrac{3}{4}$ 圆周；（4）整个圆周的过程中的动量改变量.

3-20   质点所受到的合力与时间的关系是 $F = (3t + 2t^2)i$（SI 单位），求从 $t_1 = 1$ s 到 $t_2 = 4$ s 时间内合力的冲量.

3-21   一质量为 $m = 10$ kg 的物体受到一个水平方向力的作用，力的大小 $F = (30 + 4t)$（SI 单位），试求：

（1）在开始 2 s 内此力的冲量；

（2）若冲量为 300 N·s，此力的作用时间；

（3）若物体的初速度 $v_1 = 10$ m/s，方向与 F 的方向相同，在 $t = 6.86$ s 时，此物体的速度 v_2.

3-22   一粒子弹由枪口飞出的速度是 300 m/s，在枪管内子弹受的合力为 $F = 400 - \dfrac{4 \times 10^5}{3} t$（SI 单位）. 求：

（1）子弹行经枪管所需的时间（假定子弹到枪口时受力变为零）；

（2）该力的冲量；

（3）子弹的质量.

3-23   如习题 3-23 图所示，求图中水流对垂直方向固定平板的作用力是多大？水流的水平方向速度为 80 cm/s，且每秒有 30 cm^3 的水冲击到板上. 假设水流与板相撞后沿平行于板的方向运动. 1 cm^3 水的质量为 1 g.

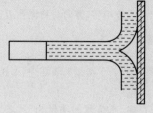

习题 3-23 图

3-24 两球质量分别为 $m_1 = 4$ kg，$m_2 = 10$ kg，在光滑的水平桌面上运动，两者的速度分别为 $v_1 = 10i$ m/s，$v_2 = (3i+5j)$ m/s，两球相碰后合为一体，求碰后的速度 v.

3-25 如习题 3-25 图所示，一个质量为 m 的微粒，以速率 v_0 向 x 轴正方向运动，运动过程中微粒突然裂变为两部分，一部分质量是 $\frac{1}{3}m$，以速率 $2v_0$ 沿 y 轴正方向运动，求另一部分的速度 v.

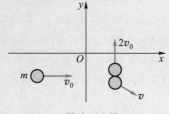

习题 3-25 图

3-26 质量为 60 kg 的人以 2 m/s 的水平速度从质量为 80 kg 的小车后面跳上小车，小车原来的速度为 1 m/s，问：

（1）小车的运动速度将变为多少？

（2）人如果迎面跳上小车，小车的速度又将变为多少？

3-27 如习题 3-27 图所示，A、B、C 三个物体的质量都为 m，B 和 C 紧靠在一起，放在光滑的水平面上，两者间连有一段长为 0.4 m 的绳子，B 的另一侧的绳子通过滑轮和物体 A 相连，若滑轮和绳子质量不计，滑轮轴上的摩擦也不计，绳长一定，问 A、B 开始运动后，经多少时间 C 也开始运动？运动速度为多少？

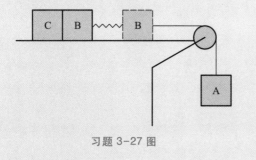

习题 3-27 图

3-28 如习题 3-28 图所示，四个质量分别为 1 kg、2 kg、3 kg 和 4 kg 的微粒位于矩形的四个角上，矩形的边长分别为 a 和 b，如果 $a = 1$ m，$b = 2$ m，求质心的坐标.

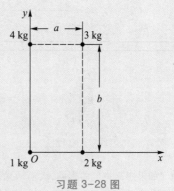

习题 3-28 图

3-29 如习题 3-29 图所示，用轻绳系一质量为 m 的小球，使之在光滑水平面上作圆周运动，开始时，半径为 r_0，速率为 v_0，绳的另一端穿过平面上的光滑小孔，现用力 F 向下拉绳，使小球运动半径逐渐减小. 试求：

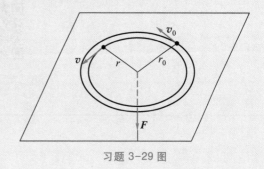

习题 3-29 图

（1）当运动半径减小至 r 时，小球的速率 v 为多少？

（2）若以速度 u 匀速向下拉绳，求角速度与时间的关系 $\omega(t)$ 和绳中张力与时间的关系 $F(t)$.

3-30 一质量为 $m = 0.10$ kg 的小钢球接有一细绳，细绳穿过一水平放置的光滑钢板中部的小洞后挂上一质量为 $m' = 0.30$ kg 的砝码，令钢球作匀速圆周运动，当圆周半径为 $r_1 = 0.20$ m 时砝码恰好处于平衡状态.接着再加挂一质量为 $m'' = 0.10$ kg 的砝码，如习题 3-30 图所示，求此时钢球作匀速率圆周运动的速率大小及圆周半径.

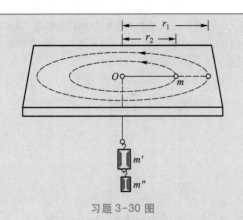

习题 3-30 图

3-31 如果忽略空气的影响,火箭从地面发射后在空间作抛体运动,设火箭的质量为 m,以与水平面成 α 角的方向发射,发射速度为 v_1,到达最高点的速度为 v_2,最高点距离地面的高度为 h,假设地球是半径为 R 的球体,试求:

（1）火箭在离开发射点的瞬间相对于地心的角动量的大小;

（2）火箭在到达最高点时相对于地心的角动量的大小.

3-32 质量为 1.0 kg 的质点在力 $F = (2t-3)i + (3t-2)j$ 的作用下运动,其中 t 是时间,单位为 s,F 的单位是 N.质点在 $t=0$ 时位于坐标原点,且速度等于零.求此质点在 $t=2.0$ s 时所受到的相对于坐标原点 O 的力矩.

3-33 一个质量为 m 的质点在 Oxy 平面上运动,其位置矢量随时间变化的关系为 $r = a\cos \omega t i + b\sin \omega t j$,其中 a、b 和 ω 都是常量. 从质点运动和角动量定理两个方面证明此质点对坐标原点 O 的角动量是守恒的.

第 3 章习题答案

第4章　机械能　机械能守恒定律

在第2章和第3章中,我们学习了牛顿运动定律、动量和动量定律以及角动量和角动量守恒定律,知道了牛顿运动定律给出质点受力和它的运动状态变化之间的瞬时关系,而质点动量的变化量则对应于质点所受力的时间累积作用即冲量.同样,动量守恒定律给出了质点或质点系作机械运动时所遵循的基本规律.本章将在此基础上,从力的空间累积作用入手,学习功和能的概念.

物质的各种运动形式是可以相互转化的.在研究运动形式转化的过程中,人们建立了功和能的概念.本章将讨论功和机械运动的两种能量——动能和势能.我们将从牛顿运动定律出发得出在质点及质点系的运动中其机械能的改变与功的关系:动能定理和功能原理,进而讨论机械能守恒定律(机械能守恒定律是能量守恒定律的一个特例).作为自然界的一个普遍规律,能量守恒定律指出了物质运动形式可以相互转化或转移,在此过程中,能量始终是守恒的.

能量守恒定律是自然界最基本的定律之一,从能量关系分析问题是物理学中的一种重要方法.因此,本章的内容对学习物理学是十分重要的.

水力发电就是利用水的高度差,把水的重力势能转化为电能.

4.1　动能　功　动能定理

4.1.1　动能

物质的运动形式是多种多样的,各种运动形式都可以用一些物理量来量度,如动量就是机械运动的一种量度.但不同的运动形式又是可以互相转化的,而且在转化时存在着一定的数量关系,也就是说一定量的某种运动形式的产生,总是以一定量的另一种运动形式的消失为代价的.为了探求各种运动形式的相互转化以及在转化中所存在的数量关系,必须选用一个能够反映各种运动形式共性的物理量,作为各种运动形式的一般量度,这就是能量. 对应于物体的某一状态,必有一个且只能有一个能量值. 如果物体状态发生变化,其能量值亦随之变化. 故能量是物体状态的单值函数.

质量为 m、速率为 v 的质点作机械运动时,其质量与速率二次方之积的二分之一定义为该质点的动能 E_k. 即

$$E_k = \frac{1}{2}mv^2 \tag{4-1}$$

在国际单位制中,动能的单位是 N·m(牛米),称为 J(焦耳). 如上所述,动能是描述质点机械运动状态的函数. 但此前,我们知道质点的动量 $p = mv$ 就是描述质点机械运动强弱的物理量,再引入动能还有必要吗? 对于动量和动能应该有这样的理解和认识:虽然二者均为物体机械运动的量度,但各自适用于不同的范畴,当物体以机械运动的方式进行传递或转移时,可用动量量度;若物体运动形式并不局限在机械运动,而是从一种运动形式转化为另一种运动形式,如机械运动转化成热运动或电磁运动时,动能可表示作机械运动的物体转化成其他形式运动的能力. 另外,动量是矢量,而动能是标量.

4.1.2　功与功率

功的概念是在人类长期的生产实践中逐渐形成的. 作用于质点的力和质点沿力的方向所发生的位移的乘积,定义为力对质点做的功. 我们先讨论恒力做功的情形.

1. 恒力的功

如图 4-1 所示,设一质点作直线运动,在恒力 F 的作用下,发生一段位移 Δr,则恒力 F 所做的功 A 为

$$A = F \,|\, \Delta r \,|\, \cos \theta \tag{4-2}$$

此式是恒力做功的定义式.

由于 $F\cos \theta$ 为力沿质点位移方向的分量,因此我们可以说,力做的功等于力沿质点位移方向的分量大小与质点位移大小的乘积. 同样,也可以说,力做的功等于力的大小与位移沿力的方向的分量大小的乘积. 由此看出,功是力的空间累积作用.

功也可以用力 F 与位移 Δr 的标积表示,即

$$A = F \cdot \Delta r \tag{4-3}$$

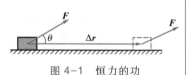

图 4-1　恒力的功

在国际单位制中,功的单位是 N·m(牛·米),即焦耳(J). 功是一个标量,但有正负之分,功的正负由 $\boldsymbol{F}$ 与 $\Delta\boldsymbol{r}$ 之间的夹角 θ 决定:

当 $0 \leqslant \theta < \dfrac{\pi}{2}$ 时,$A > 0$,力对质点做正功;

当 $\theta = \dfrac{\pi}{2}$ 时,$A = 0$,力对质点不做功;

当 $\dfrac{\pi}{2} < \theta \leqslant \pi$ 时,$A < 0$,力对质点做负功,也常说质点克服这个力做功. 功的正负反映了究竟是谁对谁做了功.

2. 变力的功

式(4-3)是恒力做功的定义式,但在一般情况下作用在物体上的力不一定都是恒力,质点也不一定作直线运动. 这时,不能直接用式(4-2)或式(4-3)来讨论变力的功,那么如何计算变力的功呢?

设有一质点,在大小和方向都随时间变化的力 $\boldsymbol{F}$ 作用下,沿任意曲线从 a 点运动到 b 点,如图 4-2 所示.我们可以把整个曲线分成许多小段,任取一小段位移,叫位移元,用 d$\boldsymbol{r}$ 表示. 只要每一段都足够短,就可以把这段路程近似看成直线,可以认为质点在 d$\boldsymbol{r}$ 这一段上移动的过程中,作用在它上面的力仍为恒力. 这样,对这段位移 d$\boldsymbol{r}$,可按照式(4-2)式(4-3)计算力 $\boldsymbol{F}$ 做的功,即

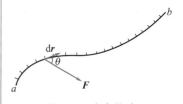

图 4-2　变力的功

$$dA = \boldsymbol{F} \cdot d\boldsymbol{r} = |\boldsymbol{F}||d\boldsymbol{r}|\cos\theta = Fds\cos\theta \tag{4-4}$$

dA 称为 $\boldsymbol{F}$ 在位移元 d$\boldsymbol{r}$ 上所做的元功,其中,$|d\boldsymbol{r}| = ds$,ds 是与 $|d\boldsymbol{r}|$ 相对应的路程元.

那么,质点由 a 点沿曲线路径运动到 b 点的整个过程中,力 $\boldsymbol{F}$ 做的总功应当是各段位移元上的元功之和,当 d$\boldsymbol{r}$ 无限小时,总功就是对元功的积分,即

$$A = \int dA = \int_a^b \boldsymbol{F} \cdot d\boldsymbol{r} = \int_a^b Fds\cos\theta \tag{4-5}$$

这就是变力做功的表达式.

功常用图示法来表示,这种计算方法比较简便. 功的数值在 F-r 图中就是曲线下所包围的面积,如图 4-3 所示,称为示功图.

如果一个质点同时受到几个力的作用,可以证明,合力的功等于各个力的功的代数和. 设质点所受的各力分别为 $\boldsymbol{F}_1$,$\boldsymbol{F}_2$,…$\boldsymbol{F}_n$,沿任一路径由 a 点运动到 b 点时,合力为

$$\boldsymbol{F} = \boldsymbol{F}_1 + \boldsymbol{F}_2 + \cdots + \boldsymbol{F}_n = \sum \boldsymbol{F}_i$$

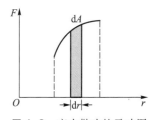

图 4-3　变力做功的示功图

则合力的功

$$\int_a^b \boldsymbol{F} \cdot \mathrm{d}\boldsymbol{r} = \int_a^b (\boldsymbol{F}_1 + \boldsymbol{F}_2 + \cdots + \boldsymbol{F}_n) \cdot \mathrm{d}\boldsymbol{r}$$

$$= \int_a^b \boldsymbol{F}_1 \cdot \mathrm{d}\boldsymbol{r} + \int_a^b \boldsymbol{F}_2 \cdot \mathrm{d}\boldsymbol{r} + \cdots + \int_a^b \boldsymbol{F}_n \cdot \mathrm{d}\boldsymbol{r}$$

所以 $\qquad\qquad A = A_1 + A_2 + \cdots + A_n \qquad\qquad (4\text{-}6)$

3. 一对相互作用力的功

如果研究对象是由若干个质点构成的质点系,我们已经知道,可以把作用在这些质点上的力分为内力和外力. 根据牛顿第三定律,内力总是成对出现的. 那么,在质点系范围内考察,这些成对出现的内力所做的功具有怎样的特征? 是不是也和内力的冲量一样,一定等于零呢?

设有两质点 m_1 和 m_2 相互作用,把它们看成一个系统,若 m_1 受到 m_2 的作用力是 $\boldsymbol{F}_1$,发生的位移为 $\mathrm{d}\boldsymbol{r}_1$,$m_2$ 受到 m_1 的作用力是 $\boldsymbol{F}_2$,发生的位移为 $\mathrm{d}\boldsymbol{r}_2$,则这一对相互作用的内力的功

$$\mathrm{d}A = \mathrm{d}A_1 + \mathrm{d}A_2$$

因为 $\qquad\qquad\qquad \boldsymbol{F}_1 = -\boldsymbol{F}_2$

所以 $\qquad \begin{aligned} \mathrm{d}A &= \boldsymbol{F}_1 \cdot \mathrm{d}\boldsymbol{r}_1 + \boldsymbol{F}_2 \cdot \mathrm{d}\boldsymbol{r}_2 \\ &= \boldsymbol{F}_1 \cdot (\mathrm{d}\boldsymbol{r}_1 - \mathrm{d}\boldsymbol{r}_2) = \boldsymbol{F}_1 \cdot \mathrm{d}\boldsymbol{r}_{12} \end{aligned} \qquad (4\text{-}7)$

上式中,$\mathrm{d}\boldsymbol{r}_{12}$ 是 m_1 相对 m_2 的位移,此相对位移与参考系的选择无关,由式(4-7)分析知:系统内的质点没有相对位移时,一对相互作用力的功等于零;若系统内质点间有相对位移,但是相互作用力与相对位移垂直,则一对相互作用力的功也为零,除此之外,一对相互作用力的功不等于零.

可见,一对相互作用力所做的功只与作用力及相对位移有关,而与各个质点各自的运动无关. 也就是说,任何一对相互作用力所做的功具有与参考系选择无关的性质,只要是一对作用力和反作用力,无论从什么参考系去计算,其做功的结果都一样,这是个很重要的性质. 例如,若把人体看成一个质点系,一举手、一投足,都使构成人体的质点有了相对位移,而在这些相对位移发生的同时,人体各部分之间的内力都做了功. 从而消耗了储存于身体的能量,转化为人体运动的机械能和热能等.

4. 功率

在实际问题中,我们不仅要知道做功的大小,还要知道做功的快慢,我们把单位时间内所做的功叫功率,用 P 表示,则有

$$P = \frac{\mathrm{d}A}{\mathrm{d}t} \qquad\qquad (4\text{-}8)$$

由式(4-4)得

$$P = \frac{\mathrm{d}A}{\mathrm{d}t} = \frac{\boldsymbol{F} \cdot \mathrm{d}\boldsymbol{r}}{\mathrm{d}t} = \boldsymbol{F} \cdot \boldsymbol{v} \qquad (4-9)$$

即力对质点的瞬时功率等于作用力与质点在该时刻速度的标积.
在国际单位制中,功率的单位是 W(瓦特).

例 4-1

　　在 x 轴上运动的物体速度为 $v = 4t^2 + 6$,作用力 $F = t - 3$(其中 v 以 m/s 为单位,t 以 s 为单位,F 以 N 为单位)沿 x 轴方向,试求在 $t_1 = 1$ s 至 $t_2 = 5$ s 期间,力 F 对物体所做的功.

解　当质点沿 x 轴作直线运动时,如果外力是时间 t 的函数 $F = F(t)$,根据功的定义 $A = \int_{x_1}^{x_2} F(t)\,\mathrm{d}x$,无法直接积分计算,通常可利用微分关系式 $\mathrm{d}x = \frac{\mathrm{d}x}{\mathrm{d}t}\mathrm{d}t = v\mathrm{d}t$ 将积分变量转换为时间 t 进行计算. 积分变量代换后,积分的上下限也要作相应的代换. 由功的定义式得

$$A = \int_{x_1}^{x_2} F(t)\,\mathrm{d}x = \int_{t_1}^{t_2} F(t)v\mathrm{d}t = \int_{t_1}^{t_2}(t-3)(4t^2+6)\,\mathrm{d}t$$

$$= \int_1^5 (4t^3 - 12t^2 + 6t - 18)\,\mathrm{d}t = (t^4 - 4t^3 + 3t^2 - 18t)\Big|_1^5$$

$$= 128 \text{ J}$$

所以,力 F 对物体所做的功为 128 J.

例 4-2

　　如图 4-4 所示,一匹马拉着雪橇沿着冰雪覆盖的圆弧形路面极缓慢地匀速移动. 设圆弧路面的半径为 R,马对雪橇的拉力总是平行于路面,雪橇的质量为 m,与路面的滑动摩擦因数为 μ. 当把雪橇由底端拉上 $\theta = 45°$ 的圆弧时,马对雪橇做的功为多少? 重力和摩擦力各做功多少?

解　取雪橇为研究对象,雪橇受到四个力的作用:重力 mg,斜面的支持力 F_N,摩擦力 F_f 及马对雪橇的拉力 F,由牛顿第二定律得

切向:　　　$F - mg\sin\alpha - F_f = 0$

由于雪橇极缓慢地移动,而且圆弧半径很大,因此有

法向:　　　$F_N - mg\cos\alpha = 0$

又因为　　　$F_f = \mu F_N$

可解得　　　$F = \mu mg\cos\alpha + mg\sin\alpha$

由此得马拉雪橇做的功为

$$A_F = \int F\mathrm{d}r = \int_0^\theta (\mu mg\cos\alpha + mg\sin\alpha)R\mathrm{d}\alpha$$

$$= R[\mu mg\sin\theta - mg(\cos\theta - 1)]$$

$$= Rmg(\mu\sin 45° - \cos 45° + 1)$$

$$= mgR\left[\left(1 - \frac{\sqrt{2}}{2}\right) + \frac{\sqrt{2}}{2}\mu\right]$$

重力对雪橇做的功为

$$A_{mg} = \int_0^\theta -mgR\sin\alpha\mathrm{d}\alpha$$

$$= mgR(\cos\theta - 1)$$

$$= mgR\left(\frac{\sqrt{2}}{2} - 1\right)$$

摩擦力对雪橇做的功为

$$A_f = \int_0^\theta -\mu mg\cos\alpha R\mathrm{d}\alpha$$

$$= -\mu mgR\sin\theta = -\frac{\sqrt{2}}{2}\mu mgR$$

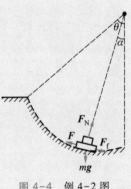

图 4-4　例 4-2 图

4.1.3   动能定理

1. 质点的动能定理

在前面的学习中,我们知道,力的时间累积作用(冲量)引起了质点的动量变化. 那么,力的空间累积作用(做功)将产生怎样的效果呢? 下面我们就来讨论这个问题.

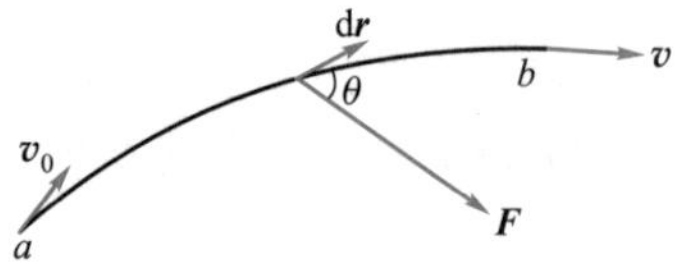

设质量为 m 的质点在合外力 F 的持续作用下从 a 点运动到 b 点,如图 4-5 所示,同时,它的速度从 v_0 变为 v,则当质点产生位移元 dr 时,相应地合外力所做的元功

$$dA = F \cdot dr = m\frac{dv}{dt} \cdot v dt = m v \cdot dv = d\left(\frac{1}{2}mv^2\right)$$

则质点从 a 点运动到 b 点的过程中,合外力 F 做的总功为

$$A = \int_a^b F \cdot dr = \int_{v_0}^v d\left(\frac{1}{2}mv^2\right) = \frac{1}{2}mv^2 - \frac{1}{2}mv_0^2 \quad (4-10)$$

其中,$\frac{1}{2}mv^2$ 就是大家熟知的动能 E_k,它是质点由于运动而具有的能量,上式可改写成

$$A = E_k - E_{k0} \quad (4-11)$$

式(4-11)说明:合外力对质点所做的功等于质点动能的增量,这个结论称为质点的动能定理.

下面我们就有关问题作进一步的说明:

(1)动能定理的物理意义

质点的动能定理适用于质点的任何运动过程. 物体在合外力的持续作用下,在某一段路程中,不管力是恒力还是变力,也不管物体运动状态的变化情况如何复杂,合外力对物体做的功总是等于质点动能的增量;如果知道了物体动能的变化,也可以说,合外力所做的功总是决定于质点的末动能与初动能之差. 这样,动能定理就可以用于讨论一个过程中力对质点做的功与质点始末状态的动能之间的关系,而不需详细分析过程中的细节,这对于解决某些力学问题比直接应用牛顿运动定律要方便得多.

以上分析也说明一个重要概念:功不是与动能 E_k 相联系,而是与动能的增量 ΔE_k 相联系的. 物体动能的变化是通过做功过程来实现的,动能是描述物体运动状态的量,而功则是一个与状态变化过程相联系的过程量.

图 4-5   质点的动能定理

（2）动量与动能

虽然动量和动能这两个量都是由物体的质量和速度决定的，并且它们也都是运动状态的函数. 除了前面所说的二者的适用范畴不同及矢量、标量的区别以外，还应看到与动量变化相联系的是力的冲量，冲量是力的时间累积作用，其效果是使物体的动量发生变化；而与动能变化相联系的是力所做的功，功是力的空间累积作用，其效果是使物体的动能发生变化. 这两个物理量各自遵从一定的规律，它们是从不同侧面来描写物体机械运动的物理量.

当然，动量和动能还可用公式导出它们的关系：

$$E_k = \frac{p^2}{2m}$$

动量和动能还具有共同的特征：力的冲量与经历的时间有关，但是由它所造成的动量改变却仅由物体的始末状态决定；同样，力做的功与物体经历的空间有关，但是由功所造成的动能的改变也仅由物体的始末状态决定.

（3）由于动能定理是从牛顿运动定律导出的，所以动能定理只有在惯性参考系中才成立.

2. 质点系的动能定理

只要将几个有相互作用的质点取作质点系，而对其中每一个质点应用动能定理，就可以得出质点系的动能定理.

为简单起见，先研究由两个相互作用的质点 m_1 和 m_2 组成的质点系，如图 4-6 所示. 设 $\boldsymbol{F}_1$ 和 $\boldsymbol{F}_2$ 分别表示作用于 m_1 和 m_2 上的合外力，$\boldsymbol{F}_{12}$ 和 $\boldsymbol{F}_{21}$ 分别表示两质点的相互作用内力，这两个内力对每个质点而言，仍属外力，对每个质点应用动能定理，有

对 m_1：$\displaystyle\int_{a_1}^{b_1} \boldsymbol{F}_1 \cdot \mathrm{d}\boldsymbol{r}_1 + \int_{a_1}^{b_1} \boldsymbol{F}_{12} \cdot \mathrm{d}\boldsymbol{r}_1 = \frac{1}{2}m_1 v_1^2 - \frac{1}{2}m_2 v_{10}^2$

对 m_2：$\displaystyle\int_{a_2}^{b_2} \boldsymbol{F}_2 \cdot \mathrm{d}\boldsymbol{r}_2 + \int_{a_2}^{b_2} \boldsymbol{F}_{21} \cdot \mathrm{d}\boldsymbol{r}_2 = \frac{1}{2}m_2 v_2^2 - \frac{1}{2}m_2 v_{20}^2$

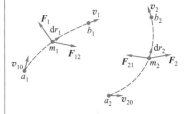

图 4-6 质点系的动能定理

两式相加可得

$$\int_{a_1}^{b_1} \boldsymbol{F}_1 \cdot \mathrm{d}\boldsymbol{r}_1 + \int_{a_2}^{b_2} \boldsymbol{F}_2 \cdot \mathrm{d}\boldsymbol{r}_2 + \int_{a_1}^{b_1} \boldsymbol{F}_{12} \cdot \mathrm{d}\boldsymbol{r}_1 + \int_{a_2}^{b_2} \boldsymbol{F}_{21} \cdot \mathrm{d}\boldsymbol{r}_2$$

$$= \left(\frac{1}{2}m_1 v_1^2 + \frac{1}{2}m_2 v_2^2\right) - \left(\frac{1}{2}m_1 v_{10}^2 + \frac{1}{2}m_2 v_{20}^2\right)$$

在上式中，令

$$A_{外} = \int_{a_1}^{b_1} \boldsymbol{F}_1 \cdot \mathrm{d}\boldsymbol{r}_1 + \int_{a_2}^{b_2} \boldsymbol{F}_2 \cdot \mathrm{d}\boldsymbol{r}_2$$

表示外力对质点系所做的功之和；令

$$A_{\text{内}} = \int_{a_1}^{b_1} \boldsymbol{F}_{12} \cdot \mathrm{d}\boldsymbol{r}_1 + \int_{a_2}^{b_2} \boldsymbol{F}_{21} \cdot \mathrm{d}\boldsymbol{r}_2$$

表示质点系内力所做功之和;令

$$E_k = \frac{1}{2} m_1 v_1^2 + \frac{1}{2} m_2 v_2^2, \quad E_{k0} = \frac{1}{2} m_1 v_{10}^2 + \frac{1}{2} m_2 v_{20}^2$$

分别表示质点系的末状态、初状态动能,这样我们就有

$$A_{\text{外}} + A_{\text{内}} = E_k - E_{k0} \qquad (4-12)$$

如果把质点系从 2 个质点扩大为 n 个质点,式(4-12)依然成立. 这就是说:一切外力对质点系做的功和一切内力对质点系做的功之和等于质点系动能的增量,这个结论称为质点系的动能定理.

在式(4-12)中,$A_{\text{内}} = \int_{a_1}^{b_1} \boldsymbol{F}_{12} \cdot \mathrm{d}\boldsymbol{r}_1 + \int_{a_2}^{b_2} \boldsymbol{F}_{21} \cdot \mathrm{d}\boldsymbol{r}_2$,尽管根据牛顿第三定律,$\boldsymbol{F}_{12} = -\boldsymbol{F}_{21}$,但是,由于系统内各质点的元位移一般不相同,即 $\mathrm{d}\boldsymbol{r}_1 \neq \mathrm{d}\boldsymbol{r}_2$,因此系统内力做功的代数和并不一定为零,即 $A_{\text{内}} \neq 0$,因而可以改变系统的总动能. 比较质点系的动能定理和上一章讨论的质点系的动量定理,可以看到,系统的动量的改变仅仅决定于系统所受的外力,而系统的动能的变化则不仅和外力有关,还与内力有关. 例如,地雷爆炸后,弹片向四面八方飞散,它们的总动能显然比爆炸前增加了. 在这里,火药的爆炸力即内力对各个弹片做了正功. 因此,内力只能改变系统的总动能,不能改变系统的总动量.

思考 "由于作用于质点系内的所有质点上的一切内力的矢量和恒等于零,所以内力不能改变质点系的总动能." 这句话对吗?你能否举出内力可以改变质点系总动能的例子?

思考 合外力对物体所做的功等于物体动能的增量,而其中某一分力做的功,能否大于物体动能的增量?

4.2 保守力 势能

4.2.1 保守力的功

我们知道,无论什么性质的力做功,均会引起物体动能的

变化,但进一步研究发现,不同性质的力所做的功,有不同的特点,因此根据做功的特点,可以把作用力分为保守力和非保守力.

1. 重力的功

设一个质量为 m 的物体,在重力作用下,从 a 点沿任意路径 acb 运动到 b 点,a 点和 b 点距地面的高度分别为 y_1 和 y_2,如图 4-7 所示,我们把曲线 acb 分成许多位移元,在位移元 $\mathrm{d}\boldsymbol{r}$ 中,重力所做的元功为

$$\mathrm{d}A = m\boldsymbol{g} \cdot \mathrm{d}\boldsymbol{r} = mg \mid \mathrm{d}\boldsymbol{r} \mid \cos\theta = mg\,\mathrm{d}s\cos\theta = -mg\,\mathrm{d}y$$

式中 θ 为 $m\boldsymbol{g}$ 与 $\mathrm{d}\boldsymbol{r}$ 的夹角,$\mid \mathrm{d}\boldsymbol{r} \mid = \mathrm{d}s$,$\mathrm{d}s\cos\theta = -\mathrm{d}y$.那么,质点由 a 点到 b 点,重力做的总功为

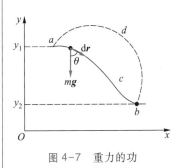

图 4-7　重力的功

$$A = \int \mathrm{d}A = \int_{y_1}^{y_2} -mg\,\mathrm{d}y = -(mgy_2 - mgy_1) \tag{4-13}$$

不论质点从 $a{\to}c{\to}b$ 还是从 $a{\to}d{\to}b$,或者是其他路径,只要始末位置不变,重力做的功都是上述结果. 这就是说重力所做的功与路径无关,只与始末位置有关.

2. 弹力的功

将劲度系数为 k 的轻弹簧一端固定,另一端与一质量为 m 的物体相连,当弹簧在水平方向不受外力作用时,它将不发生形变,此时,物体位于 O 点,即 $x=0$ 处,这一位置为平衡位置,如图 4-8 所示.

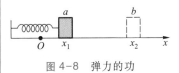

图 4-8　弹力的功

当弹簧被拉伸或压缩时,物体将受到弹簧所产生的弹力作用,根据胡克定律可表示为

$$\boldsymbol{F} = -k\boldsymbol{x}$$

负号表示弹性力的方向总是指向原点 O. 则物体由位置 a(坐标为 x_1)运动到位置 b(坐标为 x_2)的过程中,弹性力为变力,但弹簧伸长 $\mathrm{d}x$ 时的弹力可近似看成是不变的,于是,物体发生位移 $\mathrm{d}\boldsymbol{x}$ 时,弹力做的元功为

$$\mathrm{d}A = \boldsymbol{F} \cdot \mathrm{d}\boldsymbol{x} = -kx\,\mathrm{d}x$$

那么,物体由 a 到 b 的整个过程中,弹力做的总功为

$$A = \int \mathrm{d}A = \int_a^b \boldsymbol{F} \cdot \mathrm{d}\boldsymbol{x} = \int_{x_1}^{x_2} -kx\,\mathrm{d}x = -\left(\frac{1}{2}kx_2^2 - \frac{1}{2}kx_1^2\right) \tag{4-14}$$

上式说明,弹簧的弹力所做的功只与弹簧的始末位置有关,而与弹簧形变的过程无关.

3. 万有引力的功

人造地球卫星运动时受到地球对它的万有引力,太阳系的行星运动时,受到太阳的万有引力,这类问题可归结为运动质点受

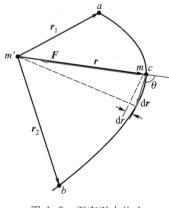

图 4-9 万有引力的功

到来自另一个固定质点的万有引力的作用,现在来计算万有引力对运动质点所做的功.

如图 4-9 所示,设有两个质量分别为 m' 和 m 的质点,其中质点 m' 固定不动,m 在万有引力作用下由 a 点沿任意路径 acb 运动到 b 点,m 相对于固定质点 m' 的位矢为 r,e_r 为沿位矢 r 的单位矢量,a、b 两点相对 m' 的位矢分别为 r_1 和 r_2,在质点运动过程中,它所受到的万有引力的大小、方向都在改变,当 m 沿路径移动位移元 $\mathrm{d}r$ 时,万有引力做的元功为

$$\mathrm{d}A = \boldsymbol{F} \cdot \mathrm{d}\boldsymbol{r} = -G\frac{mm'}{r^2}\boldsymbol{e}_r \cdot \mathrm{d}\boldsymbol{r} = -G\frac{mm'}{r^2}|\mathrm{d}\boldsymbol{r}|\cos\theta$$

因为
$$|\mathrm{d}\boldsymbol{r}|\cos\theta = \mathrm{d}r$$

所以
$$\mathrm{d}A = -G\frac{mm'}{r^2}\mathrm{d}r$$

在质点 m 由 a 点运动到 b 点的过程中,万有引力所做的总功为

$$A = \int_{r_1}^{r_2}\mathrm{d}A = \int_{r_1}^{r_2} -G\frac{mm'}{r^2}\mathrm{d}r = -Gmm'\left(\frac{1}{r_1} - \frac{1}{r_2}\right)$$

即
$$A = -\left[\left(-G\frac{mm'}{r_2}\right) - \left(-G\frac{mm'}{r_1}\right)\right] \tag{4-15}$$

此式表明,万有引力做功同样与质点运动路径无关,只取决于物体的始末位置.

思考 重力、弹性力、万有引力这三种力做功各有什么共同的特点?

4.2.2 保守力与势能

1. 保守力

像重力、弹性力、万有引力一样,若某种力做的功与路径无关,只与始末位置有关,则这种力称为保守力,不具有这种特性的力,称为非保守力或耗散力.

若某一个力 $\boldsymbol{F}$ 为保守力,则它沿任一闭合路径的功可表示为

$$\oint \boldsymbol{F} \cdot \mathrm{d}\boldsymbol{r} = 0 \tag{4-16}$$

式中符号 $\oint$ 表示沿闭合曲线的积分,即质点沿任一闭合路径绕行一周,保守力对其所做的总功恒为零.

如果力做的功与路径有关,或者说,沿闭合路径的功不为零,即不满足式(4-16)的力,则为非保守力. 例如,摩擦力所做的功与路径有关. 当我们把放在地面上的物体从一处拉到另一处时,若经历的路径不同,摩擦力所做的功则不同. 因此,摩擦力属于非保守力.

2. 势能

我们已经知道,动能是机械运动形式中能量的一种,它由速度的大小决定. 现在我们将引入与位置有关的另一种机械运动能量:势能. 前面已讨论,重力、弹性力、万有引力都具有做功与路径无关,而仅取决于质点始末位置的特点,从这一特点出发分别引出重力势能、弹性势能和万有引力势能的概念.

势能是由物体之间的相互作用和相对位置决定的能量.

有关重力做功、弹性力做功和万有引力做功的公式分别为

$$A_{重} = -(mgy_2 - mgy_1)$$

$$A_{弹} = -\left(\frac{1}{2}kx_2^2 - \frac{1}{2}kx_1^2\right)$$

$$A_{引} = -\left[\left(-G\frac{m'm}{r_2}\right) - \left(-G\frac{m'm}{r_1}\right)\right]$$

上面三个式子表明了保守力做功的特点,它们等号的右边有着相似的形式,都是两个与位置有关的函数之差,可以共同地写成

$$A_{保} = E_{p1} - E_{p2} = -\Delta E_p \tag{4-17}$$

E_p 是一个与位置有关的函数,称它为势能. E_{p1} 和 E_{p2} 分别是物体在初位置和末位置的势能. 上式表明,保守力对物体做的功等于势能增量的负值. 保守力做正功,势能减少;保守力做负功,势能增加. 不同的保守力,各自的相关势能的函数形式不同.

式(4-17)定义了两个位置的势能之差与保守力做功的关系. 如果选定质点在某一位置的势能为零,例如取 $E_{p2} = 0$,则三个保守力对应的势能形式分别为

重力势能　　　　　$$E_p = mgy \tag{4-18}$$

此式是选取某一位置为势能零点,质点相对于势能零点的高度为 y 时的重力势能.

弹性势能
$$E_p = \frac{1}{2}kx^2 \qquad (4-19)$$

此式是选取弹簧自然长度时的位置为势能零点,弹簧发生形变 x 时的弹性势能.

引力势能
$$E_p = -G\frac{m'm}{r} \qquad (4-20)$$

此式是选取无穷远处为势能零点,物体 m 与 m' 相距 r 时的引力势能.

势能是一个标量,单位是 J(焦耳).

由于势能的概念反映了保守力做功与路径无关的特性.因此,只有存在保守力作用的空间才能引入势能.为了正确理解势能的概念,需说明以下几点:

(1)势能是状态的函数

我们知道,质点在某时刻的位置及速度表示该时刻质点的运动状态,而势能只与位置有关.因此,势能是状态的函数,即

$$E_p = E_p(x,y,z)$$

(2)势能的物理意义

式(4-17)表明,在保守力做功的过程中,只要质点的始末位置确定了,则保守力做的功就确定了.如果质点长期处于保守力场中的某个位置,那么,势能便会长期保持着恒定.可见势能是一种可以长期储存的能量.如果保守力做正功,说明势能减少,表明保守力做功是以势能的减少为代价的;如果保守力做负功,说明势能增加,表明外力做正功并以势能的形式储存了起来.

(3)势能具有相对性

势能的数值与势能零点的选取有关,比如式(4-18)、式(4-19)、式(4-20)中,势能的公式就已经事先选定了势能零点.实际上,势能零点可以任意选取,但选取不同的势能零点,势能的值将有所不同.所以,势能具有相对意义.但是,不论势能零点的位置如何选取,任意两个给定位置的势能之差却是一定的,与零点的选择无关.

(4)势能是属于系统的

势能是由于系统内各物体间具有保守力作用而产生的.因此,它是属于系统的,单独谈单个物体的势能是没有意义的.比如,由 $E_p = \frac{1}{2}kx^2$ 可知,弹性势能是由物体间的形变决定的.所以,弹性势能不属于某一个质点而是属于有保守力相互作用的质

点所组成的系统. 我们通常说:"质点 m 的势能"是省略了"系统"等字的简称.

> **思考**　为什么重力势能有正负,弹性势能只有正值,而引力势能只有负值?

3. 保守力与势能的关系

从上面的讨论可以看出,质点的势能是位置的函数,当坐标系和势能零点确定后,质点的势能仅是坐标的函数. 按此函数画出的势能随坐标变化的曲线,称为势能曲线. 图 4-10 中的(a)、(b)和(c)分别表示重力、弹性力和万有引力的势能曲线.

势能曲线为人们研究质点在保守力作用下的运动提供了一种形象化的辅助手段. 势能曲线可以给我们提供以下几种信息:

(1)判断保守力随距离变化的情况

因为势能曲线所反映的是系统势能的变化趋势,所以势能曲线代表了系统中保守力随物体间相对位置变化的规律. 当系统中两个物体间的距离改变了 dr,保守力做正功,那么,系统的势能必定降低,因而有

$$F\mathrm{d}r = -\mathrm{d}E_\mathrm{p}$$

即
$$F = -\frac{\mathrm{d}E_\mathrm{p}}{\mathrm{d}r} \qquad (4-21)$$

这就表示,系统中一个质点在保守力作用下沿 r 方向作一维运动时,其保守力的大小等于势能对 r 的一阶导数的负值. 或者说势能曲线上任一点的斜率 $\left(\dfrac{\mathrm{d}E_\mathrm{p}}{\mathrm{d}r}\right)$ 的负值,表示质点在该处所受的保守力.

不难证明,若质点作三维运动,则有

$$\boldsymbol{F} = F_x\boldsymbol{i}+F_y\boldsymbol{j}+F_z\boldsymbol{k} = -\left(\frac{\partial E_\mathrm{p}}{\partial x}\boldsymbol{i}+\frac{\partial E_\mathrm{p}}{\partial y}\boldsymbol{j}+\frac{\partial E_\mathrm{p}}{\partial z}\boldsymbol{k}\right) \qquad (4-22)$$

这是在直角坐标系中由势能函数求保守力的一般式.

(2)判断能量转化关系

物体在保守力作用下运动,其势能既然随位置而变,那么在运动过程中必然伴随能量的转化. 在机械能守恒的情况下,系统的动能 E_k 和势能 E_p 之和是恒定的,即总能量 E 保持不变. 则可以利用如图 4-10 所示的势能曲线直观地看出质点运动的范围和动能与势能之间的相互转化关系.

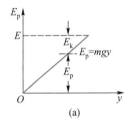
(a)

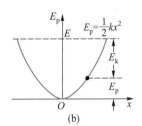
(b)

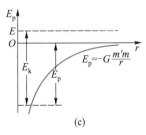
(c)

图 4-10　势能曲线

例 4-3

有一种说法认为地球上的一次灾难性物种灭绝（恐龙灭绝）是由于 6 500 万年前一颗大的小行星撞击地球引起的. 设小行星的半径是 10 km, 密度为 $6.0×10^3$ kg/m³, 它撞击地球时将释放多少引力势能？估计此能量是唐山地震释放能量（10^{18} J）的多少倍？

解　设地球的质量为 m', 小行星的质量为 m, 地球的半径为 R, 小行星的半径为 r, 小行星的运行轨道半径为 R', 则小行星落到地面上所释放的能量是

$$\Delta E = \left(-\frac{Gm'm}{R'}\right) - \left(-\frac{Gm'm}{R}\right)$$

由于小行星运行的轨道半径 R' 比地球半径 R 大得多, 所以

$$\Delta E = \frac{Gm'm}{R} = \frac{Gm'}{R} \times \frac{4}{3}\pi r^3 \rho$$

$$= \frac{6.67×10^{-11}×5.98×10^{24}×4×\pi×(10^4)^3×6.0×10^3}{6.4×10^6×3} \text{ J}$$

$$= 1.6×10^{24} \text{ J}$$

估计此能量约为唐山地震释放能量的 10^6 倍.

4.3　机械能守恒定律

4.3.1　功能原理

前面我们已经得出了质点系的动能定理式（4-12）, 即

$$A_外 + A_内 = E_k - E_{k0}$$

现在我们对质点系的动能定理作进一步的讨论. $A_外$ 表示系统的外力对各物体做功之和, $A_内$ 表示系统的内力对各物体做功之和, E_k 和 E_{k0} 分别表示系统末状态和初状态的总动能. 而对于 $A_内$ 这一项, 我们知道系统中的内力可能既有保守力, 也有非保守力. 因此, 内力的功 $A_内$ 可以写成保守内力的功 $A_{保内}$ 和非保守内力的功 $A_{非保内}$ 之和, 于是有

$$A_内 = A_{保内} + A_{非保内}$$

那么, 质点系的动能定理可以改写成

$$A_外 + A_{保内} + A_{非保内} = E_k - E_{k0} \tag{4-23}$$

根据保守力做功的特点, 我们定义了势能的概念, 即有

$$A_{保内} = -\Delta E_p = E_{p0} - E_p$$

将 $A_{保内} = -\Delta E_p$ 代入式（4-23）可得

$$A_外 + (E_{p0} - E_p) + A_{非保内} = E_k - E_{k0}$$

移项整理后得

$$A_{外} + A_{非保内} = E_k + E_p - (E_{k0} + E_{p0}) \qquad (4-24)$$

我们把系统的动能与势能之和称为系统的机械能,用符号 E 表示,即

$$E = E_k + E_p \qquad (4-25)$$

用 E_0 和 E 分别表示系统在初、末两个状态时的机械能,则式(4-24)可表示为

$$A_{外} + A_{非保内} = E - E_0 \qquad (4-26)$$

此式表明,质点系在运动过程中,它所受的所有外力与系统非保守内力做功的代数和,等于系统的机械能的增量. 这一结论叫做质点系的功能原理. 功能原理指出:外力和非保守内力做功的代数和等于系统机械能的增量. 这就全面地概括和体现了力学中的功能关系. 因为它把力学中所有类型的力的功和所有类型的能量都考虑到了. 为了进一步理解功能原理的物理定义,需说明几个问题:

(1) 功能原理表明,外力和系统的非保守力做功都可以引起系统机械能的变化. 外力对系统做功是外界物体的能量与系统的机械能之间的转移或转化,外力做正功时则有能量由外界传入系统,使系统的机械能增加;外力做负功时,则有外界从系统吸收能量,使系统的机械能减少. 而系统非保守内力做功则反映了系统内部机械能与其他形式能量的转化. 非保守内力做正功时是其他形式的能量转化为机械能;非保守内力做负功时是机械能转化为其他形式的能量. 因此,非保守内力做功就意味着发生了机械能与其他形式的能量转化的过程. 例如,用升降机提升重物,重物由静止开始上升到某高度并且增加了一定的机械能. 若将地球和重物看成一个质点系,那么系统机械能的增加是由于升降机对系统做正功的结果. 又如,若将电动机的定子和转子看成一个质点系,通电后,转子从静止转动起来,系统的机械能增加,这是由于电动机内的电流产生磁场力(属于非保守内力)做正功的结果;断电后,电动机的转子慢慢停止转动,系统的机械能减少,这是由于摩擦力(非保守内力)做了负功的结果.

(2) 功能原理是在质点系的动能定理中引入势能而得出的. 因此,它们的物理本质是一致的,功能原理和质点系的动能定理都给出了系统的能量改变与功的关系. 它们的区别在于从不同的角度来处理保守内力. 在质点系的动能定理中,反映的是动能的变化与功的关系,应当把所有力的功都计算在内,包

括保守内力,强调了保守内力在过程中做功引起了系统动能的变化;在功能原理中,反映的是机械能的变化与功的关系,保守内力的作用体现在势能的变化中,保守内力的功通过势能的变化表现出来.因此,只有外力和非保守内力才会改变系统的机械能.所以,应用功能原理解决问题时,只需要考虑除保守内力之外其他力的功.

（3）功能原理和质点系的动能定理一样,在惯性参考系中才成立.

例 4-4

如图 4-11 所示,自动卸料车重量为 G_2,连同料重为 G_1,它从静止开始沿着与水平方向成30°角的斜面下滑,滑到底端时与一成自然长度的轻弹簧相碰,当弹簧压缩量达最大时,卸料车自动翻斗卸料,然后因弹簧的弹性力作用,卸料车反弹沿斜面回到原有高度.设车与斜面间的摩擦力为车重的0.25倍,求 G_1/G_2 的值.

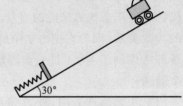

图 4-11   例 4-4 图

解   以卸料车与弹簧和地球组成的系统为研究对象.卸料车下滑和返回过程中受重力、支持力以及摩擦力的作用,下滑过程卸料车受的重力为 G_1,返回过程卸料车受的重力为 G_2,由于卸料车下滑与返回过程的受力情况不同,应分两个阶段分析讨论.因为整个过程中除摩擦力外,没有其他的非保守力和外力做功,所以可以运用功能原理求解.

在下滑阶段,卸料车载重,设卸料车行程的高度差为 h,弹簧最大压缩量为 Δl,取斜面顶端为重力势能零点.则重力势能增量为 $-G_1 h$,弹簧弹性势能增量为 $\frac{1}{2}k(\Delta l)^2$,摩擦力 $F_1 = 0.25G_1$,摩擦力做功为 $-0.25G_1 \dfrac{h}{\sin 30°}$,由功能原理,得

$$A_{外} + A_{非保内} = E - E_0 = \Delta E_k + \Delta E_p$$

则 $-0.25G_1 \dfrac{h}{\sin 30°} = -G_1 h + \dfrac{1}{2}k(\Delta l)^2$ ①

在卸料车返回过程中,重力势能增量为 $G_2 h$,弹簧弹性势能增量为 $\frac{1}{2}k(\Delta l)^2$,摩擦力 $F_2 = 0.25G_2$,摩擦力做功为 $-0.25G_2 \dfrac{h}{\sin 30°}$,运用功能原理,得

$$-0.25G_2 \dfrac{h}{\sin 30°} = G_2 h - \dfrac{1}{2}k(\Delta l)^2$$ ②

将式①和式②相比,可得

$$\dfrac{G_1}{G_2} = \dfrac{\sin 30° + 0.25}{\sin 30° - 0.25} = 3$$

例 4-5

一链条总长为 l,质量为 m,放在桌面上,并使其下垂到桌面一侧的长度为 $a\left(a > \dfrac{\mu}{\mu+1}l\right)$,如图 4-12（a）所示.设链条与桌面之间的滑动摩擦因数为 μ,链条由静止开始运动,链条质量均匀分布,问:

（1）链条从开始运动到链条全部离开桌面的过程中摩擦力做了多少功?

（2）链条离开桌面时的速率是多少?

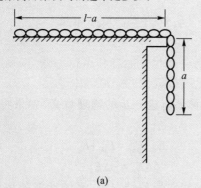
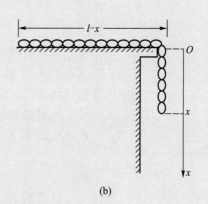

（a）　　　　　　　　　　　　（b）

图 4-12　例 4-5 图

解　链条在下落过程中,由于在桌面上发生长度的变化,因而受到的摩擦力发生变化,所以摩擦力做功为变力做功,而从开始到链条离开桌面,可由功能原理求得离开桌面时的动能,从而求得速率.

（1）建立坐标系如图 4-12（b）所示,设任意时刻,链条下垂的长度为 x,则摩擦力的大小为

$$F = \mu \frac{m}{l}(l-x)g$$

摩擦力的方向与位移方向相反,故整个过程中摩擦力做功为

$$A = \int \boldsymbol{F} \cdot \mathrm{d}\boldsymbol{x} = \int_a^l F\cos 180° \mathrm{d}x$$

$$= \int_a^l -\mu \frac{m}{l}(l-x)g\mathrm{d}x = -\frac{\mu mg}{2l}(l-a)^2 \quad ①$$

（2）以链条和地球作为系统,取坐标原点为重力势能的零点,设链条离开桌面时的速率为 v,应用功能原理,得

$$A = (E_k + E_p) - (E_{k0} + E_{p0}) \quad ②$$

其中

$$E_{k0} = 0 \quad ③$$

$$E_{p0} = -\frac{m}{l}ag \cdot \frac{a}{2} = -\frac{mga^2}{2l} \quad ④$$

$$E_k = \frac{1}{2}mv^2 \quad ⑤$$

$$E_p = -mg\frac{l}{2} \quad ⑥$$

将式①和式③—式⑥代入式②得

$$-\frac{\mu mg}{2l}(l-a)^2 = -mg\frac{l}{2} + \frac{1}{2}mv^2 = \frac{mga^2}{2l}$$

解得链条离开桌面时的速率为

$$v = \sqrt{\frac{[l^2 - a^2 - \mu(l-a)^2]g}{l}}$$

4.3.2　机械能守恒定律

由功能原理 $A_外 + A_{非保内} = E - E_0$ 可以看出,一个系统的机械能可以通过外力对系统做功而发生变化,也可以通过系统的非保守内力做功而发生变化,即

若 $A_外 + A_{非保内} > 0$,　系统的机械能增加

若 $A_外 + A_{非保内} < 0$,　系统的机械能减少

那么,当 $A_外 + A_{非保内} = 0$,也就是说,在外力和非保守内力都不做

功或者说两者做的总功等于零,即只有保守力做功的情况下,有

$$E = E_0 = 常量 \tag{4-27}$$

或者 $$E_k + E_p = E_{k0} + E_{p0} = 常量$$

上式表明:在外力和非保守内力都不做功或所做功的代数和为零的情况下,系统动能和势能之和保持不变,即系统的机械能保持恒定,这个结论叫做机械能守恒定律.

机械能守恒定律还有进一步的物理意义,如果将式 $E_k + E_p = E_{k0} + E_{p0}$ 改写为

$$E_k - E_{k0} = E_{p0} + E_p$$

即 $$\Delta E_k = -\Delta E_p$$

这说明,在机械能守恒的情况下,系统动能的增加量等于势能的减少量,换句话说,系统内各物体的动能和势能相互转化,但是这种能量转化是通过保守力做功来实现的.

应用机械能守恒定律解决相关问题时,须注意其所应满足的条件,即只有保守力做功或 $A_{外} + A_{非保内} = 0$.

机械能守恒定律是能量守恒定律的一个特例,它是由牛顿运动定律推导出来的,只适用于惯性系.

> **思考** 作用在质点系各质点上的非保守力在运动过程中所做功的总和为零. 问该质点系的机械能是否一定守恒?

> **思考** 判断下列说法是否正确,并说明理由:
> (1) 不受外力作用的系统,它的动量和机械能都守恒;
> (2) 内力都是保守力的系统,当它的合外力为零时,其机械能守恒;
> (3) 只受保守内力作用而没有外力作用的系统,它的动量和机械能都守恒.

例 4-6

如图 4-13 所示,一物体从半径为 R 的光滑圆柱体表面的 P_1 点由静止开始移动,在 P_2 点物体离开圆柱体,求图中 θ_1 和 θ_2 满足的关系.

解 因圆柱体表面光滑,所以物体受到两个力的作用:重力和支持力,但支持力对物体不做功,因此将该物体和地球看作一个系统时,该系统的机械能守恒.

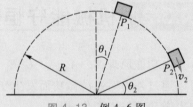

图 4-13 例 4-6 图

设物体在 P_2 的速度为 v_2,在 P_1 点的机械能为

$$E_1 = mgR\cos\theta_1$$

在 P_2 点的机械能为

$$E_2 = \frac{1}{2}mv_2^2 + mgR\sin\theta_2$$

由于 $E_1 = E_2$,可得

$$v_2^2 = 2gR(\cos\theta_1 - \sin\theta_2)$$

据题意,在 P_2 点,物体受到的支持力变为零,所以,该时刻物体重力的径向分力提供向心力,根据牛顿第二定律得

$$mg\sin\theta_2 = \frac{mv_2^2}{R}$$

将 v_2^2 代入上式,即

$$mg\sin\theta_2 = \frac{m}{R}[2gR(\cos\theta_1 - \sin\theta_2)]$$

整理得

$$\sin\theta_2 = 2(\cos\theta_1 - 2\sin\theta_2)$$

所以 θ_1 和 θ_2 的关系为

$$\sin\theta_2 = \frac{2}{3}\cos\theta_1$$

例 4-7

如图 4-14 所示,两小球质量相等,$m_1 = m_2 = m$,开始时外力使劲度系数为 k 的弹簧压缩某一距离 x,然后释放,将小球 m_1 弹射出去,并与静止的小球 m_2 发生弹性碰撞,碰撞后 m_2 沿半径为 R 的圆轨道上升,到达 A 点恰与圆环脱离,AO 与竖直方向夹角 $\theta = 60°$,忽略一切摩擦,试问弹簧被压缩的距离 x 等于多少?

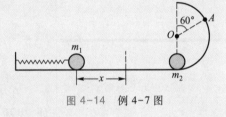

图 4-14　例 4-7 图

解　在弹簧被释放、小球 m_1 被弹射出去的过程中,由弹簧和小球组成的系统机械能守恒,设小球 m_1 获得的速度为 v,于是有

$$\frac{1}{2}kx^2 = \frac{1}{2}m_1v^2$$

即

$$v = \sqrt{\frac{k}{m_1}}x \qquad ①$$

然后,选取 m_1 和 m_2 组成的系统为研究对象,它们之间发生弹性碰撞,则系统水平方向动量守恒,同时碰撞前后总动能保持不变,设碰后 m_1 和 m_2 的速度分别为 v_1、v_2,则

$$m_1v = m_2v_2 + m_1v_1$$

$$\frac{1}{2}m_1v^2 = \frac{1}{2}m_2v_2^2 + \frac{1}{2}m_1v_1^2$$

因为 $m_1 = m_2$,所以

$$v_1 = 0, \quad v_2 = v \qquad ②$$

在 m_2 以速度 v_2 沿圆轨道上升的过程中,选取 m_2 与地球组成的系统为研究对象,由于只有重力做功,系统的机械能守恒,取圆轨道底部为重力势能零点,有

$$\frac{1}{2}m_2v_2^2 = \frac{1}{2}m_2v_2'^2 + m_2gR(1 + \cos 60°) \qquad ③$$

式中 v_2' 为 m_2 在 A 点的速度. 由于到达 A 点时小球 m_2 恰与圆环脱离,支持力 $F_N = 0$,只有重力分力提供作圆周运动的向心力,即

$$m_2g\cos 60° = m_2\frac{v_2'^2}{R} \qquad ④$$

联立式①—式④得

$$x = \sqrt{\frac{7mgR}{2k}}$$

此即为弹簧被压缩的距离.

4.3.3 能量守恒定律

在机械运动范围内,所涉及的能量只有动能和势能. 由于物质运动形式的多样性,我们还将遇到其他形式的能量,如热能、电磁能、化学能、原子能等. 如果系统内有非保守力做功,则系统的机械能必将发生变化,但在机械能增加或减少的同时,必然有等值的其他形式的能量在减少或增加. 在总结各种自然过程中,人们得出一个更为普遍的能量守恒定律:能量既不能消灭,也不能创生,它只能从一个物体转移到另一个物体,或从物体的一部分转移到另一部分,由一种形式转化为另一种形式,但总的能量保持不变.

4.4 碰撞

在生产实际和科学研究领域中,存在着大量的碰撞问题. 例如,生活中的球的碰撞、人跳上车、子弹打入靶中,生产中的打桩、冲压、锻铁;乃至微观世界中的分子、原子或原子核间的相互作用过程都可看作是碰撞问题. 在碰撞过程中,由于碰撞物体间的相互作用力相当大,作用时间又非常短,以至作用于物体上的外力,如重力、摩擦力等相对来说非常小,可以忽略不计. 这样就有理由使我们在处理物体的碰撞时,可以把相互碰撞的物体看成一个系统来考虑,并认为该系统仅有物体间相互作用的内力,因此,在碰撞过程中,系统服从动量守恒定律.

尽管碰撞过程能量是守恒的,但参与碰撞的物体在碰撞前后的总动能却不一定保持不变. 我们按照碰撞前后总动能是否变化,把碰撞过程分为完全弹性碰撞、完全非弹性碰撞和非弹性碰撞三种.

下面我们以两球碰撞为例来讨论,在一般情况下,两球相碰后,它们的速度大小和方向都要改变,在这里,只限于讨论两球碰撞前后的速度都沿两球中心连线的情形,这种碰撞叫正碰(或叫对心碰撞).

1. 完全弹性碰撞

若碰撞前后两球的总动能保持不变,这种碰撞叫完全弹性碰撞. 如图 4-15 所示,设想有两个质量分别为 m_1 和 m_2 的小球,在光滑的水平面上发生完全弹性正碰,碰前各自的速度分别为 v_{10}

和 v_{20}，碰后各自的速度分别为 v_1 和 v_2.

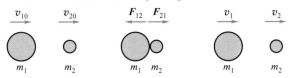

图 4-15　两球对心碰撞

根据动量守恒定律，有

$$m_1 v_{10} + m_2 v_{20} = m_1 v_1 + m_2 v_2$$

由于是完全弹性碰撞，总动能保持不变，有

$$\frac{1}{2} m_1 v_{10}^2 + \frac{1}{2} m_2 v_{20}^2 = \frac{1}{2} m_1 v_1^2 + \frac{1}{2} m_2 v_2^2$$

以上两式是讨论完全弹性碰撞问题的基本方程式. 两式联立解得

$$\begin{cases} v_1 = \dfrac{(m_1 - m_2) v_{10} + 2 m_2 v_{20}}{m_1 + m_2} \\[3mm] v_2 = \dfrac{(m_2 - m_1) v_{20} + 2 m_1 v_{10}}{m_1 + m_2} \end{cases} \qquad (4-28)$$

为了看出这一结果的意义，我们讨论两个特例：

（1）若 $m_1 = m_2$，可得

$$v_1 = v_{20}, \qquad v_2 = v_{10}$$

即两质量相同的物体碰撞后相互交换了速度，在气体分子动理论中将讲到的理想分子间的碰撞就属于这种情形.

（2）若 $m_1 \ll m_2$，且 $v_{20} = 0$，即质量为 m_2 的小球碰前静止不动，可得

$$v_1 = -v_{10}, \qquad v_2 \approx 0$$

即碰撞后，质量大的物体几乎不动，而质量很小的物体以原来的速率反弹回来. 例如，乒乓球碰墙壁，气体分子与容器壁的垂直碰撞等都是这样的情况.

2. 完全非弹性碰撞

若碰撞前后两球的总动能有损失，这种碰撞叫做非弹性碰撞，在非弹性碰撞中，若两球碰后结合为一体，不再分开，这种碰撞称为完全非弹性碰撞.

在完全非弹性碰撞中，只遵守动量守恒定律. 而碰撞后两球不再分开，必须以同一速度 v 运动，即有

$$v_1 = v_2 = v$$

可得　　　　　$$m_1 v_{10} + m_2 v_{20} = (m_1 + m_2) v \qquad (4-29)$$

那么碰后两物体的共同速度为

$$v = \frac{m_1 v_{10} + m_2 v_{20}}{m_1 + m_2}$$

在完全非弹性碰撞过程中,损失的动能为

$$\Delta E = \frac{1}{2} m_1 v_{10}^2 + \frac{1}{2} m_2 v_{20}^2 - \frac{1}{2}(m_1 + m_2) v^2$$

讨论两种特例下损失的动能:

（1）若 $m_1 = m_2$,且以大小相同的速度相向碰撞,即 $v_{20} = -v_{10}$,则碰后两球都变成静止,而机械能全部损失掉.

（2）若 $v_{20} = 0$,即碰前 m_2 静止,则损失的动能

$$\Delta E = \frac{m_2}{m_1 + m_2} \times \frac{1}{2} m_1 v_{10}^2 = \frac{m_2}{m_1 + m_2} E_{k0}$$

由此可以看出,m_1 越大,则动能损失越小;m_2 越大,则动能损失越大.

因此,在一般情况下,两物体相碰发生的形变不能够完全恢复,存在动能损失.牛顿从实验中总结出一个碰撞定律:碰撞后两物体的分离速度 $v_2 - v_1$,与碰撞前两物体的接近速度 $v_{10} - v_{20}$ 成正比,比值由两个物体的材料决定,即

$$e = \frac{v_2 - v_1}{v_{10} - v_{20}} \tag{4-30}$$

比值 e 称为恢复系数.如果 $e = 0$,则 $v_2 = v_1$,即为完全非弹性碰撞;如果 $e = 1$,则 $v_2 - v_1 = v_{10} - v_{20}$,不难证明这就是完全弹性碰撞;对于一般的非弹性碰撞 $0 < e < 1$,e 值可由实验方法测定.

例 4-8

如图 4-16 所示,A、B 两小球质量都为 m,A 球以 $v_0 = 0.36$ m/s 的初速度沿 x 轴正方向前进,与静止的 B 球相碰,碰后 A 球以 $v = 0.15$ m/s 的速度沿与原来运动方向偏转 $\theta = 37°$ 角的方向前进,求 B 球的速度 $\boldsymbol{v}'$.

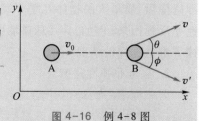

图 4-16 例 4-8 图

解 把 A、B 两小球看作一个系统,碰撞时只有内力作用,因此动量守恒.碰前系统的总动量大小为 mv_0,方向沿 x 轴正方向.

碰后沿 x 方向的动量为

$$mv\cos\theta + mv'\cos\varphi$$

沿 y 方向的动量为

$$mv\sin\theta - mv'\sin\varphi$$

沿 x、y 方向各自应用动量守恒定律,得

x 方向	$mv_0 = mv\cos\theta + mv'\cos\varphi$	①
y 方向	$mv\sin\theta - mv'\sin\varphi = 0$	②

由式②得

$$v'\sin\varphi = v\sin\theta = 0.15\sin 37° \text{ m/s} = 0.09 \text{ m/s} \quad ③$$

由式①得

$$v'\cos\varphi = v_0 - v\cos\theta = (0.36 - 0.15\cos 37°)\,\text{m/s}$$
$$= 0.24\,\text{m/s} \qquad ④$$

用式③除以式④,得

$$\tan\varphi = \frac{0.09}{0.24} = 0.375$$

$$\varphi = 20°33'$$

将 φ 代入式③,可得 B 球的速度大小为

$$v' = 0.26\,\text{m/s}$$

3. 运载火箭的运动

火箭的飞行是动量守恒定律在工程技术上的应用. 宇宙飞船、航天飞机、人造地球卫星以及导弹的发射,动力都是由运载火箭产生的,运载火箭的发射反映了当代科技的综合水平,但就其动力学原理而言,仍然是动量定理及动量守恒定律.

火箭飞行时,自身携带的燃料(固体或液体)在助燃剂的作用下燃烧,产生高温高压气体并以很高的速度向火箭飞行的相反方向不断喷出. 根据动量守恒定律,火箭主体获得在飞行方向上的动量,从而获得飞行方向上的推力. 而火箭的有效质量随着气体的不断喷出而减少,于是火箭就在飞行方向上获得很大的速度. 正是因为火箭是依靠喷出气体的推动力而上天的,可以不需要像螺旋桨飞机那样依靠空气的作用,所以它可以在空气稀薄的高空甚至外层空间飞行.

现在,我们简要地分析运载火箭的飞行原理,分析运载火箭在外层空间飞行的速度与哪些因素有关. 如图 4-17 所示,在 t 时刻,火箭箭体与燃料的总质量为 m',速度为 v,此后经过 $\mathrm{d}t$ 时间,火箭喷出质量为 $\mathrm{d}m$ 的气体,其相对于箭体的速度为 u,则在时刻 $t+\mathrm{d}t$,火箭箭体的速度增为 $v+\mathrm{d}v$,因此,有

火箭箭体的动量　　$(m'-\mathrm{d}m)(v+\mathrm{d}v)$

气体的动量　　　　$\mathrm{d}m(v-u)$

系统的总动量 $(m'-\mathrm{d}m)(v+\mathrm{d}v)+\mathrm{d}m(v-u)$

根据动量守恒定律,有

$$(m'-\mathrm{d}m)(v+\mathrm{d}v)+\mathrm{d}m(v-u)=m'v$$

由于喷出气体的质量 $\mathrm{d}m$ 等于火箭质量的减少,即 $-\mathrm{d}m'$,所以 $\mathrm{d}m=-\mathrm{d}m'$,代入上式,有

$$(m'+\mathrm{d}m')(v+\mathrm{d}v)-\mathrm{d}m'(v-u)=m'v$$

展开此等式,并忽略二阶无穷小量 $\mathrm{d}m\cdot\mathrm{d}v$,得

$$\mathrm{d}v=-u\frac{\mathrm{d}m'}{m'}$$

对上式积分,有

$$\int_{v_0}^{v}\mathrm{d}v=\int_{m'_0}^{m'}-u\frac{\mathrm{d}m'}{m'}$$

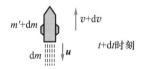

图 4-17　火箭飞行原理

所以
$$v - v_0 = u\ln\frac{m_0'}{m'}$$

这就是 t 时刻火箭的速度表达式,其中 m_0' 表示 $t=0$ 时火箭箭体和燃料的总质量,v_0 表示 $t=0$ 时火箭的速度. 此式说明,火箭在燃烧后所增加的速度 $v-v_0$ 和喷气速度 u 成正比,也与质量比 $\frac{m_0'}{m'}$ 的自然对数成正比. 但是,实际上靠提高 u 或 $\frac{m_0'}{m'}$ 来增大火箭的速度效果是有限的,且代价很高. 为此,通常都采用多级火箭(一般是三级火箭)来发射卫星和宇宙飞船,以获得所需要的速度.

如果把式 $\mathrm{d}v = -u\dfrac{\mathrm{d}m'}{m'}$ 改写成 $m'\mathrm{d}v = -u\mathrm{d}m'$,两边分别除以 $\mathrm{d}t$,有

$$F = m'\frac{\mathrm{d}v}{\mathrm{d}t} = -u\frac{\mathrm{d}m'}{\mathrm{d}t}$$

此式表明,火箭获得的推力 F 与燃烧速率 $\dfrac{\mathrm{d}m'}{\mathrm{d}t}$ 及气体的相对速度 u 成正比.

本章提要

1. 功
$$\mathrm{d}A = \boldsymbol{F}\cdot\mathrm{d}\boldsymbol{r} = |\boldsymbol{F}|\cdot|\mathrm{d}\boldsymbol{r}|\cdot\cos\theta = F\mathrm{d}s\cos\theta$$
$$A = \int\mathrm{d}A = \int_a^b \boldsymbol{F}\cdot\mathrm{d}\boldsymbol{r} = \int_a^b F\mathrm{d}s\cos\theta$$
合力的功等于各分力的功的代数和
$$A = A_1 + A_2 + \cdots + A_n$$

2. 动能
质点的动能
$$E_k = \frac{1}{2}mv^2$$
质点的动能定理:合外力对质点所做的功,等于质点动能的增量,即
$$A = E_k - E_{k0}$$
质点系的动能定理:一切外力和一切内力对系统做的功的代数和,等于系统动能的增量,即
$$A_{外} + A_{内} = E_k - E_{k0}$$

3. 功能原理:外力对系统做的功与非保守内力对系统做的功的代数和,等于系统机械能的增量,即
$$A_{外} + A_{非保内} = E - E_0$$

4. 保守力:做功与路径无关的力.
保守力做功的特点 $\oint \boldsymbol{F}\cdot\mathrm{d}\boldsymbol{r} = 0$
非保守力做功的特点 $\oint \boldsymbol{F}\cdot\mathrm{d}\boldsymbol{r} \neq 0$

5. 势能
对保守力可以引入势能的概念. 保守力做的功等于相应势能增量的负值,即
$$A_{保内} = -\Delta E_p = E_{p0} - E_p$$
重力势能 $E_p = mgy$ （以 $y=0$ 处为势能零点）
弹性势能 $E_p = \frac{1}{2}kx^2$ （以弹簧原长为势能零点）
引力势能 $E_p = -G\dfrac{m'm}{r}$ （以 $r\to\infty$ 处为势能零点）
势能与保守力的关系:
$$\boldsymbol{F} = F_x\boldsymbol{i} + F_y\boldsymbol{j} + F_z\boldsymbol{k} = -\left(\frac{\partial E_p}{\partial x}\boldsymbol{i} + \frac{\partial E_p}{\partial y}\boldsymbol{j} + \frac{\partial E_p}{\partial z}\boldsymbol{k}\right)$$

6. 机械能守恒定律
若作用于系统的外力和非保守力都不对系统做功或做的功之和为零,则系统的动能和势能之和保持

不变,即

$$E = E_k + E_p = E_{k0} + E_{p0} = 常量$$

这一结论称为机械能守恒定律.

7. 碰撞

若碰撞前后两球的总动能保持不变,这种碰撞叫完全弹性碰撞,两物体的碰后速度分别为

$$\begin{cases} v_1 = \dfrac{(m_1 - m_2)v_{10} + 2m_2 v_{20}}{m_1 + m_2} \\ v_2 = \dfrac{(m_2 - m_1)v_{20} + 2m_1 v_{20}}{m_1 + m_2} \end{cases}$$

若碰撞前后两球的总动能有损失,这种碰撞叫非弹性碰撞,在非弹性碰撞中,若两球碰后结合为一体,不再分开,这种碰撞称为完全非弹性碰撞.

在完全非弹性碰撞中,碰后两物体的共同速度为

$$v = \frac{m_1 v_{10} + m_2 v_{20}}{m_1 + m_2}$$

在完全非弹性碰撞过程中,损失的动能为

$$\Delta E = \frac{1}{2} m_1 v_{10}^2 + \frac{1}{2} m_2 v_{20}^2 - \frac{1}{2}(m_1 + m_2)v^2$$

习题

4-1　下列叙述中正确的是 （　　）

（A）物体的动量不变,动能也不变

（B）物体的动能不变,动量也不变

（C）物体的动量变化,动能也一定变化

（D）物体的动能变化,动量却不一定变化

4-2　一物体在外力 $F = (4x+5)$（SI 单位）的作用下,从 $x=0$ 移到 $x=5$ m 的位置时,外力对物体所做的功为 （　　）

（A）25 J　　　　　（B）50 J

（C）75 J　　　　　（D）100 J

4-3　速度为 v 的子弹,打穿一块不动的木板后速度变为零,设木板对子弹的阻力是恒定的.那么,当子弹射入木板的深度等于其厚度的一半时,子弹的速率是 （　　）

（A）$\dfrac{1}{4}v$　　　　（B）$\dfrac{1}{3}v$

（C）$\dfrac{1}{2}v$　　　　（D）$\dfrac{1}{\sqrt{2}}v$

4-4　如习题 4-4 图所示,质量为 m 的小块物体,置于光滑水平桌面上.有一绳一端连接此物,另一端穿过桌面中心的小孔.该物体原以角速度 ω 在距孔为 r 的圆周上转动,现将绳从小孔缓慢往下拉,使此物体的转动半径减为 $\dfrac{r}{2}$,则拉力所做的功为 （　　）

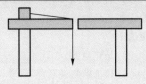

习题 4-4 图

（A）$\dfrac{1}{2} mr^2 \omega^2$　　　　（B）$\dfrac{3}{2} mr^2 \omega^2$

（C）$\dfrac{5}{2} mr^2 \omega^2$　　　　（D）$\dfrac{7}{2} mr^2 \omega^2$

4-5　质点系动能增量等于 （　　）

（A）一切外力所做的功与一切内力所做的代数和

（B）一切外力所做的功

（C）一切外力所做的功与一切非保守内力所做的功的代数和

（D）一切外力所做的功与一切保守内力所做的功的代数和

4-6　以下说法错误的是 （　　）

（A）势能的增量大,对应的保守力做的正功多

（B）势能是属于物体系的,其量值与势能零点的选取有关

（C）功是能量转化的量度

（D）物体速率的增量大,合外力做的正功多

4-7　有一人造地球卫星,质量为 m,在离地球表面 2 倍于地球半径 R 的高度沿圆轨道运行,用 m、R、引力常量 G 和地球的质量 m' 表示,则卫星的动能和势能分别为　　　　　　　　　　　　　（　　）

(A) $\dfrac{Gm'm}{6R}$,　$\dfrac{Gm'm}{6R}$　　(B) $\dfrac{Gm'm}{6R}$,　$-\dfrac{Gm'm}{3R}$

(C) $\dfrac{Gm'm}{6R}$,　$\dfrac{Gm'm}{3R}$　　(D) $\dfrac{Gm'm}{3R}$,　$-\dfrac{Gm'm}{6R}$

4-8　对功的概念有以下几种说法:

(1) 保守力做正功时,系统内相应的势能增加;

(2) 质点运动经一闭合路径,保守力对质点做的功为零;

(3) 作用力和反作用力大小相等、方向相反,所以两者所做功的代数和必为零.

在上述说法中　　　　　　　　　　　　（　　）

(A) (1)、(2) 是正确的

(B) (2)、(3) 是正确的

(C) 只有(2)是正确的

(D) 只有(3)是正确的

4-9　在两个质点组成的系统中,若质点之间只有万有引力作用,且此系统所受外力的矢量和为零,则此系统　　　　　　　　　　　　　　　（　　）

(A) 动量、机械能和对某点的角动量均守恒

(B) 动量、机械能守恒,角动量不一定守恒

(C) 动量守恒,机械能、角动量不一定都守恒

(D) 动量、角动量守恒,机械能不一定守恒

4-10　关于机械能守恒条件和动量守恒条件,以下几种说法正确的是　　　　　　　　（　　）

(A) 不受外力的系统,其动量和机械能必然同时守恒

(B) 所受合外力为零,内力都是保守力的系统,其机械能必然守恒

(C) 外力对一个系统做的功为零,则该系统的动量和机械能必然同时守恒

(D) 不受外力,内力都是保守力的系统,其动量和机械能必然同时守恒

4-11　力 $F = xi + 3y^2 j$（SI 单位）作用于运动学方程为 $x = 2t$（SI 单位）的作直线运动的物体上,则 $t = 0$ 到 1 s 内力 F 做的功为　　　　　.

4-12　一弹簧变形量为 x 时,其恢复力为 $F = 2ax - 3bx^2$,现让该弹簧由 $x = 0$ 变形到 $x = L$,其弹力做功为　　　　　.

4-13　人从 10 m 深的井中提水,桶离开水面时装水 10 kg. 若每升高 1 m 要漏掉 0.2 kg 的水,则把这桶水从水面提高到井口的过程中,人力所做的功为　　　　　.

4-14　一质量为 m 的质点在指向圆心的平方反比力 $F = k/r^2$ 的作用下,作半径为 r 的圆周运动. 此质点的速度 $v =$ 　　　　　. 若取距圆心无穷远处为势能零点,它的机械能 $E =$ 　　　　　.

4-15　如习题 4-15 图所示,在半径 $R = 0.5$ m 的圆弧轨道上,一个质量为 $m = 2$ kg 的物体从轨道的上端 A 点下滑,到达底部 B 点时的速度为 2 m/s,则重力做功为　　　　　,正压力做功为　　　　　,摩擦力做功为　　　　　.

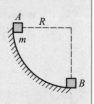

习题 4-15 图

4-16　一个质点的运动学方程为 $r = 5t^2 i$（SI 单位）,$F = 3ti + 3t^2 j$（SI 单位）是作用在质点上的一个力. 求 $t = 0$ 到 $t = 2$ s 这一过程此力使质点获得的动能.

4-17　一物体按 $x = ct^3$ 的规律作直线运动. 设空气对物体的阻力正比于速度的平方,比例系数为 k,求物体从 $x_0 = 0$ 运动到 $x = 1$ m 时阻力所做的功.

4-18　用铁锤将一铁钉钉进木板,设木板对钉的阻力与钉进木板的深度成正比,在第一次锤击时钉子被钉进木板 1 cm 深. 问第二次锤击时,钉子被钉进木板多深? 假设每次锤击铁钉的速度相等,且锤与铁钉的碰撞为完全非弹性碰撞.

4-19　一粗细均匀的不可伸长的柔软绳子,一部分置于光滑水平桌面上,另一部分自桌边下垂,绳子

全长为 L,开始时下垂部分长为 b,绳的初速度为零,试求整个绳子全部离开桌面瞬间的速率.

4-20　如习题 4-20 图所示,一个质量为 m 的小圆环 Q 套在置于竖直平面内,半径为 R 的圆圈上,可无摩擦地滑动.一根劲度系数为 k,原长为 R 的轻质弹簧,一端固定于 C,另一端系在圆环 Q 上,在变力 F 的作用力下,小圆环从 B 点缓慢地沿圆周运动到 D,求运动过程中变力 F 做的功.

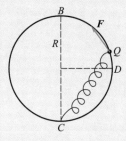

习题 4-20 图

4-21　用 $v_0 = 20$ m/s 的初速度将一质量为 $m = 0.5$ kg 的物体竖直上抛,所达到的高度为 $h = 16$ m,求空气对它的平均阻力.

4-22　如习题 4-22 图所示,已知子弹的质量为 $m = 0.021$ kg,木块的质量为 $m' = 8.98$ kg,弹簧的劲度系数 $k = 100$ N/m,子弹以初速度 v_0 射入木块后,弹簧被压缩了 $l = 10$ cm,设木块与水平面的摩擦因数为 $\mu = 0.2$,不计空气阻力,试求 v_0 的大小.

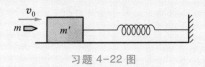

习题 4-22 图

4-23　质量为 $m_1 = 2.0 \times 10^{-2}$ kg 的子弹,击中质量为 $m_2 = 10$ kg 的冲击摆,使摆在竖直方向升高 $h = 7 \times 10^{-2}$ m,子弹嵌入其中.求:

（1）子弹的初速度 v_0 是多少?

（2）击中后的瞬间,系统的动能为子弹初动能的多少倍?

4-24　质量为 2 kg 的物体在力 F 的作用下从某位置以 0.3 m/s 的速度开始作直线运动,如果以该处为坐标原点,则力 F 可表示为 $F = 0.18(x+1)$（SI 单位）,式中 x 为位置坐标.求:

（1）从原点到 $x = 2$ m 过程中力做的功;（2）物体在 $x = 2$ m 时的速度;（3）2 s 时物体的动量;（4）前 2 s 内物体受到的冲量.

4-25　一质量为 m 的人造地球卫星沿一圆形轨道运动,离开地面的高度等于地球半径 R 的 2 倍.试以 m、R、引力常量 G、地球质量 m' 表示出:

（1）卫星的动能;

（2）卫星在地球引力场中的引力势能;

（3）卫星的总机械能.

4-26　试证明:行星在轨道上运动的总能量为

$$E = -\frac{Gmm'}{r_1 + r_2}$$

式中 m'、m 分别为太阳和行星的质量,r_1、r_2 分别为太阳到行星轨道近日点和远日点的距离.

4-27　如习题 4-27 图所示,在光滑的水平桌面上,水平放置一固定的半圆形屏障,有一质量为 m 的滑块以初速度 v_0 沿切线方向进入屏障一端,设滑块与屏障间的摩擦因数为 μ,试证明当滑块从屏障另一端射出时,摩擦力所做的功为 $A_f = \frac{1}{2}mv_0^2(e^{-2\mu\pi} - 1)$.

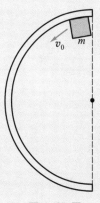

习题 4-27 图

4-28 如习题 4-28 图所示,一根光滑杆水平固定在桌面上,一个质量为 10 kg 的圆环,可以在杆上无摩擦滑动,圆环与弹簧相连且弹簧的另一端固定在支点 O 处,弹簧的原长为 10 cm,劲度系数为 500 N/m,忽略弹簧的质量. 圆环从 S 点由静止开始释放,求:

(1)圆环经过 A 点的速度;

(2)圆环经过 B 点的速度.

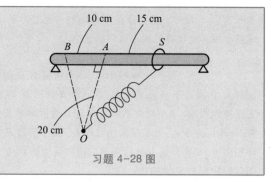

习题 4-28 图

第 4 章习题答案

第5章　刚体力学基础

在前几章,我们主要研究了质点的运动规律,每个质点就是实际物体的一种理想化模型,忽略了物体的大小和形状.此外,质点的运动只能代表物体机械运动中最常见的平动,当物体转动时,质点模型已不再适用.转动问题也是物体机械运动的一种普遍形式,是工程学中经常遇到的普遍问题,如仪表上的指针在转动,车轮绕轴的转动等随处可见,我们生活的地球也在不停地绕着地轴周期地转动.在研究物体的转动时,由于物体的形状和大小对运动有着重要的影响,不能再把物体视为质点,物理学中又引入了另一个物理模型——刚体.本章我们以刚体为研究对象,讨论刚体定轴转动的概念和基本规律,学习转动定律、定轴转动的动能定理及刚体的角动量守恒定律.

花样滑冰运动员在旋转时不自觉地运用了角动量守恒定律.

5.1　刚体运动的描述

5.1.1　刚体运动及其分类

1. 刚体

自然界中任何物体,都有一定的形状和大小,并且在外力的作用下,物体的形状和大小要发生变化;或者物体上各点的运动情况不一样,其形状和大小不能忽略.当不考虑物体在外力的作用下所引起的形变,而只考虑物体的形状和大小时,就可以引入刚体的模型.

所谓刚体,就是在外力作用下,形状和大小保持不变的物体,即物体内任意两点之间的距离不因外力而改变.刚体和质点一样也是一个理想化的力学模型,与质点相比,刚体突出了物体的形状和大小,但忽略了形状、大小的变化.刚体可以看成是无数个质点组成的质点系,在这个质点系中,质点之间的相对位置保持不变,即刚体可看成一个包含大量质点且各个质点间距离保持不变的质点系.

2. 刚体的平动和转动

刚体的运动可分为平动和转动. 转动又分为定轴转动和非定轴转动,其他较复杂的运动可以看成是这两种基本运动的叠加,或一种转动与另一种转动的叠加.

（1）刚体的平动

当刚体中所有点的运动轨迹都保持完全相同时,或者说刚体内任意两点间的连线总是平行于它们的初始位置间的连线时,刚体的运动叫做平动. 例如,气缸中活塞的运动,抽屉的运动,升降机运动等,都属于平动. 对于刚体的平动,如图 5-1 所示,由于各个质点在同一时间内的位移都相同,同一时刻的速度和加速度也是相等的,因而刚体的平动情况可以用一个点（通常用质心）的运动来代表,即刚体可以视为质点,这个质点的质量等于刚体的质量.

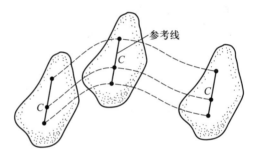

图 5-1　刚体的平动

（2）刚体的转动

刚体在运动过程中,如果刚体上所有的点都绕同一条直线作圆周运动,则这种运动称为转动,这条直线叫做转轴. 如果转轴的位置或方向随时间变化,这种转动称为非定轴转动;如果转轴的位置或方向是固定不动的,这种转动称为定轴转动. 本章主要研究刚体的定轴转动.

刚体的平动和转动是刚体运动中两种基本的形式,无论刚体作多么复杂的运动,都可以把它看成是平动和转动的合成运动. 例如,车轮的滚动,如图 5-2 所示,不难看出,车轮的中心（质心）是在平动,而整个车轮绕通过质心 O 且垂直于车轮所在平面的转轴在转动. 可见,车轮的滚动可看成是车轮随着转轴的平动和整个车轮绕转轴的转动. 又如,在拧紧或松开螺帽时,螺帽同时作平动和转动. 因此,刚体的平动和转动的规律是研究刚体复杂运动的基础.

刚体还有一种转动形式称为进动. 进动时,刚体一方面绕自

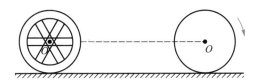

图 5-2　车轮的滚动

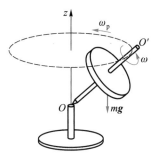

图 5-3　陀螺的进动

身对称轴自转,同时,该对称轴又绕另一根轴转动,图 5-3 是陀螺进动的示意图,如果陀螺不动,由于重力矩的作用,陀螺会倾倒掉下来,如果让它高速自转,其对称轴将会以很小的角速度 ω_p 绕竖直轴 Oz 缓慢地运动,形成进动. 工程上把它称为陀螺的回转效应.

5.1.2　刚体定轴转动的运动学规律

1. 刚体的定轴转动

定轴转动是刚体运动中最简单的运动形式. 刚体作定轴转动时,刚体上各点都绕同一转轴作圆周运动,而转轴本身在空间的位置不动,轴上各点始终静止不动. 例如,门的开或关、机器上飞轮的转动、飞机螺旋桨的运动等都是定轴转动. 如图 5-4 所示,刚体上任一个质元(P 点)都将在通过该点且与转轴垂直的平面内作圆周运动,该平面称为转动平面,圆心 O 点是转轴与转动平面的交点. 显然,这种转动平面可以有无数个,对于刚体的转动而言,它们是等价的,在研究刚体转动时可任选一个. 因此可以看出,刚体的定轴转动实质上就是刚体上各个质元在垂直于转轴的转动平面内的圆周运动.

由于刚体是个特殊的质点系,各个质元之间没有相对位移,因此,在相同的一段时间内,各质元的半径扫过的角度相同,它们的角量即角位移、角速度、角加速度都相同,但各质元到轴的距离不同. 因此各质元的线量即位移、线速度、线加速度不同. 这样在描述刚体的定轴转动时,用角量较为方便.

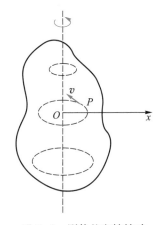

图 5-4　刚体的定轴转动

2. 刚体定轴转动的运动学规律

我们已经知道用角量来描述刚体的定轴转动比较方便. 那么我们以前讨论过的角位移、角速度和角加速度以及有关公式,角量和线量的关系,对刚体的定轴转动都适用.

为了充分反映刚体转动的情况,常用矢量来表示角速度及角加速度. 在第 1 章中,我们曾经把角速度的大小定义为

$$\omega = \frac{\mathrm{d}\theta}{\mathrm{d}t}$$

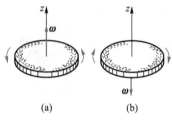

图 5-5　角速度的方向

角速度的方向是这样规定的:让右手四指螺旋转动的方向与刚体的转动方向一致,那么拇指所指的方向就是角速度矢量的方向.如图 5-5(a)所示,刚体的转动是逆时针方向的,按右手螺旋定则,我们说它的角速度沿 z 轴向上;在图 5-5(b)中,刚体的转动是顺时针方向的,我们说它的角速度沿 z 轴向下.

同样,我们曾经把角加速度的大小定义为

$$\alpha = \frac{d\omega}{dt} = \frac{d^2\theta}{dt^2}$$

角加速度 $\boldsymbol{\alpha}$ 的方向应当根据角速度的方向及刚体转动的情况共同决定,当刚体加速转动时,α 的方向与角速度方向相同;当刚体减速转动时,α 的方向与角速度方向相反.

设一刚体绕 z 轴作定轴转动,取轴的指向为正方向,刚体作定轴转动时,刚体上到转轴的距离为 r 的一点的速度、切向加速度和法向加速度的大小与角速度、角加速度的关系是

$$v = \omega r$$

$$a_t = \frac{dv}{dt} = r\alpha$$

$$a_n = \frac{v^2}{r} = r\omega^2$$

刚体作匀变速转动时,可用下面的相应公式进行讨论:

$$\omega = \omega_0 + \alpha t$$

$$\theta = \theta_0 + \omega t + \frac{1}{2}\alpha t^2$$

$$\omega^2 - \omega_0^2 = 2\alpha(\theta - \theta_0)$$

思考　两个不同半径的飞轮用皮带相连互相带动,转动时,大飞轮和小飞轮边缘上各点的线速度和角速度是否相同?线加速度和角加速度是否相同?

5.2　刚体定轴转动的转动定律

我们在上一节中讨论了刚体定轴转动的运动学问题,本节将讨论刚体定轴转动的动力学问题,即研究刚体获得角加速度的原因和刚体定轴转动所遵循的规律.

5.2.1　力对转轴的力矩

前面章节我们讨论了力对定点的力矩,力矩反映的是力对物体的转动效果,那么,当刚体绕定轴转动时,力对固定转轴的力矩如何计算?

对于刚体的定轴转动而言,如图 5-6 所示,若力 F 作用在刚体上 P 点处,P 点的转动平面 N 与转轴交于 O 点,$\overrightarrow{OP}=r$,该力可以分解为转动平面内的分量 $F_\perp$ 和垂直于转动平面(平行于转轴)的分量 $F_\parallel$,在定轴转动问题中,$F_\parallel$ 的力矩对转动不起作用,只有在转动平面内的 $F_\perp$ 的力矩才对刚体的转动有作用,以后讨论的力均为在转动平面内的力. 图 5-6 中 $F_\perp$ 的力矩 M 的大小为 $M=F_\perp r\sin\varphi$,φ 是 r 与 $F_\perp$ 的夹角,用矢量表示为

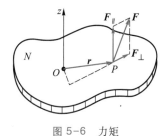

图 5-6　力矩

$$M = r \times F_\perp \tag{5-1}$$

显然 M 的方向垂直于转动平面 N,并与 r、$F_\perp$ 成右手螺旋关系.

力矩的单位在国际单位制中为 $N \cdot m$.

若有几个力同时作用于定轴转动的刚体,则刚体受的合力矩的大小是这几个力矩的代数和. 可以证明,一对相互作用力对同一转轴的力矩之和为零. 如图 5-7 所示,设刚体上任意两质元 Δm_1 和 Δm_2 的相互作用力分别为 F_{12} 和 F_{21},$F_{12}=-F_{21}$,它们对转轴的力矩大小分别为

$$M_1 = r_1 F_{12} \sin\theta_1 = F_{12} d$$

$$M_2 = r_2 F_{21} \sin\theta_2 = F_{21} d$$

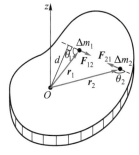

图 5-7　一对相互作用力
对转轴的力矩

$M_1 = r_1 \times F_{12}$,方向沿转轴向下,而 $M_2 = r_2 \times F_{21}$,方向沿转轴向上,所以它们对同一转轴的合力矩为零. 但要注意,大小相等,方向相反,不在同一直线上的一对力,它们对同一转轴的力矩之和不为零.

5.2.2　刚体定轴转动的转动定律

构成刚体的可以是质量连续分布的质点系,也可以是质量离散分布的质点系. 对于质量连续分布的质点系,可将其看成由无数多个质元组成的,其中每一个质元都服从牛顿运动定律. 把构成刚体的全部质点的运动加以综合,就可以得出整个刚体的运动

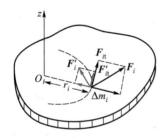

图 5-8 定轴转动定律推导

所服从的规律. 下面我们从牛顿第二定律出发推导出刚体作定轴转动的规律.

如图 5-8 所示,假设一个刚体绕固定轴转动,将此刚体分成许多质元,每个质元都在各自的转动平面上作圆周运动,它们各自的转动平面不尽相同,各自作圆周运动的圆心也不相同. 但是,这些圆心都在 z 轴上. 在刚体中取一质元 i,其质量为 Δm_i,Δm_i 离转轴的距离为 r_i,设该质元受到的合外力为 F_i,刚体内其他质元对它的合内力为 F_i',并假设合外力 F_i 和内力 F_i' 都位于质元 Δm_i 所在的转动平面内(即都与转轴垂直). 设质元 i 的加速度为 a_i,则有

$$F_i + F_i' = (\Delta m_i)a_i$$

将 F_i 和 F_i' 分别分解为切向分力和法向分力,由于法向分力通过转轴,不产生力矩,因此,我们只考虑切向分力,由牛顿第二定律得

$$F_{it} + F_{it}' = (\Delta m_i)a_{it}$$

设刚体绕定轴转动的角速度为 ω,角加速度为 α,因为 $a_{it} = r_i\alpha$,所以上式变为

$$F_{it} + F_{it}' = (\Delta m_i)r_i\alpha$$

两边同乘以 r_i 得

$$r_i F_{it} + r_i F_{it}' = (\Delta m_i)r_i^2\alpha$$

其中 $r_i F_{it}$ 与 $r_i F_{it}'$ 分别是外力 F_i 和内力 F_i' 对转轴的力矩,对组成刚体的每一个质元都可以列出这样的方程,把它们相加后得到

$$\sum_{i=1}^{n}(r_i F_{it} + r_i F_{it}') = \sum_{i=1}^{n}(\Delta m_i)r_i^2\alpha$$

因为

$$\sum_{i=1}^{n}r_i F_{it}' = 0$$

$M = \sum_{i=1}^{n}r_i F_{it}$ 为刚体内所有质元所受到的外力对转轴的力矩之和. 于是,可得到

$$M = \left(\sum_{i=1}^{n}\Delta m_i r_i^2\right)\alpha$$

令

$$J = \sum_{i=1}^{n}\Delta m_i r_i^2 \tag{5-2}$$

称为刚体对转轴的**转动惯量**,于是有

$$M = J\alpha$$

其矢量式为
$$\boldsymbol{M} = J\boldsymbol{\alpha} \tag{5-3}$$

上式表明,刚体作定轴转动时,在合外力矩 M 的作用下,所获得的角加速度 α 与合外力矩 M 成正比,与转动惯量 J 成反比.这一结论为刚体定轴转动的转动定律.

转动定律 $\boldsymbol{M} = J\boldsymbol{\alpha}$ 与牛顿第二定律 $\boldsymbol{F} = m\boldsymbol{a}$ 在数学形式上是相似的,合外力矩 M 与合外力 F 相对应,转动惯量 J 与质量 m 相对应,角加速度 α 与加速度 a 相对应.可见,转动定律在刚体定轴转动中的地位与牛顿第二定律的地位是相当的,外力矩与外力、角量与线量、转动惯量与质量这三对对应关系,贯穿了整个刚体的定轴转动.因此,转动定律是解决刚体定轴转动问题的基本定律.

应用刚体定轴转动的转动定律解题还是比较容易的,不过要特别注意几个问题:首先,定轴转动定律是合外力矩对刚体的瞬时作用规律,表达式中各个物理量均是同一时刻对同一刚体,同一转轴而言;其次,在定轴转动中,由于力矩、角加速度和角速度的方向均沿转轴,通常用代数量表示.

在实际应用中,对一个力学系统而言,有的物体作平动,有的物体作转动,处理此类问题仍然采用隔离法.对于平动的物体利用牛顿第二定律列出动力学方程,对于定轴转动的物体利用定轴转动的转动定律列出动力学方程,然后对这些方程综合求解.

> **思考**　当刚体转动的角速度很大时,作用在它上面的力及力矩是否一定很大?

例 5-1

如图 5-9(a)所示,质量 $m_1 = 16$ kg 的定滑轮 A,其半径为 $r = 15$ cm,可以绕其固定水平轴转动,忽略一切摩擦.一条轻的柔绳绕在定滑轮上,其另一端系一个质量 $m_2 = 8$ kg 的物体 B.求:

(1)物体 B 由静止开始下降 1.0 s 后的距离;

(2)绳子的张力.

解　在质点动力学中,涉及有关滑轮的问题时,为简单起见,都假设滑轮的质量忽略不计.但若考虑滑轮的质量时,就必须考虑滑轮的转动.此例中,物体 B 作平动,而滑轮 A 作定轴转动,属于刚体的定

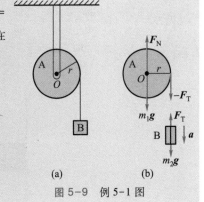

图 5-9　例 5-1 图

轴转动和质点平动相结合的综合问题. 因此要分别应用转动定律、牛顿运动定律列方程.

分别对滑轮 A 和物体 B 进行受力分析, 如图 5-9(b) 所示, 对物体, 应用牛顿第二定律, 可得

$$m_2 g - F_T = m_2 a \qquad ①$$

对滑轮, 应用转动定律, 可得

$$F_T r = J\alpha \qquad ②$$

其中滑轮的转动惯量 $J = \dfrac{1}{2} m_1 r^2$, 又因为绳相对于滑轮无滑动, 在滑轮边缘上一点的切向加速度与绳和物体的加速度大小相等, 则有

$$a = a_t = r\alpha \qquad ③$$

联立式①—式③得

$$a = \frac{2m_2 g}{m_1 + 2m_2}$$

（1）$t = 1.0$ s 时, 物体 B 下落的距离为

$$S = \frac{1}{2} at^2 = \frac{1}{2}\,\frac{2m_2 g}{m_1 + 2m_2} t^2 = \frac{8 \times 9.8 \times 1^2}{16 + 2 \times 8}\text{ m} = 2.45\text{ m}$$

（2）绳子的张力为

$$F_T = m_2 (g - a) = \frac{m_1 m_2 g}{m_1 + 2m_2} = \frac{16 \times 8}{16 + 2 \times 8} \times 9.8\text{ N} = 39.2\text{ N}$$

例 5-2

一根长为 l, 质量为 m 的均匀细杆, 可绕通过其一端且与杆垂直的光滑水平轴转动, 如图 5-10 所示, 将杆由水平位置静止释放, 求它下摆到角度为 θ 时的角加速度和角速度.

解　杆的下摆运动属于刚体的定轴转动, 可用转动定律求解. 对杆进行受力分析, 杆受到轴对它的支撑力及重力的作用, 但只有重力对杆有力矩的作用, 而重力对杆的合力矩就和全部重力集中作用于质心所产生的力矩一样, 即杆下摆到角度为 θ 时重力矩为

$$M = mg \times \frac{1}{2} l\cos\theta$$

由转动定律　　　　$M = J\alpha$

得杆下摆到角度为 θ 时的角加速度为

$$\alpha = \frac{M}{J} = \frac{\frac{1}{2}mgl\cos\theta}{\frac{1}{3}ml^2} = \frac{3g\cos\theta}{2l}$$

又因为　$\alpha = \dfrac{\mathrm{d}\omega}{\mathrm{d}t} = \dfrac{\mathrm{d}\omega}{\mathrm{d}\theta}\dfrac{\mathrm{d}\theta}{\mathrm{d}t} = \omega\dfrac{\mathrm{d}\omega}{\mathrm{d}\theta}$

所以有　$\omega\dfrac{\mathrm{d}\omega}{\mathrm{d}\theta} = \dfrac{3g\cos\theta}{2l}$

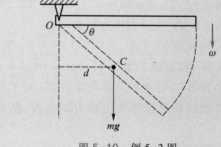

图 5-10　例 5-2 图

即　　　　$\omega\,\mathrm{d}\omega = \dfrac{3g\cos\theta}{2l}\mathrm{d}\theta$

两边积分　$\displaystyle\int_0^\omega \omega\,\mathrm{d}\omega = \int_0^\theta \frac{3g\cos\theta}{2l}\mathrm{d}\theta$

可得杆下摆到角度 θ 时的角速度满足

$$\omega^2 = \frac{3g\sin\theta}{l}$$

即　　　　$$\omega = \sqrt{\frac{3g\sin\theta}{l}}$$

5.2.3　转动惯量

由转动定律的表达式 $\boldsymbol{M} = J\boldsymbol{\alpha}$ 可以看出, 在相同的外力矩作

用下,刚体的转动惯量 J 越大,刚体所获得的角加速度 α 越小,则刚体的转动状态越不易改变;刚体的转动惯量越小,刚体所获得的角加速度 α 越大,刚体的转动状态越容易发生变化. 所以,转动惯量是和质量相对应的物理量. 物体的质量 m 是质点的平动惯性的量度,而刚体的转动惯量 J 是刚体转动惯性的量度.

由转动惯量的定义式 $J = \sum_{i=1}^{n} \Delta m_i r_i^2$ 可知,刚体相对于某转轴的转动惯量,是组成刚体的各部分质元与它们各自到该转轴距离平方的乘积之和,即

$$J = \sum_{i=1}^{n} \Delta m_i r_i^2 = \Delta m_1 r_1^2 + \Delta m_2 r_2^2 + \cdots + \Delta m_n r_n^2 \qquad (5\text{-}4)$$

式(5-4)是用来计算刚体的质量离散分布时的转动惯量,如果刚体的质量是连续分布的,只需要将上式的求和号改为积分形式,即

$$J = \int r^2 \mathrm{d}m \qquad (5\text{-}5)$$

一维　$\mathrm{d}m = \lambda \mathrm{d}l$　λ 为线密度,即单位长度的质量

二维　$\mathrm{d}m = \sigma \mathrm{d}S$　σ 为面密度,即单位面积的质量

三维　$\mathrm{d}m = \rho \mathrm{d}V$　ρ 为体密度,即单位体积的质量

从理论上讲,式(5-5)适用于所有刚体,实际上,只有形状规则的刚体才能用该式来计算转动惯量,对那些不规则形状的刚体,往往要通过实验方法进行测定.

在国际单位制中,转动惯量的单位是 $\mathrm{kg \cdot m^2}$(千克二次方米).

思考　将一个生鸡蛋和一个熟鸡蛋放在桌上使它们旋转,如何判断它们的生熟? 理由是什么?

例 5-3

求质量为 m,长为 l 的均匀细棒对下面两种给定的转轴的转动惯量:

(1) 转轴通过细棒的中心并与棒垂直;

(2) 转轴通过细棒的一端并与棒垂直.

解　细棒的质量可以认为是连续分布的,引入质量线密度 λ,即单位长度的质量,$\lambda = \dfrac{m}{l}$. 应用公式 $J = \int r^2 \mathrm{d}m$ 来计算它对定轴的转动惯量.

(1) 如图 5-11(a)所示,取棒的中心为坐标原点 O,x 轴方向向右. 在细棒上任意位置 x 处,取一长度为 $\mathrm{d}x$ 的线元,其质量为 $\mathrm{d}m = \lambda \mathrm{d}x$,则该细棒对转轴的转动惯量为

$$J = \int_{-\frac{l}{2}}^{\frac{l}{2}} x^2 \lambda \, dx = \frac{1}{12} m l^2$$

（2）当转轴通过细棒的一端并与棒垂直时，建立如图 5-11（b）所示的坐标轴，则细棒对该轴的转动惯量为

$$J = \int_0^l x^2 \lambda \, dx = \frac{1}{3} m l^2$$

此例说明，同一刚体对不同转轴的转动惯量不同.

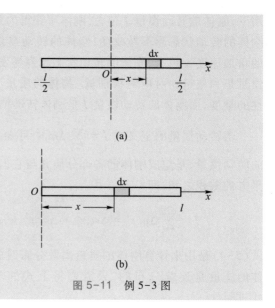

图 5-11 例 5-3 图

例 5-4

求质量为 m，半径为 R 的细圆环和均匀薄圆盘分别绕通过各自中心并与圆面垂直的转轴转动时的转动惯量.

解 （1）对细圆环，如图 5-12（a）所示，设圆环放置于纸面上，转轴通过中心 O 并与纸面垂直. 在圆环上取一质量元

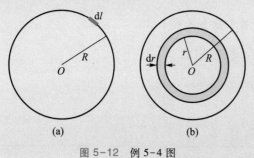

图 5-12 例 5-4 图

$$dm = \lambda \, dl = \frac{m}{2\pi R} dl$$

该质量元对转轴的转动惯量为

$$dJ = R^2 dm = R^2 \frac{m}{2\pi R} dl$$

整个细圆环对转轴的转动惯量为

$$J = \int dJ = \int_0^{2\pi R} R^2 \frac{m}{2\pi R} dl = mR^2$$

（2）对于薄圆盘，如图 5-12（b）所示，在距 O 为 r 处取一宽为 dr 的圆环，其质量为

$$dm = \frac{m}{\pi R^2} \cdot 2\pi r dr$$

于是有 $dJ = r^2 dm$，则整个薄圆环对转轴的转动惯量为

$$J = \int r^2 dm = \int_0^R r^2 \frac{m}{\pi R^2} \cdot 2\pi r dr = \frac{1}{2} m R^2$$

由此可见，对于质量、形状、转轴位置均相同的刚体，由于质量分布不同，其转动惯量也不同；质量分布离轴越远，转动惯量就越大.

由以上两例可以看出刚体的转动惯量与以下因素有关：

（1）刚体的质量：各种形状的刚体，总质量越大，转动惯量越大.

（2）质量的分布：总质量相同的刚体，质量分布不同（刚体的形状不同），转动惯量也不同，质量分布离转轴越远，转动惯量

越大.

（3）转轴的位置：同一刚体,转轴的位置不同,质量对转轴的分布也不同,因而转动惯量也不同.

以上两例是根据转动惯量的定义式计算几何形状规则的刚体的转动惯量,对于几何形状较复杂的刚体通常要用实验测定.表 5-1 列出几种几何形状简单、规则、密度均匀的物体对通过质心的不同转轴的转动惯量.

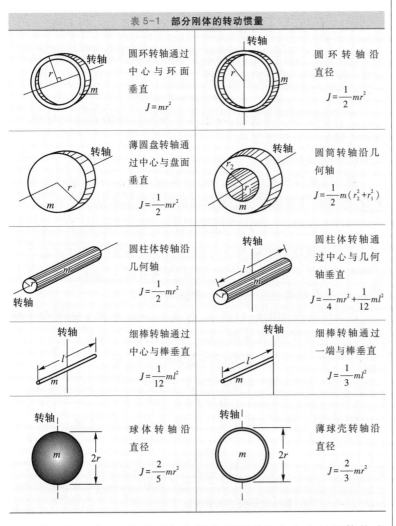

表 5-1　部分刚体的转动惯量

图	说明	图	说明
	圆环转轴通过中心与环面垂直 $J = mr^2$		圆环转轴沿直径 $J = \dfrac{1}{2}mr^2$
	薄圆盘转轴通过中心与盘面垂直 $J = \dfrac{1}{2}mr^2$		圆筒转轴沿几何轴 $J = \dfrac{1}{2}m(r_2^2 + r_1^2)$
	圆柱体转轴沿几何轴 $J = \dfrac{1}{2}mr^2$		圆柱体转轴通过中心与几何轴垂直 $J = \dfrac{1}{4}mr^2 + \dfrac{1}{12}ml^2$
	细棒转轴通过中心与棒垂直 $J = \dfrac{1}{12}ml^2$		细棒转轴通过一端与棒垂直 $J = \dfrac{1}{3}ml^2$
	球体转轴沿直径 $J = \dfrac{2}{5}mr^2$		薄球壳转轴沿直径 $J = \dfrac{2}{3}mr^2$

实际应用中,经常遇到由几部分不同形状和大小的刚体构成的一个整体,根据转动惯量的定义,其转动惯量应等于各部分刚体对同一转轴的转动惯量之和.下面将要介绍的这两个定理可以帮助我们计算刚体对不同转轴的转动惯量.

（1）平行轴定理

刚体对任一转轴的转动惯量 J 等于刚体对通过质心并与该

轴平行的轴转动惯量 J_c 加上刚体质量 m 与两轴间距离 d 的二次方的乘积. 即

$$J = J_c + md^2 \qquad (5-6)$$

这个结论常被叫做平行轴定理.

现证明如下:如图 5-13 所示,我们用 x 表示细棒上质元 $\mathrm{d}m$ 到质心轴 C 轴的距离,用 r 表示该质元对转轴 O 的距离,根据转动惯量的定义,有

$$J_O = \int r^2 \mathrm{d}m = \int (x+d)^2 \mathrm{d}m = \int x^2 \mathrm{d}m + d^2 \int \mathrm{d}m + 2d \int x \mathrm{d}m$$

上式中,第一项为细棒对质心轴 C 轴的转动惯量 J_c,根据质心的定义,第三项等于零,因此,可得

$$J_O = J_c + md^2$$

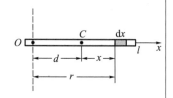

图 5-13 平行轴定理

平行轴定理告诉我们,在刚体对各平行轴的转动惯量中,对过质心轴的转动惯量最小.

(2) 正交轴定理

若 z 轴垂直于厚度无限小的刚体薄板板面,Oxy 平面与板面重合,则此刚体薄板对三个坐标轴的转动惯量有如下关系:

$$J_z = J_x + J_y \qquad (5-7)$$

即刚体薄板对于板面内的两条正交轴的转动惯量之和等于这个刚体薄板对过该两轴交点并垂直于板面的那条转轴的转动惯量. 此关系叫做正交轴定理. 现证明如下:

设有一薄板如图 5-14 所示,过其上一点 O 作 z 轴垂直于板面,x、y 轴在板面内,在板面上取一质量元 Δm_i,则有

$$J_z = \sum \Delta m_i r_i^2 = \sum \Delta m_i (x_i^2 + y_i^2)$$
$$= \Delta m_i x_i^2 + \Delta m_i y_i^2 = J_x + J_y$$

即

$$J_z = J_x + J_y$$

注意:对于厚度不是非常小的板,这个定理不适用.

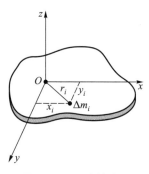

图 5-14 正交轴定理

例 5-5

如图 5-15 所示,在一匀质大圆板中挖去一个直径为大圆板半径的圆孔. 设大圆板半径为 R,剩余部分质量为 m,求对经过圆心 O 且与圆板平面垂直的轴的转动惯量.

解 此题可由补偿法进行求解. 补偿法在物理学中是一种简便可行的方法,其基本思想是将一个不对称的物体通过填补变为两个分别具有对称性的物体,从而可直接应用有关结论计算.

设想在大圆板上的挖去部分,填上质量密度相同的正、负质量的同种材料,这样就成为完整的大圆板和负质量小圆板组成的圆板,先求出半径为 R 的大圆板对通过 O 点的转轴的转动惯量,再求出半

径为 $\frac{R}{2}$ 的小圆板对通过 O 点的转轴的转动惯量,然后求其代数和. 设半径为 R 的大圆板完整时的质量为 m_1,挖去的半径为 $\frac{R}{2}$ 的小圆板的质量为 m_2,圆板的质量面密度为 σ,则有

$$m = m_1 - m_2$$

且

$$\frac{m_1}{m_2} = \frac{\pi R^2 \sigma}{\pi \left(\frac{R}{2}\right)^2 \sigma} = 4$$

所以

$$m_1 = \frac{4}{3}m, \quad m_2 = \frac{1}{3}m$$

则完整的大圆板对 O 轴的转动惯量为

$$J_{\text{大}O} = \frac{1}{2}m_1 R^2 = \frac{2}{3}mR^2$$

挖去的小圆板对轴 O' 的转动惯量为

$$J_{\text{小}O'} = \frac{1}{2}m_2 \left(\frac{R}{2}\right)^2 = \frac{1}{24}mR^2$$

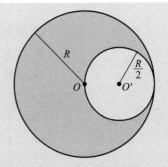

图 5-15　例 5-5 图

又由平行轴定理可得,小圆板对 O 轴的转动惯量为

$$J_{\text{小}O} = J_{\text{小}O'} + m_2 \left(\frac{R}{2}\right)^2 = \frac{1}{8}mR^2$$

则剩余部分对轴的转动惯量为

$$J_O = J_{\text{大}O} - J_{\text{小}O} = \frac{13}{24}mR^2$$

5.3　刚体定轴转动的角动量定理　角动量守恒定律

在上一章里,我们讨论了质点对某参考点的角动量的概念. 角动量这个概念在刚体转动中同样是非常重要的. 因此,我们把角动量这一概念扩展到刚体定轴转动的情形. 在研究力对质点作用时,考虑力对时间的累积作用引出动量定理,从而得到动量守恒定律;考虑力对空间的累积作用时,引出动能定理,从而得到机械能守恒定律和能量守恒定律. 至于力矩对时间的累积作用,可得出角动量定理和角动量守恒定律;而力矩对空间的累积作用,则可得出刚体的转动动能定理,这是下一节的内容. 本节主要讨论的是刚体绕定轴转动的角动量定理和角动量守恒定律.

5.3.1　刚体定轴转动的角动量

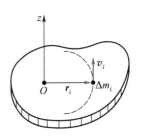

图 5-16　刚体的角动量

如图 5-16 所示,设刚体绕定轴 Oz 以角速度 ω 转动,刚体上

每一个质元都以相同的角速度 ω 绕 Oz 轴在各自的转动平面内作圆周运动. 设刚体中第 i 个质元的质量为 Δm_i,该质元到转轴的距离为 r_i,根据质点对参考点的角动量的大小的定义式,该质元对定轴的角动量大小为

$$L_i = \Delta m_i r_i^2 \omega$$

整个刚体对转轴的角动量 L 应是刚体中所有质元对转轴的角动量之和,即

$$L = \sum_i L_i = \sum_i \Delta m_i r_i^2 \omega = J\omega$$

其矢量式为

$$\boldsymbol{L} = J\boldsymbol{\omega} \tag{5-8}$$

式中,J 为刚体对转轴 Oz 的转动惯量,由式(5-8)可知,刚体定轴转动的角动量等于刚体的转动惯量与角速度的乘积,其方向与角速度的方向相同. 在刚体定轴转动中,角动量方向可用正负号表示. 刚体的角动量 $\boldsymbol{L} = J\boldsymbol{\omega}$ 与质点的动量 $\boldsymbol{p} = m\boldsymbol{v}$ 在形式上相互对应.

5.3.2 刚体定轴转动的角动量定理

力的时间累积作用是使质点的动量发生变化,那么力矩的时间累积作用对定轴转动的刚体会产生什么效果呢?

当刚体绕固定轴作定轴转动时,刚体对轴的转动惯量不随时间变化,所以,由刚体定轴转动的转动定律可得

$$M = J\alpha = J\frac{\mathrm{d}\omega}{\mathrm{d}t} = \frac{\mathrm{d}(J\omega)}{\mathrm{d}t}$$

引入刚体的角动量后,可得

$$M = \frac{\mathrm{d}L}{\mathrm{d}t}$$

其矢量形式为

$$\boldsymbol{M} = \frac{\mathrm{d}\boldsymbol{L}}{\mathrm{d}t} \tag{5-9}$$

即刚体所受到的合外力矩等于刚体的角动量对时间的变化率. 将式(5-9)变形可得

$$\boldsymbol{M}\mathrm{d}t = \mathrm{d}\boldsymbol{L} = \mathrm{d}(J\boldsymbol{\omega})$$

如果刚体从 t_0 到 t 的时间内受到外力矩的作用,使它绕定轴转动的角速度由 ω_0 变为 ω,则可对上式积分得到

$$\int_{t_0}^{t} \boldsymbol{M}\mathrm{d}t = \boldsymbol{J\omega} - \boldsymbol{J\omega}_0 \qquad (5-10)$$

其积分式 $\int_{t_0}^{t} \boldsymbol{M}\mathrm{d}t$ 表示作用在刚体上的合外力矩的时间累积,称为 t_0 到 t 这段时间内的冲量矩. 上式表明:作用于刚体上的合外力矩的冲量矩等于刚体角动量的增量. 这个结论称为刚体定轴转动的角动量定理. 不难看出,这个定理与质点的动量定理非常相似,它把过程量(冲量矩)和状态量(角动量)联系了起来.

另外,与刚体定轴转动的转动定律 $\boldsymbol{M} = \boldsymbol{J\alpha}$ 相比,式 $\boldsymbol{M} = \dfrac{\mathrm{d}\boldsymbol{L}}{\mathrm{d}t}$ 是转动定律的另一表达式,其适用范围更为广泛. 在刚体的转动惯量发生变化时,式 $\boldsymbol{M} = \boldsymbol{J\alpha}$ 已不再适用,但 $\boldsymbol{M} = \dfrac{\mathrm{d}\boldsymbol{L}}{\mathrm{d}t}$ 仍然是成立的.

5.3.3 刚体定轴转动的角动量守恒定律

在刚体的定轴转动中,如果刚体所受的外力对定轴的合力矩为零,即 $\boldsymbol{M} = \boldsymbol{0}$,那么由式(5-10)可得

$$J\omega = J\omega_0$$

或 $\qquad\qquad J\omega = 常量 \qquad\qquad (5-11)$

上式说明:如果刚体所受的合外力矩等于零,则刚体的角动量保持不变. 这一结论称为刚体的角动量守恒定律.

必须指出,上面在推导角动量守恒定律的过程中,虽然受到了刚体、定轴等条件的限制,但是它的适用范围远远地超过了这些限制.

关于刚体的角动量守恒定律需要说明以下几点:

(1) 对于绕固定轴转动的刚体,由于转动惯量 J 为一常量,因此,在角动量守恒的情况下,刚体将以恒定的角速度绕定轴转动.

(2) 对于转动惯量可变的物体(如非刚体),在角动量守恒的情况下,如果使转动惯量减小,则角速度增加;反之,若使转动惯量增大,则角速度减小,即转动惯量和角速度的乘积保持不变,

图 5-17   运用角动量
守恒的跳水运动员

图 5-18   角动量守恒实验

$J_0\omega_0 = J\omega$. 利用改变转动惯量来达到改变旋转角速度的目的的例子很多. 例如, 花样滑冰运动员(非刚体)做旋转动作时, 往往先把两臂张开旋转(改变质量分布)以增大转动惯量, 由于没有外力矩的作用, 角动量守恒, 这时的角速度较小; 当运动员迅速收拢两臂靠近身体时, 相对身体中心的转动惯量减小, 结果使旋转角速度增大. 又如, 跳水运动员为在空中实现快速翻转, 在起跳后, 就必须将手和腿尽量蜷缩起来, 以改变质量分布, 减小转动惯量, 从而增大翻转的角速度; 入水前, 为了能竖直进入水中减小水的阻力, 使水花最小, 又必须把手臂和腿逐渐展开, 以增大转动惯量, 减小角速度, 如图 5-17 所示.

以上结论还可通过站在转台上、双手握哑铃的人的表演给予定性证明, 如图 5-18 所示, 若忽略转台轴间的摩擦力矩和空气阻力矩等, 则人和转台组成的系统对转轴的角动量守恒. 开始时, 先使人和转台一起转动, 当人将握哑铃的手逐渐收回时, 对转轴的转动惯量减小, 角速度变大; 当人伸平双臂时, 转动惯量增大, 转动的角速度变小.

（3）对于由多个物体组成的系统, 系统内既有平动也有转动现象, 若对某一定轴的合外力矩为零, 则此系统对该轴的角动量守恒, 即

$$\sum_{i=1}^{n} J_i\boldsymbol{\omega}_i + \sum_{i=1}^{n} \boldsymbol{r}_i \times m_i\boldsymbol{v}_i = 常矢量$$

如果此系统由两个物体组成, 则有

$$J_1\boldsymbol{\omega}_1 = J_2\boldsymbol{\omega}_2 = 常矢量$$

也就是说, 当系统内的一个物体的角动量发生变化时, 则另一物体的角动量必须发生等值异号的改变, 从而使总的角动量保持不变.

除了日常生活中有许多现象可用角动量守恒定律来解释外, 无数事实已经证明, 在宏观领域可利用角动量守恒定律来研究天体的演化; 在微观领域也可利用角动量守恒定律研究微观粒子的运动特征. 可见, 角动量守恒定律不仅适用于刚体, 还适用于非刚体; 不仅适用于天体运动, 还适用于微观粒子的运动. 因此, 角动量守恒定律与动量守恒定律、能量守恒定律一样, 是自然界中的普遍规律, 虽然它们都是在经典的牛顿力学基础上导出的, 但适用范围远远超出了原有条件的限制, 它们不仅适用于牛顿力学所研究的宏观、低速领域, 还适用于牛顿力学失效的微观、高速领域. 这三条守恒定律是比牛顿运动定律更基本、更普遍的物理定律.

思考   一个系统的动量守恒, 角动量是否一定守恒? 反过来说对吗?

例 5-6

一半径为 R、质量为 m 的匀质圆盘，以角速度 ω 绕其中心轴转动，现将它平放在一水平板上，盘与板表面的摩擦因数为 μ.

（1）求圆盘所受的摩擦力矩；

（2）问经多少时间后，圆盘转动才能停止？

解　（1）由于摩擦力分布在整个圆盘与桌子的接触面上，因此摩擦力矩的计算要用积分法. 如图 5-19 所示，把圆盘分成许多环形质元，每个质元的质量 $dm = \sigma \cdot 2\pi r dr = \dfrac{m}{\pi R^2} \cdot 2\pi r dr = \dfrac{2mr}{R^2} dr$

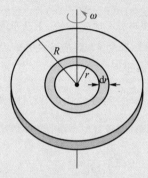

图 5-19　例 5-6 图

所受阻力矩是

$$dM_f = r\mu dmg$$

此处 σ 是盘的面密度，圆盘所受摩擦力矩就是

$$
\begin{aligned}
M_f &= \int r\mu dmg \\
&= \mu g \int_0^R \frac{2mr^2}{R^2} dr = \frac{2}{3}\mu mgR
\end{aligned}
$$

（2）由刚体定轴转动的角动量定理，

$$M_f dt = J d\omega$$

有

$$-\frac{2}{3}\mu mgR dt = \frac{1}{2}mR^2 d\omega$$

两边积分，得

$$-\frac{2}{3}\mu g \int_0^t dt = \frac{1}{2}R \int_\omega^0 d\omega$$

得圆盘停止转动所用时间为

$$t = \frac{3}{4}\frac{R\omega}{\mu g}$$

例 5-7

如图 5-20 所示，有一根长为 l，质量为 m_1 的均匀细棒，静止平放在水平桌面上，它可绕通过其端点 O，且与桌面垂直的固定光滑轴转动. 另有一个质量为 m_2，水平运动的小滑块，从棒的侧面沿垂直于棒的方向与棒的另一端 A 相碰撞，并被棒反向弹回，碰撞时间极短. 已知滑块与棒碰撞前后的速率分别是 v 和 u，桌面与细棒间的滑动摩擦因数为 μ. 求从碰撞后到细棒停止运动所需的时间.

解　取细棒与滑块为系统，在碰撞过程中，系统所受外力矩为摩擦力矩，摩擦力矩与内力矩相比可忽略不计，故系统对 O 轴的角动量守恒. 设碰撞后，细棒的角速度为 ω_0，则

$$m_2 vl = J\omega_0 - m_2 ul \qquad ①$$

碰撞后，细棒开始绕 O 轴转动，在转动过程中受摩擦力矩的作用，由于摩擦力不是作用在一个点上，取如图所示的坐标系，则距 O 轴为 x 处的线元 dx

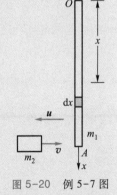

图 5-20　例 5-7 图

所受摩擦力及摩擦力矩分别为

$$dF = \mu g dm = \mu g \frac{m_1}{l} dx$$

$$dM = x dF = \mu g \frac{m_1}{l} x dx$$

对上式积分,得整个棒所受的摩擦力矩为

$$M = \int_0^l dM = \int_0^l \mu g \frac{m_1}{l} x dx = \frac{1}{2} \mu m_1 g l$$

棒绕 O 轴转动,由刚体定轴转动的角动量定理

$$M dt = J d\omega$$

得

$$-\frac{1}{2} \mu m_1 g l dt = J d\omega$$

两边积分,得

$$-\int_0^t \frac{1}{2} \mu m_1 g l dt = J \int_{\omega_0}^0 d\omega$$

即

$$\frac{1}{2} \mu m_1 g l t = J \omega_0 \qquad ②$$

由式①、式②解得细棒从碰撞后到停止运动所需的时间为

$$t = \frac{2 m_2 (v + u)}{\mu m_1 g}$$

例 5-8

一个质量为 m',半径为 R 的转台,以角速度 ω_1 转动,转轴的摩擦略去不计,(1)有一只质量为 m 的蜘蛛垂直地落在转台边缘上,此时,转台的角速度 ω_2 是多少?(2)若蜘蛛随后慢慢地爬向转台中心,当它离转台中心的距离为 r 时,转台的角速度 ω_3 为多少?设蜘蛛下落前距离转台很近.

解 (1)如图 5-21(a)所示,取蜘蛛与转台为系统,蜘蛛垂直下落在转台边缘时,不受外力矩的作用,系统的角动量守恒,则

$$J_0 \omega_1 = (J_0 + J_1) \omega_2$$

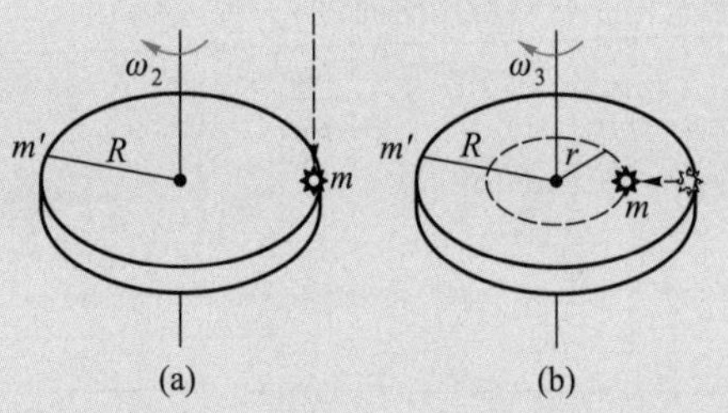

图 5-21 例 5-8 图

式中,$J_0 = \frac{1}{2} m' R^2$ 为转台对其中心轴的转动惯量,$J_1 = mR^2$ 为蜘蛛对转台中心轴的转动惯量,则

$$\omega_2 = \frac{J_0}{J_0 + J_1} \omega_1 = \frac{m'}{m' + 2m} \omega_1$$

(2)如图 5-21(b)所示,蜘蛛向中心的爬移过程中,与(1)同理,系统的角动量守恒,则

$$J_0 \omega_1 = (J_0 + J_2) \omega_3$$

爬行过程中蜘蛛对转台中心轴的转动惯量为 $J_2 = mr^2$,代入上式可得

$$\omega_3 = \frac{J_0}{J_0 + J_2} \omega_1 = \frac{m' R^2}{m' R^2 + 2 m r^2} \omega_1$$

5.4 刚体定轴转动的动能定理 机械能守恒定律

5.4.1 刚体的转动动能

刚体定轴转动时,其上的每个质元都绕转轴作圆周运动,都

具有一定的动能,那么,所有质元的动能之和就是刚体的转动动能.

设刚体以角速度 ω 绕定轴转动,其中每一个质元都在各自的转动平面内以角速度 ω 作圆周运动,若第 i 个质元的质量为 Δm_i,它到转轴的距离为 r_i,其速度的大小 $v_i = r_i\omega$,那么第 i 个质元的动能是

$$E_{ki} = \frac{1}{2}\Delta m_i v_i^2 = \frac{1}{2}\Delta m_i r_i^2 \omega^2$$

于是整个刚体的动能是

$$E_k = \sum_{i=1}^{n} E_{ki} = \frac{1}{2}\left(\sum_{i=1}^{n} \Delta m_i r_i^2\right)\omega^2$$

由于

$$J = \sum_{i=1}^{n} \Delta m_i r_i^2$$

则刚体绕定轴的转动动能为

$$E_k = \frac{1}{2}J\omega^2 \tag{5-12}$$

由式(5-12)可以看出,刚体的转动动能 $E_k = \frac{1}{2}J\omega^2$ 与物体的平动动能(质点的动能)$\frac{1}{2}mv^2$ 相比较,两者形式上十分相似,角速度 ω 与线速度 v 相对应,转动惯量 J 与质量 m 相对应,再次说明转动惯量是反映刚体转动惯性的物理量.

在国际单位制中,刚体的转动动能的单位是 J(焦耳).

5.4.2　力矩的功　功率

在质点力学中我们已经知道,当质点在外力作用下沿力的方向发生位移时,力就对质点做了功,并且功可由作用力大小与质点沿力的方向的位移大小的乘积来表示. 与之相似,当刚体在外力矩作用下转动时,力矩也对刚体做了功,做功的结果是使刚体的角速度发生变化.

现在来计算力矩做的功,由于刚体是个特殊的质点系,质点之间的相对位置保持不变,所以内力是不做功的,只需考虑外力的功. 如图 5-22 所示,刚体绕固定轴 Oz 转动,设在转动平面内的外力作用在刚体上的 P 点,P 点相对 O 点位矢是 r,当刚体绕 Oz 轴转过一个微小的角位移 $d\theta$ 时,P 点的位移就是 dr,dr 的大小 $|dr| = ds = rd\theta$,在这个过程中,力 F 做的功

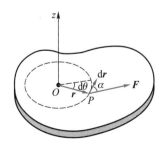

图 5-22　力矩所做的功

$$dA = \boldsymbol{F} \cdot d\boldsymbol{r} = F_t ds = F_t r d\theta$$

式中是 F_t 是力 $\boldsymbol{F}$ 在位移 $d\boldsymbol{r}$ 方向上的分量,它与位矢 $\boldsymbol{r}$ 垂直,所以 $F_t r$ 是力 $\boldsymbol{F}$ 对转轴的力矩 M,因此上式可以写成

$$dA = M d\theta \qquad (5\text{-}13)$$

此式表明:定轴转动的刚体在转过 $d\theta$ 角的过程中,外力对刚体做的元功等于相应的力矩与角位移元的乘积. 即在刚体转动过程中,所做的功可以用力矩 M 和角位移元 $d\theta$ 的乘积计算,故称为力矩的功.

如果刚体在力矩 M 的作用下绕固定轴从 θ_0 转到 θ 位置,则力矩对刚体做的功是

$$A = \int_{\theta_0}^{\theta} M d\theta \qquad (5\text{-}14)$$

如果刚体受到几个力的共同作用,则式中的外力矩应表示为合力矩.

力对质点做功的快慢可以用功率来表示,同样,力矩对刚体做功的快慢可以用力矩的功率来表示. 定义力矩的功率为单位时间内力矩对刚体所做的功,可表示为

$$P = \frac{dA}{dt} = \frac{\boldsymbol{M}_{外} \cdot d\boldsymbol{\theta}}{dt} = \boldsymbol{M}_{外} \cdot \boldsymbol{\omega} \qquad (5\text{-}15)$$

即力矩的功率等于力矩与角速度的乘积. 当功率一定时,转速越大,力矩越小;转速越小,力矩越大.

5.4.3　刚体定轴转动的动能定理

当外力矩对刚体做功时,刚体的转动动能会发生变化,下面讨论力矩做的功与刚体的转动动能之间的变化关系. 设刚体作定轴转动,在合外力作用下绕定轴转过角位移 $d\theta$,合外力矩对刚体所做的元功为

$$dA = M d\theta$$

将刚体定轴转动的转动定律 $M = J\alpha = J\dfrac{d\omega}{dt}$ 代入上式,得到

$$dA = M d\theta = J \frac{d\omega}{dt} d\theta = J\omega d\omega$$

如果刚体在合外力矩 M 作用下绕定轴转动时,角速度由 ω_0 变为 ω,则在此过程中合外力矩对刚体做的总功是

$$A = \mathrm{d}A = \int_{\omega_0}^{\omega} J\omega \, \mathrm{d}\omega$$

即
$$A = \frac{1}{2}J\omega^2 - \frac{1}{2}J\omega_0^2 \tag{5-16}$$

式中 $\frac{1}{2}J\omega_0^2$ 和 $\frac{1}{2}J\omega^2$ 分别是刚体在初、末状态的转动动能.上式表明:合外力矩对刚体所做的功等于刚体转动动能的增量.这就是刚体定轴转动的动能定理.

刚体绕定轴转动的动能定理在工程上有很多应用.在工程上,很多机器都配有飞轮,转动的飞轮可以把能量以转动动能的形式储存起来,在需要做功的时候又释放出来.例如冲床在冲压时,冲力是很大的,如果由电动机直接带动冲头,电机将无法承受这样大的负荷.因此,中间要装上减速箱和飞轮储能装置,电动机通过减速箱带动飞轮转动,使飞轮储有转动动能 $\frac{1}{2}J\omega_0^2$.在冲压时,由飞轮带动冲头对钢板冲压做功,使飞轮转动动能减少到 $\frac{1}{2}J\omega^2$.这样利用转动的飞轮释放能量,可以大大减少电动机的负荷,这就是动能定理的应用.

5.4.4 刚体的重力势能

如果刚体受到保守力的作用,也可以引入势能的概念,例如在重力场中刚体就具有一定的重力势能.一个质量为 m 的刚体,它的重力势能应当是组成刚体的所有质元的重力势能之和.若取地面为零势能面建立坐标系来计算势能,如图 5-23 所示,刚体的重力势能为

$$E_{\mathrm{p}} = \left(\sum_{i=1}^{n} \Delta m_i h_i \right) g$$

根据质心的定义,此刚体的质心高度为

$$h_C = \frac{\displaystyle\sum_{i=1}^{n} \Delta m_i h_i}{m}$$

因此刚体的重力势能为

$$E_{\mathrm{p}} = mgh_C \tag{5-17}$$

上述结果表明:刚体的重力势能相当于它的全部质量 m 集中在质心处的质点的重力势能.无论刚体如何放置,都能得出式

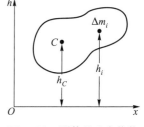

图 5-23　刚体的重力势能

(5-17),也就是说,刚体势能仅取决于质心的高度,与刚体的方位无关. 这也体现了质心的概念在刚体力学中的重要性.

5.4.5 功能原理 机械能守恒定律

比较刚体定轴转动的动能定理 $A = \dfrac{1}{2}J\omega^2 - \dfrac{1}{2}J\omega_0^2$ 与质点的动能定理 $A = \dfrac{1}{2}mv^2 - \dfrac{1}{2}mv_0^2$,它们在形式上非常相似,转动惯量 J 与质量 m 相对应,角速度 ω 与线速度 v 相对应,这就是说,有关刚体定轴转动的功和能的特点与质点系统的功和能特点,形式上是完全相同的,下面我们来讨论关于刚体定轴转动的功和能的问题.

1. 刚体定轴转动的功能原理

刚体在定轴转动中除受到外力矩的作用外,还可能受到保守力矩的作用. 而在刚体的定轴转动中,涉及的势能主要是重力势能,所以,保守力只考虑重力,当选取地球和刚体为我们考虑的系统时,式(5-16)变成

$$\int_{\theta_0}^{\theta} M_{外}\,\mathrm{d}\theta + \int_{\theta_0}^{\theta} M_{保内}\,\mathrm{d}\theta + \int_{\theta_0}^{\theta} M_{非保内}\,\mathrm{d}\theta = \frac{1}{2}J\omega^2 - \frac{1}{2}J\omega_0^2$$

(5-18)

与质点动力学相比较,保守力矩所做的功等于相关势能增量的负值,即

$$\int_{\theta_0}^{\theta} M_{保内}\,\mathrm{d}\theta = -\Delta E_{\mathrm{p}}$$

因此 $\qquad \displaystyle\int_{\theta_0}^{\theta} M_{保内}\,\mathrm{d}\theta = -\Delta E_{\mathrm{p}} = mgh_{c0} - mgh_c$

式中 h_{c0} 和 h_c 分别是刚体在初、末状态时质心距离零势能面的高度,将上式代入式(5-18)得到

$$\int_{\theta_0}^{\theta} M_{外}\,\mathrm{d}\theta + \int_{\theta_0}^{\theta} M_{非保内}\,\mathrm{d}\theta$$
$$= \left(mgh_c + \frac{1}{2}J\omega^2\right) - \left(mgh_{c0} + \frac{1}{2}J\omega_0^2\right) = E_2 - E_1 = \Delta E$$

(5-19)

上式表明:在刚体定轴转动中,合外力矩做功与非保守力矩做功的代数和,等于刚体系统机械能的增量. 这个结论称为刚体定轴转动的功能原理.

2. 刚体定轴转动的机械能守恒定律

由式(5-19)可以看出,若

$$\int_{\theta_0}^{\theta} M_{外} \, \mathrm{d}\theta + \int_{\theta_0}^{\theta} M_{非保内} \, \mathrm{d}\theta = 0$$

则　　　　　　　　　　　$\Delta E = 0$

即
$$E = mgh_c + \frac{1}{2}J\omega^2 = 常量 \qquad (5-20)$$

上式表明:在只有保守力矩做功的情况下,系统的转动动能和势能相互转化,而总的机械能保持不变.这就是刚体定轴转动的机械能守恒定律.

对于包含刚体在内的系统,如果在运动过程中,只有保守内力做功,则该系统的机械能守恒,这时,既要考虑质点的动能、重力势能、弹性势能,还要考虑刚体定轴转动的转动动能及重力势能.

例 5-9

如图 5-24(a)所示,滑轮的转动惯量为 $0.01 \, \mathrm{kg \cdot m^2}$,半径为 7 cm,物体质量为 5 kg,由一根绳子与劲度系数 $k = 200 \, \mathrm{N \cdot m^{-1}}$ 的弹簧相连,若绳与滑轮间无相对滑动,滑轮轴上的摩擦不计,求:

(1)当绳拉直且弹簧无伸长时,使物体由静止而下落的最大距离;

(2)物体速度达到最大值的位置及最大速率.

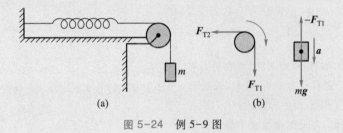

图 5-24　例 5-9 图

解　将滑轮、物体、弹簧和地球看成一个系统,分析系统的受力情况知,此系统无重力和弹性力以外的其他力做功,因此整个系统的机械能守恒.

(1)物体由静止下落到最低点时,速度为零,设位移为 x,取物体在最低点时的位置为势能零点,在此期间重力所做的功完全转化为弹簧弹性势能的增量,即

$$mgx = \frac{1}{2}kx^2$$

所以,物体由静止而下落的最大距离为

$$x = \frac{2mg}{k} = \frac{2 \times 5 \times 9.8}{200} \, \mathrm{m} = 0.49 \, \mathrm{m}$$

(2)物体与滑轮的受力如图 5-24(b)所示,设物体的最大速率为 v,此时的位移为 x_0,加速度 $a_0 = 0$,滑轮的角加速度 $\alpha_0 = \dfrac{a_0}{R} = 0$,对物体应用牛顿第二定律,得

$$mg - F_{T1} = ma_0 \qquad ①$$

对滑轮,应用转动定律,得

$$(F_{T1} - F_{T2})R = J\alpha_0 \qquad ②$$

联立式①、式②,可得此时

$$mg = F_{T1}, \quad F_{T1} = F_{T2}$$

又因为

$$F_{T2} = kx_0$$

则

$$x_0 = \frac{mg}{k} = \frac{5 \times 9.8}{200} \text{ m} \approx 0.2 \text{ m}$$

在此过程中,机械能守恒,则有

$$mgx_0 = \frac{1}{2}kx_0^2 + \frac{1}{2}m_0^2v^2 + \frac{1}{2}J\omega_0^2$$

因为

$$\omega_0 = \frac{v}{R}$$

所以

$$v = \sqrt{\frac{1}{k\left(m + \dfrac{J}{R^2}\right)}} \, mg$$

$$= \sqrt{\frac{1}{200 \times \left(5 + \dfrac{0.01}{0.07^2}\right)}} \times 5 \times 9.8 \text{ m} \cdot \text{s}^{-1}$$

$$\approx 1.31 \text{ m} \cdot \text{s}^{-1}$$

例 5-10

如图 5-25 所示,一根长为 l,质量为 m 的匀质细棒,可绕图中水平轴 O 在竖直面内旋转,若轴间光滑,今使棒从水平位置自由下摆. 求:

(1) 在水平位置和竖直位置棒的角加速度 α;

(2) 在竖直位置时棒的角速度 ω、质心的速度和加速度各为多少?

解 (1) 由定轴转动定律知,

在水平位置 $\quad \alpha_{水平} = \dfrac{M}{J} = \dfrac{mg\dfrac{l}{2}}{\dfrac{1}{3}ml^2} = \dfrac{3g}{2l}$

在竖直位置 $\quad \alpha_{竖直} = \dfrac{M}{J} = \dfrac{0}{\dfrac{1}{3}ml^2} = 0$

(2) 应用定轴转动功能原理求解. 先取初态和终态间任一中间状态进行受力分析,此时,棒受重力 mg 和轴 O 上力 F_N 作用,但 F_N 通过轴 O,力矩为零,故细棒机械能守恒. 若设细棒在水平位置时重力势能为零,ω_1 为水平位置棒的角速度,ω_2 为竖直位置棒的角速度. 则水平位置时初态的能量为 $\dfrac{1}{2}J\omega_1^2 + mgz_{C1} = 0$,竖直位置时终态的能量为 $\dfrac{1}{2}J\omega_2^2 - mg\dfrac{l}{2}$,由机械能守恒得

$$0 = \frac{1}{2}J\omega_2^2 - mg\frac{l}{2}$$

竖直位置时棒的角速度为

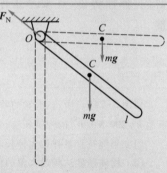

图 5-25 例 5-10 图

$$\omega_2 = \sqrt{\frac{mgl}{J}} = \sqrt{\frac{mgl}{\dfrac{1}{3}ml^2}} = \sqrt{\frac{3g}{l}}$$

由角量与线量关系可得质心速度为

$$v_C = \frac{l}{2}\omega_2 = \frac{l}{2}\sqrt{\frac{3g}{l}} = \frac{\sqrt{3gl}}{2}$$

质心的切向加速度和法向加速度为

$$a_{C1} = \frac{l}{2}\alpha_{竖直} = 0, \quad a_{Cn} = \frac{l}{2}\omega^2 = \frac{l}{2} \cdot \frac{3g}{l} = \frac{3}{2}g$$

还可以用质心运动定理求出棒在竖直位置时,轴对棒的反作用力 $F_{N水平}$ 和 $F_{N竖直}$:

$$F_{N水平} = 0$$

$$F_{N竖直} - mg = ma_{Cn}$$

得 $\quad F_{N竖直} = mg + m \cdot \dfrac{3}{2}g = \dfrac{5}{2}mg$

例 5-11

如图 5-26 所示，一根长为 l，质量为 m' 的匀质细杆，一端悬挂，可绕通过 O 点垂直于纸面的轴转动，今杆由水平位置静止落下，在竖直位置处与质量为 m 的物体 A 作完全非弹性碰撞，若碰撞后物体沿摩擦因数为 μ 的水平面滑动，则物体能滑出多远的距离？

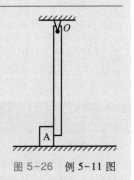

图 5-26　例 5-11 图

解　杆自水平位置转动到竖直位置的过程中，取杆为研究对象。杆受重力及悬挂轴的作用力，但只有重力矩做功。设杆在碰撞前的角速度为 ω，由刚体定轴转动的动能定理，得

$$m'g\frac{l}{2}=\frac{1}{2}J\omega^2-0$$

式中杆对转轴 O 的转动惯量为 $J=\frac{1}{3}m'l^2$，所以

$$\omega=\sqrt{\frac{3g}{l}}$$

在杆与物体 A 的碰撞过程中，取杆和物体组成的系统为研究对象。碰撞过程中，系统相对于轴 O 受到的外力矩为零，故系统的角动量守恒。设碰撞后杆的角速度为 ω'，则

$$J\omega=J\omega'+ml^2\omega'$$

将 J 代入上式，解得

$$\omega'=\frac{m'\sqrt{\dfrac{3g}{l}}}{m'+3m}$$

在物体沿水平面滑动的过程中，取物体 A 为研究对象。设物体在摩擦力作用下可滑过的距离为 s，由质点的动能定理，得

$$-\mu mgs=0-\frac{1}{2}m(l\omega')^2$$

所以，物体 A 滑过的距离为

$$s=\frac{3lm'^2}{2\mu(m'+3m)^2}$$

例 5-12

如图 5-27 所示，质量为 m'、长度为 l 的匀质细杆，可绕垂直于棒的一端的水平轴 O 无摩擦地转动。开始时，细杆静止于竖直位置，今有一颗质量为 m 的子弹沿水平方向飞来，射入细杆的下端并与杆一起摆到最大角度 θ 处，不计轴与细杆之间的摩擦，求子弹射入细杆前的速度。

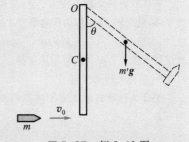

图 5-27　例 5-12 图

解　子弹射入细杆前后，把子弹和细杆作为一个系统，系统所受的外力为：重力 $(m+m')g$、轴对细杆的支持力 F_N，这两个力对轴 O 的力矩为零，因此系统的角动量守恒，设子弹射入细杆前的速度为 v_0，则有

$$mv_0l=\left(ml^2+\frac{1}{3}m'l^2\right)\omega$$

$$\omega=\frac{3mv_0}{(3m+m')l} \qquad ①$$

在子弹和细杆一起摆动的过程中，取子弹、细杆与地球作为系统，此过程只有重力做功，因此系统的机械能守恒，取细杆在竖直位置时的质心 C 处为重力势能零点，则初、末位置的机械能分别为

$$E_0=\frac{1}{2}(J_{杆}+J_{弹})\omega^2-mg\frac{l}{2}$$

$$E = mgl(1-\cos\theta) - mg\frac{l}{2} + m'g\frac{l}{2}(1-\cos\theta)$$

由机械能守恒定律得

$$\frac{1}{2}(J_{\text{杆}} + J_{\text{弹}})\omega^2 = mgl(1-\cos\theta) + m'g\frac{l}{2}(1-\cos\theta) \quad ②$$

联立式①和式②,及 $J_{\text{杆}} = \frac{1}{3}m'l^2$, $J_{\text{弹}} = ml^2$,可得子弹射入细杆前的速度为

$$v_0 = \sqrt{\frac{gl(1-\cos\theta)(2m+m')(3m+m')}{3m^2}}$$

本章提要

1. 刚体

刚体是一种理想模型,是一个有一定形状和大小即有一定的质量分布,且在外力作用下不发生形变的特殊质点系.

2. 刚体的平动和转动

(1) 刚体的平动:刚体中所有点的运动轨迹都保持完全相同,或者说刚体内任意两点间的连线总是平行于它们的初始位置间的连线;

(2) 刚体的转动:刚体在运动过程中,刚体上所有的点都绕同一条直线作圆周运动.

3. 刚体的定轴转动

对于匀变速转动,有

$$\omega = \omega_0 + \alpha t$$

$$\theta = \theta_0 + \omega t + \frac{1}{2}\alpha t^2$$

$$\omega^2 - \omega_0^2 = 2\alpha(\theta - \theta_0)$$

4. 刚体的定轴转动定律

刚体获得的角加速度 α 与作用在刚体上的合外力矩 M 成正比,与刚体的转动惯量 J 成反比,即

$$M = J\alpha$$

此定律反映了力矩的瞬时作用规律.

5. 刚体的转动惯量

刚体的转动惯量决定于刚体的质量相对于转轴的分布,定义式为

$$J = \sum_{i=1}^{n}\Delta m_i r_i^2$$

$$J = \int r^2\,dm$$

转动惯量是表征刚体转动惯性大小的物理量. 式中,r 为质元 dm 到转轴的垂直距离.

平行轴定理:刚体对任一转轴的转动惯量 J,等于刚体对通过质心并与该轴平行的转轴的转动惯量 J_c 加上刚体质量 m 与两轴间距离 d 的二次方的乘积,即

$$J = J_c + md^2$$

正交轴定理:刚体薄板对于板面内的两条正交轴的转动惯量之和等于这个刚体薄板对过这两轴交点并垂直于板面的那条转轴的转动惯量,即

$$J_z = J_x + J_y$$

6. 刚体定轴转动的角动量定理 角动量守恒定律

(1) 刚体的角动量等于刚体的转动惯量与角速度的乘积,其方向与角速度的方向相同,即

$$\boldsymbol{L} = J\boldsymbol{\omega}$$

(2) 刚体的角动量定理:对一固定轴,作用在刚体上的冲量矩等于刚体角动量的增量,即

$$\int_{t_0}^{t}\boldsymbol{M}\,dt = J\boldsymbol{\omega} - J\boldsymbol{\omega}_0$$

(3) 角动量守恒定律:当系统(包括刚体)所受的外力对固定轴的合外力矩为零时,系统对该轴的总角动量保持不变,即当 $M = 0$ 时,有

$$\boldsymbol{L} = J\boldsymbol{\omega} = 常矢量$$

角动量守恒定律是自然界的基本定律之一.

7. 刚体定轴转动的动能定理 机械能守恒定律

(1) 转动动能

$$E_k = \frac{1}{2}J\omega^2$$

(2) 力矩的功

$$A = \int_{\theta_0}^{\theta} M\,d\theta$$

功率 $$P = \frac{dA}{dt} = \frac{\boldsymbol{M}_{\text{外}} \cdot d\boldsymbol{\theta}}{dt} = \boldsymbol{M}_{\text{外}} \cdot \boldsymbol{\omega}$$

(3) 刚体定轴转动的动能定理

$$A = \frac{1}{2}J\omega^2 - \frac{1}{2}J\omega_0^2$$

(4) 重力势能

$$E_p = mgh_c$$

上述结果表明:刚体的重力势能相当于它的全部质量 m 集中在质心处的质点的重力势能.

（5）刚体定轴转动的功能原理

$$\int_{\theta_0}^{\theta} M_{外}\, \mathrm{d}\theta + \int_{\theta_0}^{\theta} M_{非保内}\, \mathrm{d}\theta$$

$$= \left(mgh_c + \frac{1}{2}J\omega^2 \right) - \left(mgh_{c0} + \frac{1}{2}J\omega_0^2 \right)$$

$$= E_2 - E_1 = \Delta E$$

上式表明:在刚体定轴转动中,合外力矩做功与非保守力矩做功的代数和,等于刚体系统机械能的增量.

（6）机械能守恒定律:包括刚体在内的系统,只有保守力矩做功时,系统的动能（包括转动动能）与势能之和为一常量,即

$$E = mgh_c + \frac{1}{2}J\omega^2 = 常量$$

上式表明:在只有保守力矩做功的情况下,系统的转动动能和势能相互转化,而总的机械能保持不变.

习题

5-1 两个匀质圆盘 A、B 密度分别为 ρ_A、ρ_B,若 $\rho_A > \rho_B$,但质量和厚度相同,两圆盘的转轴都通过盘心并垂直于盘面,则转动惯量 （   ）

（A）$J_A > J_B$ （B）$J_A = J_B$

（C）$J_A < J_B$ （D）不一定

5-2 有两个力作用在一个有固定转轴的刚体上,有以下几种说法:

（1）这两个力都平行于转轴时,它们对转轴的合力矩一定为零;

（2）这两个力都垂直于转轴时,它们对转轴的合力矩可能为零;

（3）当这两个力的合力为零时,它们对转轴的合力矩也一定为零;

（4）当这两个力对转轴的合力矩为零时,它们的合力也一定为零.

对上述说法,下述判断正确的是 （   ）

（A）只有（1）是正确的

（B）（1）、（2）正确,（3）、（4）错误

（C）（1）、（2）、（3）都正确,（4）错误

（D）（1）、（2）、（3）、（4）都正确

5-3 关于力矩有以下几种说法:

（1）对某个定轴转动刚体而言,内力矩不会改变刚体的角加速度;

（2）一对作用力和反作用力对同一转轴的力矩之和必为零;

（3）质量相等,形状和大小不同的两个刚体,在相同力矩的作用下,它们的运动状态一定相同.

对以上说法,下述判断正确的是 （   ）

（A）只有（2）是正确的

（B）（1）、（2）是正确的

（C）（2）、（3）是正确的

（D）（1）、（2）、（3）都是正确的

5-4 如习题 5-4 图所示,均匀细棒 OA 可绕通过其一端 O 且与棒垂直的水平固定光滑轴转动,今使棒从水平位置由静止开始自由下落,在棒摆到竖直位置的过程中,下述说法正确的是 （   ）

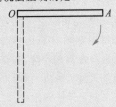

习题 5-4 图

（A）角速度从小到大,角加速度不变

（B）角速度从小到大,角加速度从小到大

（C）角速度从小到大,角加速度从大到小

（D）角速度不变,角加速度为零

5-5 如习题 5-5 图所示,一根质量为 m,长度为 l 的细而均匀的棒,其下端绞接在水平面上,并且竖直地立起,如果让它自由落下,则棒将以角速度 ω 撞击地面.如果将棒截去一半,初始条件不变,则棒撞击地

面的角速度为   (   )

习题 5-5 图

(A) 2ω (B) $\sqrt{2}\,\omega$

(C) ω (D) $\dfrac{\omega}{\sqrt{2}}$

5-6   如习题 5-6 图所示,一圆盘绕通过盘心且垂直于盘面的水平轴转动,轴间摩擦不计. 现射来两个质量相同、速度大小相同、方向相反并在同一条直线上的子弹,它们同时射入圆盘并且留在盘内,在子弹射入后瞬间,对于圆盘和子弹系统的角动量 L 以及圆盘的角速度 ω 有   (   )

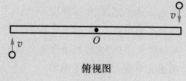

习题 5-6 图

(A) L 不变, ω 增大   (B) 两者均不变

(C) L 不变, ω 减小   (D) 两者均不确定

5-7   如习题 5-7 图所示,光滑的水平桌面上,有一长为 L,质量为 m 的匀质细杆,可绕通过其中点且垂直于杆的竖直光滑固定轴 O 自由转动,起初杆静止. 桌面上有两个质量均为 m 的小球,各自以垂直于细杆的方向以相同速率 v 相向运动. 当两个小球同时与杆的两个端点发生完全非弹性碰撞后(即与细杆黏在一起),则这一系统碰撞后的转动角速度应为   (   )

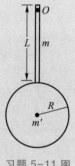

俯视图

习题 5-7 图

(A) $\dfrac{6v}{7L}$ (B) $\dfrac{12v}{7L}$

(C) $\dfrac{8v}{5L}$ (D) $\dfrac{8v}{9L}$

5-8   一质量为 m,半径为 R 的匀质圆盘,绕过其中心且垂直于盘面的轴转动,由于阻力矩的存在,角速度由 ω_0 减小到 $\omega_0/2$,则圆盘对该轴角动量的增量为   (   )

(A) $\dfrac{1}{2}mR^2\omega_0$ (B) $\dfrac{1}{4}mR^2\omega_0$

(C) $-\dfrac{1}{2}mR^2\omega_0$ (D) $-\dfrac{1}{4}mR^2\omega_0$

5-9   质量为 m,长为 l 的匀质细杆,可绕过其一端且与杆垂直的水平轴在竖直平面内转动. 开始杆静止于水平位置,释放后开始向下摆动,在杆摆过 $\pi/2$ 角度的过程中,重力矩对杆的冲量矩为   (   )

(A) $\dfrac{1}{3}ml^2\sqrt{\dfrac{3g}{l}}$ (B) $\dfrac{2}{3}ml^2\sqrt{\dfrac{3g}{l}}$

(C) $ml^2\sqrt{\dfrac{3g}{l}}$ (D) $\dfrac{4}{3}ml^2\sqrt{\dfrac{3g}{l}}$

5-10   假设卫星环绕地球中心作椭圆运动,则在运动过程中,卫星对地球中心的   (   )

(A) 角动量守恒,动能守恒

(B) 角动量守恒,机械能守恒

(C) 角动量不守恒,机械能守恒

(D) 角动量不守恒,动量不守恒

(E) 角动量守恒,动量守恒

5-11   一摆的结构如习题 5-11 图所示,则对过悬点 O 且垂直于摆面的轴的转动惯量为 _____.

5-12   一根悬挂着的静止细棒可绕上端轴无摩擦地转动,有一小球沿水平方向对着细棒的下端与细棒垂直作弹性碰撞,则在碰撞时间内,小球与细棒所组成的系统的动量 _____,角动量 _____,机械能 _____(填写:守恒、不守恒).

习题 5-11 图

5-13   质量为 m,半径为 R 的圆盘可绕通过其直径的光滑固定轴转动,转动惯量为 $J = mR^2/4$,设圆盘从静止开始在恒力矩 M 的作用下转动,则经过时间 t

后圆盘边缘上某点的 $a_t =$ ＿＿＿＿＿, $a_n =$ ＿＿＿＿＿.

5-14　如习题 5-14 图所示,一根长为 l,质量可以忽略的直杆,可绕通过某一端的水平光滑轴在竖直平面内作定轴转动,在杆的另一端固定着一个质量为 m 的小球.现将杆由水平位置无初速地释放,则杆刚被释放时的角加速度 $\alpha_0 =$ ＿＿＿＿＿,杆与水平方向夹角为 60° 时的角加速度 $\alpha =$ ＿＿＿＿＿.

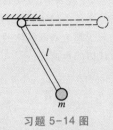

习题 5-14 图

5-15　如习题 5-15 图所示,质量为 m,长为 l 的棒,可绕通过棒中心且与棒垂直的竖直光滑固定轴 O 在水平面内自由转动

俯视图

习题 5-15 图

(转动惯量 $J = ml^2/12$).开始时棒静止,现有一颗子弹,质量也是 m,在水平面内以速度 v_0 垂直射入棒的一端并嵌入其中,则子弹嵌入后棒的角速度 $\omega =$ ＿＿＿＿＿.

5-16　汽车发动机飞轮的角速度在 12 s 内由 $1\,200\ \text{r}\cdot\text{min}^{-1}$ 增加到 $3\,000\ \text{r}\cdot\text{min}^{-1}$,假定飞轮匀加速转动,求:

(1) 飞轮的角加速度;

(2) 在这段时间内飞轮转了多少圈?

5-17　如习题 5-17 图所示,在边长为 a 的正方形的顶点上,分别有质量为 m 的四个质点,求此系统对下列转轴的转动惯量:

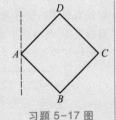

(1) 通过其中一个质点 A 且平行于对角线 BD 的转轴;

(2) 通过 A 且垂直于正方形所在平面的转轴.

习题 5-17 图

5-18　一个转动惯量为 J 的圆盘绕一固定轴转动,起初角速度为 ω_0,设它所受的阻力矩与转动角速度成正比,即 $M = -k\omega$(k 为正值常量),求圆盘的角速度从 ω_0 变为 $\dfrac{\omega_0}{2}$ 所用的时间.

5-19　在如习题 5-19 图所示的装置中,匀质平板可绕竖直轴自由转动,其质量为 M,长与宽分别为 b 及 a.开始时其转动角速度为 ω_0,方向如图所示.转动时它上面每一面元所受的气体阻力和面元的转速与面元大小的乘积成正比,比例系数为 k.试求:此板从开始转动到转速减小一半所花的时间.

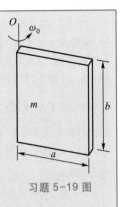

习题 5-19 图

5-20　质量为 0.5 kg,长为 0.4 m 均匀细棒,可绕垂直于棒的一端的水平轴在竖直平面内转动.如果将棒放在水平位置,然后任其自由落下,求:

(1) 当棒转过 60° 时的角加速度和角速度;

(2) 下落到竖直位置时的动能;

(3) 下落到竖直位置时的角速度.

5-21　一轻绳跨过定滑轮,如习题 5-21 图所示,绳的两端分别悬有质量为 m_1 和 m_2 的物体,且 $m_1 < m_2$.设滑轮的质量为 m,半径为 r,其转轴上所受摩擦力矩为 M_r,绳子不会变形且与滑轮间无相对滑动.试求物体的加速度和绳的张力.

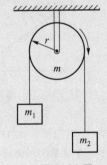

习题 5-21 图

5-22　一根细棒长为 l,总质量为 m,其质量分布与离端点 O 的距离成正比.现将细棒放在粗糙的水平面上,棒可绕端点 O 的竖直轴转动,已知开始时棒的角速度为 ω_0,棒与桌面间的摩擦因数为 μ,求:

(1) 细棒对转轴的转动惯量;

(2) 细棒绕转轴转动时的摩擦力矩;

(3) 棒从角速度 ω_0 到停止所转过的角度.

5-23 如习题 5-23 图所示,一轴承光滑的定滑轮,质量为 $m' = 2.00$ kg,半径为 $R = 0.10$ m,一根不能伸长的轻绳,一端固定在定滑轮上,另一端系有一质量为 $m = 5.00$ kg 的物体.已知定滑轮的转动惯量为 $J = \frac{1}{2} m' R^2$,其初角速度 $\omega_0 = 10.0$ rad/s,方向垂直纸面向里.求:

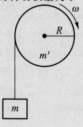

（1）定滑轮的角加速度的大小和方向;

（2）定滑轮的角速度变化到 $\omega = 0$ 时,物体上升的高度;

（3）当物体回到原来位置时,定滑轮的角速度的大小和方向.

5-24 如习题 5-24 图所示,已知滑轮的质量为 m',半径为 R,物体的质量为 m,弹簧的劲度系数为 k,斜面固定在地面上,倾角为 θ,物体与斜面的接触面光滑,物体由静止释放,释放时弹簧无形变.设细绳不伸长且与滑轮间无相对滑动,忽略轴间摩擦阻力矩,求物体沿斜面下滑 x 时的速度(滑轮视作薄圆盘).

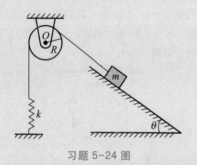

习题 5-24 图

5-25 如习题 5-25 图所示,刚体由长为 l,质量为 m 的均匀细杆和一个质量为 m 的小球牢固连接在杆的一端而成,可绕过杆的另一端 O 点的水平轴转动.先将杆拉至水平然后让它自由落下,若轴处摩擦可以忽略.求:

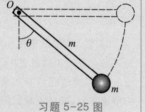

习题 5-25 图

（1）刚体绕转轴的转动惯量;

（2）当杆与竖直线成 θ 角时,刚体的角速度 ω.

5-26 如习题 5-26 图所示,圆柱体的质量为 m',半径为 R,可绕通过其中心线的固定水平轴转动,原来处于静止状态.现在有一颗质量为 m,速度为 v 的子弹击入圆柱体的边缘,求子弹嵌入圆柱体后,圆柱体的角速度.

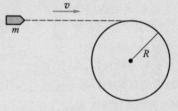

习题 5-26 图

5-27 如习题 5-27 图所示,圆盘形飞轮 A 的质量为 m,半径为 r,最初以角速度 ω_0 转动,与 A 共轴的圆盘形飞轮 B 的质量为 $4m$,半径为 $2r$,最初静止.两飞轮啮合后,以同一角速度 ω 转动,求 ω 及啮合过程中机械能的损失.

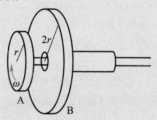

习题 5-27 图

5-28 如习题 5-28 图所示,长为 l 的均匀细杆,一端悬于 O 点,自由下垂,在 O 点同时挂一单摆,摆长 l,摆球的质量为 m,单摆从水平位置由静止开始自由下摆,与自由下垂的细杆作完全弹性碰撞,撞后单摆恰好静止,求:

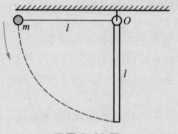

习题 5-28 图

（1）细杆的质量 m';

（2）细杆摆动的最大角度 θ.

5-29　如习题 5-29 图所示,在杂技节目翘板中,演员甲从高为 h 的跳台上自由下落到翘板的一端 A,并把翘板另一端 B 的演员乙弹了起来. 设翘板是匀质的,长度为 l,质量为 m',支撑点在板的中部 C 点,翘板可绕过 C 点的水平轴在竖直平面内转动. 演员甲、乙的质量均为 m,假定演员甲落到翘板上,与翘板的碰撞是完全非弹性碰撞. 试求:

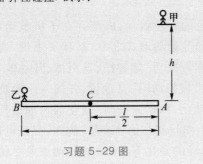

习题 5-29 图

(1) 碰撞后翘板的角速度 ω(也是甲、乙的角速度);

(2) 演员乙被弹起的高度 h'.

5-30　如习题 5-30 图所示,水平面内有一静止的长为 l,质量为 m 的均匀细棒,可绕通过棒一端 O 点的竖直轴转动. 今有一颗质量为 $\frac{m}{2}$,速率为 v 的子弹,在水平面内沿与棒垂直的方向射击棒的中点,子弹穿出时速率减为 $\frac{v}{2}$. 当棒转动后,设棒上各点单位长度受到的阻力正比于该点的速率(比例系数为 k). 试求:

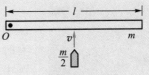

习题 5-30 图

(1) 子弹击穿瞬时,棒的角速度 ω_0 为多少?

(2) 当棒以角速度 ω 转动时,受到的阻力矩 M_f 为多少?

(3) 棒的角速度从 ω_0 变为 $\frac{\omega_0}{2}$,经历的时间为多少?

第 5 章习题答案

第6章 周期振动

钟摆的摆动是自然界中最常见的一种周期性运动.

振动是自然界常见的一种运动,广泛存在于机械运动、电磁运动、热运动、原子运动等运动形式之中. 从狭义上说,通常把具有时间周期性的运动称为振动. 如钟摆、发声体、开动的机器、行驶中的交通工具都有机械振动. 广义地说,任何一个物理量在某一数值附近作周期性变化,都称为振动. 变化的物理量称为振动量,它可以是力学量、电学量或其他物理量,例如:交流电压、电流的变化、无线电波电磁场的变化等. 不同的振动现象尽管存在本质的不同,但它们随时间变化的过程以及许多其他性质在形式上都遵循相似的规律.

振动有简单和复杂之别. 最基本、最简单的振动是简谐振动. 一切复杂的振动都可以看作是若干个简谐振动的合成. 因此我们从讨论简谐振动的基本规律入手,进而讨论振动的合成,并简要介绍阻尼振动、受迫振动和共振现象等.

6.1 简谐振动的运动学描述

物体运动时,如果离开平衡位置的位移(或角位移)按余弦函数(或正弦函数,除特别说明外,本书均采用余弦函数)的规律随时间变化,这种运动就叫做简谐振动.

6.1.1 简谐振动的运动学方程

现在,我们就以一个简单的振动系统模型——弹簧振子为例,来讨论运动的规律.

一个轻质弹簧的一端固定,另一端系一个质量为 m,可在水平光滑面上自由运动的物体,若所有的摩擦都可以忽略,我们将弹簧和物体组成的系统称为弹簧振子(或谐振子).

如图 6-1 所示,将弹簧振子置于光滑的水平面上,在弹簧处

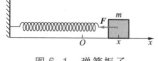

图 6-1 弹簧振子

于自然长度时,物体所受合外力为零,物体处于平衡位置 O 点. 以 O 为坐标原点,向右为 x 轴正方向建立坐标系. 如果使物体离开平衡位置一个微小位移然后释放,由于弹簧被拉长或被压缩,便有指向平衡位置的回复力 $\boldsymbol{F}$ 作用在物体上,迫使物体返回平衡位置. 该物体将在 O 点两侧作往复运动. 在这种运动中,物体离开平衡位置的位移 x 将按余弦函数的规律随时间 t 变化,即在忽略阻力的情况下,弹簧振子的小幅度振动是简谐振动.

根据简谐振动的定义,从运动学角度可得描写简谐振动的数学表达式为

$$x = A\cos(\omega t + \varphi) \tag{6-1}$$

其中 A、ω 和 φ 为常量. 上式称为简谐振动的运动学方程,简称为运动方程或谐振方程.

思考　质点作简谐振动时,位移、速度、加速度三者能同时为零吗? 能同时有最大值吗?

6.1.2　描述简谐振动的特征量

现在我们讨论简谐振动运动方程 $x = A\cos(\omega t + \varphi)$ 中的 A、ω、$\omega t + \varphi$、φ 的物理意义. 通常把 A、ω 及 φ 三个量叫做描述简谐振动的三个特征量,因为只要这三个量确定了,就可以写出简谐振动的运动方程. 在以后的分析中我们会看到,A 和 φ 由初始条件来确定,而 ω 取决于振动系统自身的动力学性质.

1. 振幅

式(6-1)中 A 为振幅,定义为作简谐振动的物体离开平衡位置的最大位移的绝对值. 在简谐振动的表达式中,因为余弦或正弦函数的绝对值不能大于 1,所以物体的振动范围为 $+A$ 与 $-A$ 之间.

A 恒为正值,振幅的大小与振动系统的能量有关,由系统的初始条件确定.

2. 周期与频率

式(6-1)中的 ω 为角频率,也称圆频率. 式(6-1)表明物体位置的变化具有周期性,以 T 表示周期,即振动往复一次所经历的时间,则应有

$$x = A\cos(\omega t + \varphi) = A\cos[\omega(t+T) + \varphi]$$

由于余弦函数的周期是 2π,则有

$$T = \frac{2\pi}{\omega} \tag{6-2}$$

单位时间内振动往复(或完成全振动)的次数称为振动频率,用 ν 表示,它的单位是 Hz(赫兹),显然有

$$\nu = \frac{1}{T} = \frac{\omega}{2\pi} \tag{6-3}$$

ω 的单位是 $\text{rad} \cdot \text{s}^{-1}$.

简谐振动的基本特性是它的周期性,周期、频率或角频率均由振动系统本身的性质所决定,故称之为固有周期、固有频率或固有角频率. 简谐振动的表达式可以表示为

$$x = A\cos(\omega t + \varphi) = A\cos\left(\frac{2\pi}{T}t + \varphi\right) = A\cos(2\pi\nu t + \varphi)$$

3. 相位

质点在某一时刻的运动状态可以用该时刻的位置和速度来描述. 在角频率 ω 和振幅 A 已知的简谐振动中,根据式(6-1)可知,振动物体在任意时刻 t 的运动状态(指位置和速度)都由 $(\omega t + \varphi)$ 决定. $(\omega t + \varphi)$ 是决定简谐振动状态的物理量,称为振动的相位. φ 是 $t = 0$ 时刻的相位,称为初相位,简称初相.

因此,描述简谐振动时,我们常常不去分别指出物体的位置和速度,而直接用相位表示物体的某一运动状态. 例如,当用余弦函数表示简谐振动时,若某时刻 $\omega t + \varphi = 0$,即相位为零,表示物体在正位移最大处而速度为零;若 $\omega t + \varphi = \frac{\pi}{2}$,即相位为 $\frac{\pi}{2}$,则表示物体处于平衡位置并以最大速率向 x 轴负方向运动;若 $\omega t + \varphi = \frac{3\pi}{2}$,这时物体也在平衡位置,但以最大速率向 x 轴正方向运动,可见,在 $0 \sim 2\pi$ 范围内,不同的相位对应不同的运动状态,但相位相差 2π 或 2π 的整数倍时,所描述的运动状态相同. 因此,相位能充分反映简谐振动的周期性特征.

相位的概念在比较两个同频率的简谐振动的"步调"时特别有用. 设有两个简谐振动分别为

$$x_1 = A_1\cos(\omega t + \varphi_1)$$
$$x_2 = A_2\cos(\omega t + \varphi_2)$$

则它们的相位差为

$$\Delta\varphi = (\omega t + \varphi_2) - (\omega t + \varphi_1) = \varphi_2 - \varphi_1$$

可见,它们在任意时刻的相位差都等于其初相位之差,而与时间无关. 当 $\Delta\varphi = 0$(或者 2π 的整数倍)时,两振动物体将同时到达各自同方向的最大位移处,并且同时越过平衡位置向同方向运动,其步调完全一致,我们称为二者同相;当 $\Delta\varphi = \pi$(或者 π 的奇数倍)时,两振动物体将同时分别到达各自相反方向的最大位移处,也同时通过平衡位置但向相反方向运动,其步调完全相反,我们称之为二者反相.

如果 $\Delta\varphi = \varphi_2 - \varphi_1 > 0$,我们说振动 2 比振动 1 超前 $\Delta\varphi$,或者说振动 1 比振动 2 落后 $\Delta\varphi$;如果 $\Delta\varphi < 0$,我们说振动 2 比振动 1 落后 $|\Delta\varphi|$,或者说振动 1 比振动 2 超前 $|\Delta\varphi|$. 由于相位差为 2π 表示同一振动的相同运动状态,所以这种说法存在相对性. 例如,当 $\Delta\varphi = \dfrac{3}{2}\pi$ 时,我们可以说振动 2 比振动 1 超前,但通常的说法是,振动 2 比振动 1 落后 $\dfrac{\pi}{2}$,或者说振动 1 比振动 2 超前 $\dfrac{\pi}{2}$. 一般我们把 $|\Delta\varphi|$ 的值限制在 $0 \sim \pi$ 之间.

> **思考**　同一个简谐振动能否同时写成正弦函数表达式和余弦函数表达式,其区别何在?

6.1.3　简谐振动的速度和加速度

根据简谐振动的运动方程式(6-1),可求出任意时刻物体运动的速度和加速度分别为

$$v = \frac{\mathrm{d}x}{\mathrm{d}t} = -A\omega\sin(\omega t + \varphi) = A\omega\cos\left(\omega t + \varphi + \frac{\pi}{2}\right) \qquad (6\text{-}4)$$

令 $v_\mathrm{m} = \omega A$,称为速度振幅.

$$a = \frac{\mathrm{d}v}{\mathrm{d}t} = -A\omega^2\cos(\omega t + \varphi) = A\omega^2\cos(\omega t + \varphi + \pi) \qquad (6\text{-}5)$$

令 $a_\mathrm{m} = \omega^2 A$,称为加速度振幅.

由此可见,当物体作简谐振动时,其速度和加速度也随时间作周期性变化,速度的相位比位移的相位超前 $\dfrac{\pi}{2}$,而加速度和位移是反向的. 图 6-2 给出了某简谐振动的位移、速度、加速度与

时间的关系. 我们通常把表示 x-t 关系的曲线叫做振动曲线, 把表示 v-t 关系的曲线叫做速度振动曲线, 把表示 a-t 关系的曲线叫做加速度振动曲线.

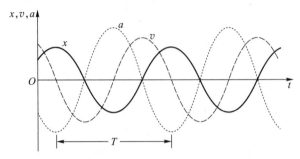

图 6-2   位移、速度、加速度与时间的关系

比较式(6-1)和式(6-5), 可得

$$a = \frac{\mathrm{d}^2 x}{\mathrm{d}t^2} = -\omega^2 x \qquad (6-6)$$

这一关系说明, 简谐振动的加速度大小与位移大小成正比, 而方向相反.

需要说明的是: 振动曲线表明的是振动量随时间变化的函数关系, 切不可理解为振子运动的轨迹, 如对一维弹簧振子而言, 其运动轨迹是直线(变加速直线运动), 而不是曲线.

思考   简谐振动中的速度、加速度的表达式中有负号, 是否意味着速度和加速度总是负值? 是否意味着两者总是同方向?

6.2   简谐振动的动力学描述

6.2.1   简谐振动的动力学方程

我们以弹簧振子为例来作简谐振动的动力学分析. 如图 6-1 所示, 弹簧振子系统的平衡位置位于 x 轴的坐标原点 O, 物体沿 x 方向运动. 根据胡克定律, 在小幅度振动情况下, 物体所受的弹性力 F 与弹簧的伸长量即物体离开平衡位置的位移 x 成正比, 即

$$F = -kx \qquad (6-7)$$

式中 k 为弹簧的劲度系数,负号表示力和位移的方向相反. 在振动过程中,物体所受的合外力与它相对于平衡位置的位移成正比且反向(始终指向平衡位置),这样的力称为线性回复力.

根据牛顿第二定律 $F = ma$,可得

$$m\frac{\mathrm{d}^2 x}{\mathrm{d}t^2} = -kx$$

或

$$\frac{\mathrm{d}^2 x}{\mathrm{d}t^2} + \frac{k}{m}x = 0 \qquad (6-8)$$

令 $\omega^2 = \dfrac{k}{m}$,代入上式可得

$$\frac{\mathrm{d}^2 x}{\mathrm{d}t^2} + \omega^2 x = 0 \qquad (6-9)$$

此微分方程的通解正是式(6-1)的形式,即

$$x = A\cos(\omega t + \varphi)$$

因而我们得出这样的结论:质点在与其对平衡位置的位移成正比而反向的合外力作用下的运动就是简谐振动. 式(6-8)和式(6-9)就叫做简谐振动的动力学方程. 一般地说,不管 x 代表什么物理量,只要它的变化规律遵循式(6-9)这样的微分方程,其运动就一定是简谐振动的形式,而且其角频率就等于方程中 x 项的系数的平方根,这一结论常用来判断简谐振动并求出其周期.

弹簧振子简谐振动的角频率为

$$\omega = \sqrt{\frac{k}{m}} \qquad (6-10)$$

由式(6-10)明显可见,角频率由振动系统本身的性质(力的特性和物体的惯性)所决定,故称之为振动系统的固有角频率,其周期就叫固有周期,有

$$T = \frac{2\pi}{\omega} = 2\pi\sqrt{\frac{m}{k}} \qquad (6-11)$$

对于式(6-1)中的 A 和 φ,其取值决定于初始条件. 设 $t=0$ 时物体的位移为 x_0,速度为 v_0,代入式(6-1)和式(6-4)可得

$$x_0 = A\cos\varphi, \quad v_0 = -\omega A\sin\varphi \qquad (6-12)$$

由此可解得 A 及 φ 分别为

$$A = \sqrt{x_0^2 + \left(\frac{v_0}{\omega}\right)^2} \qquad (6-13)$$

$$\tan\varphi = -\frac{v_0}{\omega x_0} \qquad (6-14)$$

在 $-\pi$ 到 π 之间 φ 有两个值满足式(6-14),具体取舍要由初始位置和速度方向共同决定.

尽管 A 和 φ 均由初始条件确定,但振幅 A 决定于简谐振动系统的能量,而初相 φ 则与计时零点的选择有关. 选择不同的计时零点,将直接影响简谐振动的数学表达式中的 φ 值,因这一选择具有任意性,所以初相与振动系统的物理性质无关,它只反映选定的初始时刻的运动状态.

例 6-1

竖直悬挂的弹簧下端系一个质量为 m 的小球,静平衡时弹簧伸长量为 h. 先用手将重物上托使弹簧保持自然长度,然后放手. 试证明放手后小球作简谐振动,并写出其振动表达式.

证明 取静平衡位置为坐标原点,如图 6-3 所示. 当小球挂在弹簧上静平衡时,有

$$mg - kh = 0$$

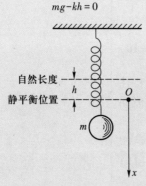

图 6-3 例 6-1 图

小球运动到坐标为 x 的位置时,作用在小球上的合外力为

$$F = mg - k(x+h) = -kx$$

由上式即可判断小球作简谐振动. 小球运动的微分方程为

$$\frac{\mathrm{d}^2 x}{\mathrm{d}t^2} + \frac{k}{m}x = 0$$

其 x 项前的系数即为角频率的平方,即

$$\omega = \sqrt{\frac{k}{m}} = \sqrt{\frac{g}{h}}$$

若从"放手"时开始计时,则有当 $t=0$ 时, $x_0 = -h$, $v_0 = 0$. 根据式(6-13)和式(6-14)可确定振幅和初相,得

$$A = h, \quad \varphi = \pi$$

故此简谐振动的表达式为

$$x = h\cos\left(\sqrt{\frac{g}{h}}\,t + \pi\right)$$

例 6-2

如图 6-4 所示,细线的上端固定,下端系一个可看作质点的自然下垂的重物,构成一个单摆.通常称细线为摆线,其质量和伸长均忽略不计,重物叫做摆球.把摆球从其平衡位置拉开一段距离后放手,摆球就在竖直平面内来回摆动.试证明当单摆作小角度摆动时,是在作简谐振动,并求单摆的周期.

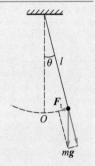

证明 设在某一时刻摆线偏离竖直线的角位移为 θ,并取逆时针方向为角位移 θ 的正方向.在忽略空气阻力的情况下,摆球沿圆弧运动所受的合力沿切线方向的分力(即重力在这一方向的分力)为

$$F_t = -mg\sin\theta$$

负号表示此力方向与角位移 θ 的方向相反.在角位移 θ 很小(小于 5°)时,$\sin\theta \approx \theta$,所以

$$F_t \approx -mg\theta$$

因为摆球的切向加速度

$$a_t = l\alpha = l\frac{d^2\theta}{dt^2}$$

其中 l 为摆线长度,根据牛顿第二定律得

$$ml\frac{d^2\theta}{dt^2} = -mg\theta$$

图 6-4 例 6-2 图

即

$$\frac{d^2\theta}{dt^2} + \frac{g}{l}\theta = 0 \qquad (6-15)$$

上式表明:在小角度摆动的情况下,单摆的振动是简谐振动,且其角频率和周期分别为

$$\omega = \sqrt{\frac{g}{l}}, \quad T = 2\pi\sqrt{\frac{l}{g}} \qquad (6-16)$$

可见,单摆的周期决定于摆长和该处的重力加速度.我们可通过测量单摆周期以确定该地点的重力加速度.

例 6-3

如图 6-5 所示,质量为 m 的任意形状的物体,可绕通过 O 点的光滑水平轴在竖直面内自由转动.将它拉开一个微小角度 θ 后释放,物体将绕转轴作微小的自由摆动.这样的装置叫做复摆.若复摆对转轴的转动惯量为 J,复摆的质心 C 到转轴的距离为 h,求复摆的振动周期.

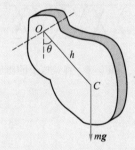

解 此系统为保守系统,故我们可考虑从能量角度进行分析.设某一时刻物体摆开的角度为 θ,则角速度为 $\omega = \frac{d\theta}{dt}$,其转动动能为 $\frac{1}{2}J\omega^2$.取 O 点为零势能点,则有

$$E = E_k + E_p = \frac{1}{2}J\omega^2 - mgh\cos\theta = \frac{1}{2}J\left(\frac{d\theta}{dt}\right)^2 - mgh\cos\theta$$

因为系统机械能守恒,所以有

$$\frac{dE}{dt} = J\frac{d\theta}{dt}\cdot\frac{d^2\theta}{dt^2} + mgh\sin\theta\frac{d\theta}{dt}$$

$$= J\omega\left(\frac{d^2\theta}{dt^2} + \frac{mgh}{J}\sin\theta\right) = 0$$

在角位移 θ 很小(小于 5°)时,$\sin\theta \approx \theta$,所以上式可变为

图 6-5 例 6-3 图

$$\frac{d^2\theta}{dt^2} + \frac{mgh}{J}\theta = 0$$

可见复摆的运动在摆角很小时,可视为简谐振动,其角频率和周期分别为

$$\omega = \sqrt{\frac{mgh}{J}}, \quad T = 2\pi\sqrt{\frac{J}{mgh}}$$

此例也可用受力分析的方法求解,所得结论相同.

6.2.2 简谐振动的能量

下面我们仍以弹簧振子为例来讨论简谐振动的能量. 当物体的位移为 x, 速度为 v 时, 弹簧振子的弹性势能和动能分别为

$$E_p = \frac{1}{2}kx^2 = \frac{1}{2}kA^2\cos^2(\omega t+\varphi) \tag{6-17}$$

$$E_k = \frac{1}{2}mv^2 = \frac{1}{2}m\omega^2 A^2\sin^2(\omega t+\varphi) \tag{6-18}$$

由于 $\omega^2 = \dfrac{k}{m}$, 所以有

$$E_k = \frac{1}{2}kA^2\sin^2(\omega t+\varphi) \tag{6-19}$$

则系统的总能量为

$$E = E_k + E_p = \frac{1}{2}kA^2 \tag{6-20}$$

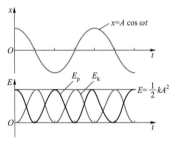

图 6-6 弹簧振子的能量

由上述分析可知, 弹簧振子系统的动能和弹性势能都是随时间 t 作周期性变化的, 如图 6-6 所示, 但其总能量不随时间改变, 即其机械能守恒. 这是因为在简谐振动过程中, 系统只有保守内力做功, 其他非保守内力和外力均不做功, 所以系统的机械能必然守恒, 即系统的动能与势能不断地相互转化, 而总能量却保持恒定.

式 (6-20) 还说明弹簧振子的总能量与振幅的平方成正比, 这个结论对其他的简谐振动 (经典范围内) 也是适用的. 振幅 A 由初始条件决定, 实际上就是由起始时刻系统的总能量所决定, 所以我们可以这样说, 振幅反映了振动系统总能量的大小, 或者说反映了振动的强度.

由式 (6-17) 和式 (6-19) 可求弹簧振子的势能和动能在一个周期内对时间的平均值. 根据对时间的平均值的定义可得

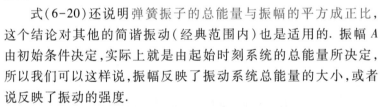

$$\overline{E}_p = \frac{1}{T}\int_0^T E_p \, dt = \frac{1}{T}\int_0^T \frac{1}{2}kA^2\cos^2(\omega t+\varphi)\,dt = \frac{1}{4}kA^2$$

$$\overline{E}_k = \frac{1}{T}\int_0^T E_k \, dt = \frac{1}{T}\int_0^T \frac{1}{2}kA^2\sin^2(\omega t+\varphi)\,dt = \frac{1}{4}kA^2$$

可见动能和势能的平均值相等, 都等于弹簧振子总能量的一半.

思考 两个相同的弹簧挂着不同的物体, 当它们以相同的振幅作简谐振动时, 振动的能量是否相同?

例 6-4

一个质量为 0.1 kg 的物体,以 0.01 m 的振幅作简谐振动,最大加速度为 0.04 m·s^{-2},求:

(1)振动的周期;

(2)总能量;

(3)物体的动能和势能相等时的位置;

(4)位移等于振幅的一半时,动能和势能之比.

解 (1)简谐振动时物体的加速度 $a=-\omega^2 A\cos(\omega t+\varphi)$,所以有

$$a_m=\omega^2 A, \quad \omega=\sqrt{\frac{a_m}{A}}$$

得

$$T=\frac{2\pi}{\omega}=2\pi\sqrt{\frac{A}{a_m}}=2\pi\sqrt{\frac{0.01}{0.04}}\ \text{s}\approx 3.14\ \text{s}$$

(2)总能量

$$E=\frac{1}{2}m\omega^2 A^2=\frac{1}{2}ma_m A=\frac{1}{2}\times 0.1\times 0.04\times 0.01\ \text{J}$$
$$=2.0\times 10^{-5}\ \text{J}$$

(3)设物体在位移为 x 时动能和势能相等,则由 $E_p=\frac{1}{2}E$ 和 $E_p=\frac{1}{2}kx^2$ 可得

$$x=\pm\sqrt{\frac{E}{k}}$$

根据

$$k=m\omega^2=m\frac{a_m}{A}$$

可得

$$x=\pm\sqrt{\frac{AE}{ma_m}}=\pm\sqrt{\frac{0.01\times 2.0\times 10^{-5}}{0.1\times 0.04}}\ \text{m}\approx\pm 7.1\times 10^{-3}\ \text{m}$$

(4)已知 $x=\frac{1}{2}A$,得

$$E_p=\frac{1}{2}kx^2=\frac{1}{2}k\left(\frac{1}{2}A\right)^2=\frac{1}{8}kA^2$$
$$E_k=E-E_p=\frac{1}{2}kA^2-\frac{1}{8}kA^2=\frac{3}{8}kA^2$$

动能和势能之比 $\dfrac{E_k}{E_p}=3$

6.3 旋转矢量法

简谐振动除了用运动方程和振动曲线来描述以外,还有一种很直观、很方便的描述方法,称为旋转矢量表示法.

如图 6-7 所示,自 Ox 轴的原点 O 作一矢量 A,矢量的模等于振幅 A,使矢量 A 在平面内绕 O 点作逆时针方向的匀速转动,其角速度的数值等于简谐振动的角频率 ω,这个矢量 A 就称为旋转矢量. 设在 $t=0$ 时,矢量 A 与 x 轴之间的夹角为 φ,等于简谐振动的初相. 经过时间 t,矢量 A 与 x 轴之间的夹角变为 $\omega t+\varphi$,等于简谐振动在 t 时刻的相位. 此时矢量 A 的末端 M 在 x 轴上的投影点 P 的坐标为

$$x=A\cos(\omega t+\varphi)$$

这与式(6-1)所表示的简谐振动的运动方程相同. 可见,匀速旋

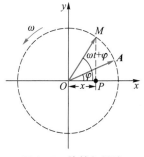

图 6-7 旋转矢量法

转的矢量 A,其端点 M 在 x 轴上的投影点 P 的运动是简谐振动.
在矢量 A 的转动过程中,M 点作匀速圆周运动,对应的圆周叫参
考圆,故旋转矢量法又称参考圆法.

　　旋转矢量表示法把描述简谐振动的三个特征量非常直观
地表示出来了.矢量 A 的长度即振动的振幅 A,矢量 A 的旋转
角速度就是振动的角频率 ω,$t=0$ 时矢量 A 与 x 轴的夹角就
是初相位 φ,任意时刻矢量 A 与 x 轴的夹角就是振动的相位
$\omega t+\varphi$.旋转矢量 A 的某一特定位置对应简谐振动系统的一个
运动状态.旋转矢量 A 转过一周所需的时间就是简谐振动的
周期.

　　利用旋转矢量图,可以很容易地表示两个简谐振动的相位
差.用两个旋转矢量分别表示两个频率相同但初相不同的简谐振
动,它们的相位差就是两个旋转矢量之间的夹角.在下面的例题
中我们可以看到,利用旋转矢量图,可以方便地求得简谐振动的
相位或初相位.

例 6-5

两个振动系统的振动曲线分别如图 6-8(a)、(b)所示,试列出相应的简谐振动的运动方程.

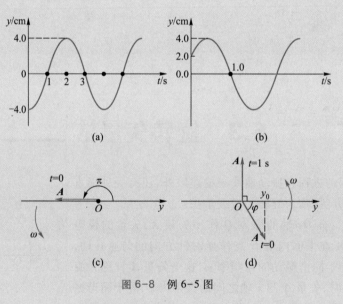

图 6-8　例 6-5 图

解　(1) 对图(a),振幅 $A = 4$ cm,周期 $T = 4$ s,则角频率 $\omega = \dfrac{2\pi}{T} = \dfrac{\pi}{2}$ rad·s^{-1}. 当 $t = 0$ 时,振子位于 $-A$ 处,且沿 y 轴正方向运动,由图(c)所示的旋转矢量图可知,初相位 $\varphi = \pm\pi$,故其运动方程为

$$y = 0.04\cos\left(\frac{\pi}{2}t \pm \pi\right) \text{(SI 单位)}$$

　　(2) 对图(b),作旋转矢量图如图(d)所示,其中 $A = 4$ cm. 当 $t = 0$ 时,$y_0 = 2$ cm,振子位于 $A/2$ 处并沿 y 轴正方向运动,可知初相位为 $\varphi = -\dfrac{\pi}{3}$. 当 $t =$

1 s 时,$y_1 = 0$,振子位于平衡位置并将沿 y 轴负方向运动,由图(d)可知

$$\omega t - \frac{\pi}{3} = \frac{\pi}{2}$$

则

$$\omega = \frac{\pi}{2} + \frac{\pi}{3} = \frac{5\pi}{6} \text{ rad·s}^{-1}$$

故其运动方程为

$$y = 0.04\cos\left(\frac{5\pi}{6}t - \frac{\pi}{3}\right) \text{(SI 单位)}$$

例 6-6

质点沿 x 轴作简谐振动,振幅为 12 cm,周期为 2 s. 当 $t = 0$ 时,$x_0 = 6$ cm,且向 x 轴正方向运动. 求:

(1) 简谐振动的运动方程;

(2) $t = 0.5$ s 时质点的位置、速度和加速度;

(3) 质点从 $x = -6$ cm 向 x 轴负方向运动,到第一次回到平衡位置所需要的时间.

解　(1) 简谐振动运动方程的标准形式为

$$x = A\cos(\omega t + \varphi)$$

已知 $A = 0.12$ m,而 $\omega = \dfrac{2\pi}{T} = \pi$ rad·s^{-1},初相 φ 则根据初始条件由旋转矢量法来确定. 如图 6-9 所示,满足 $x_0 = 0.06$ m 的有 P 点和 Q 点两个位置,但是只有 P 点在 x 轴的投影向 x 轴正方向运动的,故旋转矢量应在 P 点处,由几何关系可知

$$\cos\varphi = \frac{1}{2}$$

则

$$\varphi = -\frac{\pi}{3}$$

故其运动方程为

$$x = 0.12\cos\left(\pi t - \frac{\pi}{3}\right) \text{(SI 单位)}$$

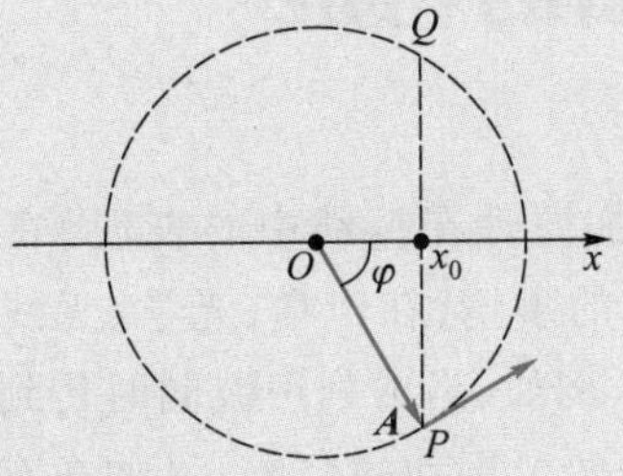

(2) 将所求得的运动方程对 t 求导,得

$$v = \frac{\mathrm{d}x}{\mathrm{d}t} = -0.12\pi\sin\left(\pi t - \frac{\pi}{3}\right) \text{(SI 单位)}$$

$$a = \frac{\mathrm{d}v}{\mathrm{d}t} = -0.12\pi^2\cos\left(\pi t - \frac{\pi}{3}\right) \text{(SI 单位)}$$

以 $t = 0.5$ s 代入,可得此时物体的位移、速度及加速度分别为

$$x = 0.104 \text{ m}, \quad v = -0.188 \text{ m/s}, \quad a = -1.03 \text{ m/s}^2$$

(3) 由"$x = -6$ cm 向 x 轴负方向运动"可知,这一运动状态对应的旋转矢量位置如图 6-10 所示,其旋转矢量与 Ox 轴的夹角为 $\dfrac{2\pi}{3}$,旋转矢量逆时针转动到与 Ox 轴的夹角等于 $\dfrac{3\pi}{2}$ 时,物体第一次回到平衡位置. 此过程中,旋转矢量转过的角度为

图 6-9　例 6-6(1)图

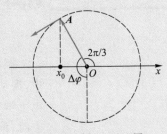

图 6-10　例 6-6(3)图

$$\Delta\varphi = \frac{3\pi}{2} - \frac{2\pi}{3} = \frac{5\pi}{6}$$

由于转动角速度是 $\omega = \pi\ \text{rad}\cdot\text{s}^{-1}$，所以

$$\Delta t = \frac{\Delta\varphi}{\omega} = 0.83\ \text{s}$$

例 6-7

已知两振动的 x-t 曲线如图 6-11(a)所示，分别写出它们的表达式，并求它们的相位差.

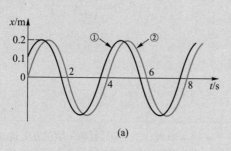
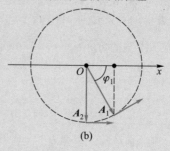

图 6-11　例 6-7 图

解　由图可知，两振动的振幅均为 $A = 0.2\ \text{m}$，周期均为 $T = 4\ \text{s}$，则角频率为

$$\omega = \frac{2\pi}{T} = \frac{\pi}{2}\ \text{rad}\cdot\text{s}^{-1}$$

由振动①的曲线可以看出 $t = 0$ 时，$x_0 = 0.1\ \text{m}$，$v_0 > 0$，与此状态相对应的旋转矢量为如图 6-11(b)所示的 A_1，因此初相位为

$$\varphi_1 = -\frac{\pi}{3}$$

由振动②的曲线可以看出 $t = 0$ 时，$x_0 = 0$，$v_0 > 0$，与此状态相对应的旋转矢量为如图 6-11(b)所示的 A_2，

因此初相位为

$$\varphi_2 = -\frac{\pi}{2}$$

因此，两振动的运动方程分别为

$$x_1 = 0.2\cos\left(\frac{\pi}{2}t - \frac{\pi}{3}\right)\ (\text{SI 单位})$$

$$x_2 = 0.2\cos\left(\frac{\pi}{2}t - \frac{\pi}{2}\right)\ (\text{SI 单位})$$

两振动的相位差为

$$\Delta\varphi = -\frac{\pi}{2} - \left(-\frac{\pi}{3}\right) = -\frac{\pi}{6}$$

6.4　简谐振动的合成

　　振动的合成是运动叠加原理在振动中的表现. 在实际问题中，振动的合成是经常发生的事情，在声学、光学、无线电技术与电工学中有着广泛的应用. 例如，当两列声波同时传到空间某一点时，该处质点的运动就是两个振动的合成. 又如在有弹簧支撑的车厢中，人坐在车厢的弹簧座垫上，当车厢振动时，人便同时参

与了车厢的振动和弹簧座垫的振动. 一般的振动合成问题比较复杂,本节讨论几种简单情况下的简谐振动的合成.

6.4.1　两个同方向同频率简谐振动的合成

设两个简谐振动的方向均为 x 方向,它们的角频率都是 ω,振幅分别为 A_1 和 A_2,初相分别为 φ_1 和 φ_2,则它们的运动方程分别为

$$x_1 = A_1\cos(\omega t + \varphi_1)$$
$$x_2 = A_2\cos(\omega t + \varphi_2)$$

在任意时刻合振动的位移为两个分振动位移的代数和,即

$$x = x_1 + x_2$$

虽然可用三角函数公式求合成结果,但用旋转矢量法求合振动的位移将更加直观简便.

如图 6-12 所示,两个分振动的旋转矢量分别为 A_1 和 A_2. 当 $t=0$ 时,它们与 x 轴的夹角分别为 φ_1 和 φ_2,在 x 轴上的投影分别为 x_1 和 x_2. A_1 与 A_2 的合矢量为 A,而 A 在 x 轴上的投影 $x = x_1 + x_2$,可见,A 是合振动的旋转矢量. 又因为 A_1、A_2 以相同的角速度 ω 匀速转动,所以在转动过程中平行四边形的形状保持不变,因而合矢量 A 的长度保持不变,并以相同的角速度 ω 匀速转动,其端点在 x 轴上的投影点也在作同方向同频率的简谐振动. 因此,两个同方向同频率的简谐振动合成之后仍为同方向同频率的简谐振动,其合振动的运动方程为

$$x = A\cos(\omega t + \varphi)$$

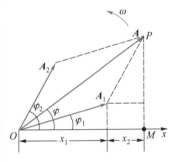

图 6-12　振动合成矢量图

参照图 6-12 可由余弦定理求得合振动的振幅为

$$A = \sqrt{A_1^2 + A_2^2 + 2A_1 A_2\cos(\varphi_2 - \varphi_1)} \tag{6-21}$$

由直角三角形 OMP 可求得合振动的初相 φ 应满足

$$\tan\varphi = \frac{A_1\sin\varphi_1 + A_2\sin\varphi_2}{A_1\cos\varphi_1 + A_2\cos\varphi_2} \tag{6-22}$$

从式(6-21)可以看出,合振幅不仅与两分振动的振幅有关,还与两者的初相差有关. 下面我们讨论两个特例:

(1)当两个振动同相位时,即

$$\Delta\varphi = \varphi_2 - \varphi_1 = 2k\pi, \quad k = 0, \pm1, \pm2, \cdots$$

有
$$A = \sqrt{A_1^2 + A_2^2 + 2A_1A_2} = A_1 + A_2$$

此时合振幅最大,合成结果相互加强.

（2）当两分振动相位相反时,即

$$\Delta\varphi = \varphi_2 - \varphi_1 = (2k+1)\pi, \quad k = 0, \pm1, \pm2, \cdots$$

有
$$A = \sqrt{A_1^2 + A_2^2 - 2A_1A_2} = |A_1 - A_2|$$

此时合振幅最小,合成结果相互减弱. 如果 $A_1 = A_2$,则 $A = 0$,就是说两个等幅而反相的简谐振动的合成将使质点处于静止状态.

这种用旋转矢量法求简谐振动合成的方法,可以推广到 N 个简谐振动的合成.

例 6-8

两个频率和振幅都相同的简谐振动,其 x-t 关系曲线如图 6-13（a）所示,求:

（1）两个简谐振动的相位差;

（2）两个简谐振动合振动的运动方程.

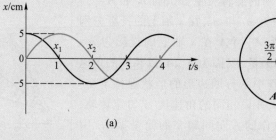

(a)　　　　　　　　(b)

图 6-13　例 6-8 图

解　由振动曲线知,$A_1 = A_2 = 5$ cm,$T = 4$ s,$\omega = \dfrac{\pi}{2}$ rad·s^{-1}.

（1）作旋转矢量图,如图 6-13（b）所示,由该图可判定两分振动的初相分别为

$$\varphi_{10} = 0, \quad \varphi_{20} = \frac{3}{2}\pi$$

两简谐振动的相位差为

$$\Delta\varphi = \varphi_{20} - \varphi_{10} = \frac{3}{2}\pi - 0 = \frac{3}{2}\pi$$

（2）根据旋转矢量图可知,合振动的振幅

$$A = \sqrt{A_1^2 + A_2^2} = \sqrt{5^2 + 5^2} \text{ cm} = 5\sqrt{2} \text{ cm}$$

合振动的初相

$$\varphi_0 = \arctan\frac{y}{x} = \arctan\left(-\frac{A_2}{A_1}\right) = -\frac{\pi}{4}$$

合振动的角频率与分振动的角频率相同,即

$$\omega = \frac{\pi}{2} \text{ rad·s}^{-1}$$

故合振动的运动方程为

$$x = 5\sqrt{2}\cos\left(\frac{\pi}{2}t - \frac{\pi}{4}\right)$$

式中 x 的单位为 cm,t 的单位为 s.

例 6-9

有两个同方向同频率的简谐振动,其合振动的振幅为 20 cm,合振动的相位与第一个振动的相位之差为 30°,若第一个振动的振幅为 17.3 cm,求第二个振动的振幅及两个振动的相位差.

解　根据已知条件可以画出分振动与合振动的旋转矢量关系图,如图 6-14 所示. 由余弦定理可以求出第二个振动的振幅为

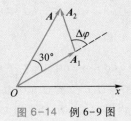

图 6-14　例 6-9 图

$$A_2 = \sqrt{A^2 + A_1^2 - 2AA_1\cos 30°}$$
$$= \sqrt{20^2 + 17.3^2 - 2 \times 20 \times 17.3\cos 30°}\ \text{cm}$$
$$= 10\ \text{cm}$$

再根据正弦定理有

$$\frac{\sin 30°}{A_2} = \frac{\sin \Delta\varphi}{A}$$

解得

$$\sin \Delta\varphi = \frac{\sin 30°}{10} \times 20 = 1$$

则两振动的相位差为

$$\Delta\varphi = \frac{\pi}{2}$$

例 6-10

已知两个同方向的简谐振动:

$$x_1 = 2\cos(6t + \pi), \quad x_2 = 2\sqrt{3}\cos\left(6t + \frac{\pi}{2}\right)$$

其中 x 的单位为 cm,t 的单位为 s.

(1) 求它们的合振动表达式;

(2) 另有一同方向的简谐振动:$x_3 = 5\cos(6t + \varphi_3)$,其中 x 的单位为 cm,t 的单位为 s. 问 φ_3 为何值时,$x_1 + x_3$ 的振幅最大? 问 φ_3 为何值时,$x_2 + x_3$ 的振幅最小?

解　(1) 由已知条件可知,初始时刻 x_1 和 x_2 所对应的旋转矢量 A_1 和 A_2 的位置如图 6-15 所示,则它们的合矢量 A 的大小即为合振动的振幅:

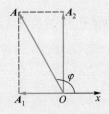

图 6-15　例 6-10 图

$$A = \sqrt{A_1^2 + A_2^2} = \sqrt{2^2 + (2\sqrt{3})^2}\ \text{cm} = 4\ \text{cm}$$

合矢量 A 与 x 轴的夹角即合振动的初相:

$$\varphi = \pi - \arctan\frac{2\sqrt{3}}{2} = \frac{2\pi}{3}$$

则合振动表达式为

$$x = 4\cos\left(6t + \frac{2\pi}{3}\right)$$

其中 x 的单位为 cm,t 的单位为 s.

(2) 若使 $x_1 + x_3$ 的振幅最大,则要求同一时刻 x_1 和 x_3 所对应的旋转矢量方向相同,即

$$\varphi_3 = \varphi_1 = \pi$$

若使 $x_2 + x_3$ 的振幅最小,则要求同一时刻 x_2 和 x_3 所对应的旋转矢量方向相反,即

$$\varphi_3 - \varphi_2 = \pi$$
$$\varphi_3 = \varphi_2 + \pi = \frac{3}{2}\pi$$

例 6-11

若有 N 个同方向、同频率的简谐振动,它们的振幅相等,初相分别为 $0,\delta,2\delta,\cdots,(N-1)\delta$,依次差一个常量 δ,这 N 个振动依次为

$$x_1 = a\cos\omega t$$
$$x_2 = a\cos(\omega t+\delta)$$
$$x_3 = a\cos(\omega t+2\delta)$$
$$\cdots\cdots\cdots\cdots$$
$$x_N = a\cos[\omega t+(N-1)\delta]$$

求合振动的运动方程.

解 采用旋转矢量法,每个振动对应的旋转矢量分别为 $a_1, a_2, \cdots, a_N$,将这 N 个矢量首尾相接,如图 6-16 所示,从矢量 a_1 的起点指向矢量 a_N 的终点的矢量 A 即为这 N 个矢量的合矢量,也就是与合振动相对应的旋转矢量,矢量 A 的模即为合振动的振幅,而它与 x 轴的夹角即为合振动的初相位 φ,合振动仍为同方相同频率的简谐振动.

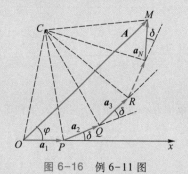

图 6-16　例 6-11 图

为了计算 A,我们先分别作 $\angle OPQ$ 和 $\angle PQR$ 的角平分线交于 C 点,由于 $\angle CPQ = \angle CQP$,因此 $\triangle CPQ$ 为等腰三角形,故 $CP = CQ$. 又由于 $\triangle COP$ 与 $\triangle CPQ$ 是全等三角形,则 $CO = CP$. 依此类推,可以

证明 $CO = CP = CQ = \cdots = CM$,因此,矢量 $a_1, a_2, \cdots, a_N$ 的始末端都在以 C 为圆心,CO 为半径的圆周上,即各矢量内接于一个圆. 由图可知,$\angle OCP = \delta$,则 $\angle OCM = N\delta$. 由几何关系可以求得合振动的振幅为

$$A = 2|OC|\sin\frac{N\delta}{2} = a\sin\frac{N\delta}{2}\Big/\sin\frac{\delta}{2}$$

合振动的初相为

$$\varphi = \angle MOP = \angle COP - \angle COM = \frac{N-1}{2}\delta$$

因此合振动的运动方程为

$$x = a\frac{\sin\dfrac{N\delta}{2}}{\sin\dfrac{\delta}{2}}\cos\left[\omega t+\frac{(N-1)}{2}\delta\right] \qquad (6-23)$$

由 A 的表达式可以看出,当 $\delta = 2k\pi, k = 0, \pm1, \pm2, \cdots$ 时,$A = Na$,合振动的振幅最大;当 $\sin\dfrac{N\delta}{2} = 0$,而 $\sin\dfrac{\delta}{2} \neq 0$ 时,即当 $\delta = \dfrac{2k\pi}{N}, k = 1, 2, \cdots, N-1, N+1, \cdots$ 时,$A = 0$,合振动的振幅最小.

6.4.2　两个同方向不同频率简谐振动的合成拍

如果两个简谐振动的振动方向相同而频率不同,那么它们的

合振动虽然仍与原来的振动方向相同,但不再是简谐振动.下面先用解析法对其合成作定量的讨论.

为了使问题简化,我们假设两简谐振动的振幅都是 A,初相都为 φ,它们的运动方程可分别写成

$$x_1 = A\cos(2\pi\nu_1 t+\varphi)$$
$$x_2 = A\cos(2\pi\nu_2 t+\varphi)$$

运用三角函数的和差化积公式可得合振动的表达式为

$$x = x_1+x_2 = A\cos(2\pi\nu_1 t+\varphi)+A\cos(2\pi\nu_2 t+\varphi)$$
$$= 2A\cos\left(2\pi\frac{\nu_2-\nu_1}{2}t\right)\cos\left(2\pi\frac{\nu_2+\nu_1}{2}t+\varphi\right)$$

上式不符合简谐振动的定义,所以合振动不再是简谐振动.但当两个分振动的频率都较大而其差很小时,即 $(\nu_2-\nu_1)\ll\nu_2,\nu_1$(假设 $\nu_2>\nu_1$),其合振动可近似看成振幅随时间缓慢变化的简谐振动.这是因为:在合振动表达式中有两个周期性变化的因子,即 $\cos\left(2\pi\frac{\nu_2-\nu_1}{2}t\right)$ 和 $\cos\left(2\pi\frac{\nu_2+\nu_1}{2}t+\varphi\right)$,前者的变化频率比后者小得多.我们就把 $2A\cos\left(2\pi\frac{\nu_2-\nu_1}{2}t\right)$ 的绝对值看成振幅项,这样振幅就随时间变化,且具有周期性,表现出振动忽强忽弱的现象,如图 6-17 所示.

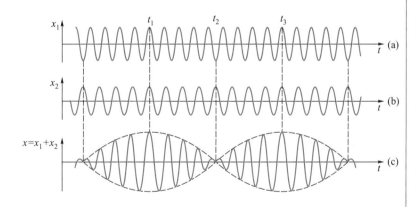

图 6-17　两个同方向不同频率的简谐振动的合成

我们把两个频率都很大,但频率之差却很小的两个同方向简谐振动合成所产生的合振动的振幅周期性变化的现象叫做拍,而将合振幅变化的频率称为拍频.由于余弦函数的绝对值以 π 为周期,所以,振幅 $\left|2A\cos 2\pi\frac{\nu_2-\nu_1}{2}t\right|$ 变化的频率为

$$\nu = \nu_2 - \nu_1 \qquad (6-24)$$

即拍频等于两个分振动频率之差.

　　拍现象也可以用旋转矢量法来形象地说明,由于 A_1 和 A_2 的角速度不同,它们之间的夹角就要随时间改变,它们的合矢量的长度(即合振动的振幅)也将随时间变化.设 A_2 比 A_1 转得快,单位时间内 A_2 比 A_1 多转 $\nu_2 - \nu_1$ 圈,因而两个矢量恰好重合(合振动加强)与恰好反向(合振动减弱)的次数都是 $\nu_2 - \nu_1$ 次,所以拍频等于 $\nu_2 - \nu_1$.

　　可用演示实验来证实拍现象.敲击两个频率之差很小的音叉,就会听到声音时高时低的嗡嗡之音,叫做"拍音".

　　拍是一种很重要的现象,它在声学、电磁振荡和无线电技术中都有广泛的应用.例如若已知一个高频振动的频率,使之与另一频率相近但未知的振动叠加,通过测量拍频,我们就可以进行未知频率的测量.在无线电技术中,调幅、调频以提高传输信号的能力,也是利用了拍的规律.拍现象还广泛应用于速度测量、地面卫星跟踪等技术领域.

6.5　阻尼振动　受迫振动　共振

　　前几节讨论的简谐振动过程中系统的机械能是守恒的,因而振幅不随时间变化,即物体只在弹性力或准弹性力的作用下,永不停止地以不变的振幅振动下去,所以简谐振动属于等幅振动.这是一种理想的情况,称为无阻尼自由振动.实际上,任何振动系统都会受到阻力的作用,系统的能量将因不断克服阻力做功而损耗,振幅将逐渐减小,这种振幅随时间减小的振动称为阻尼振动.为了获得所需的稳定振动,必须克服阻力的影响而对系统施以周期性外力作用,这种振动称为受迫振动.当周期性外力的频率正好等于系统的固有频率时,受迫振动的振幅达到最大值,这种现象称为共振.本节将讨论这几种情况.

6.5.1　阻尼振动

　　由于系统能量的损失,阻尼振动的振幅会不断地减小,所以它是减幅振动.通常振动系统的能量损失的原因有两种:一种是摩擦阻力的作用,称为摩擦阻尼;另一种是振动能量向四周辐射出去,称为辐射阻尼. 在下面的讨论中,我们仅考虑摩擦阻尼这一简单情况.

实验指出,当物体以不太大的速率在黏性介质中运动时,介质对物体的阻力与物体的运动速率成正比,方向与运动方向相反,即

$$F = -\gamma v = -\gamma \frac{\mathrm{d}x}{\mathrm{d}t}$$

式中比例系数 γ 叫做阻力系数,它与物体的形状、大小及介质的性质有关. 对弹簧振子,在弹性力及阻力的作用下,物体的运动方程为

$$m \frac{\mathrm{d}^2 x}{\mathrm{d}t^2} = -kx - \gamma \frac{\mathrm{d}x}{\mathrm{d}t}$$

令 $\omega_0^2 = \frac{k}{m}, 2\beta = \frac{\gamma}{m}$,这里 ω_0 为无阻尼时振子的固有频率,β 称为阻尼系数,代入上式后得

$$\frac{\mathrm{d}^2 x}{\mathrm{d}t^2} + 2\beta \frac{\mathrm{d}x}{\mathrm{d}t} + \omega_0^2 x = 0 \tag{6-25}$$

在阻尼作用较小,即 $\beta < \omega_0$ 时,微分方程式(6-25)的解为

$$x = A_0 \mathrm{e}^{-\beta t} \cos(\omega t + \varphi_0) \tag{6-26}$$

其中

$$\omega = \sqrt{\omega_0^2 - \beta^2} \tag{6-27}$$

式(6-26)为欠阻尼时阻尼振动的位移表达式,式中 A_0 和 φ_0 是由初始条件决定的两个积分常量. 振动曲线如图 6-18 所示.

从位移表达式可以看出,阻尼振动不是简谐振动,也不是严格的周期运动,因为位移显然不能恢复原值. 在欠阻尼的情况下,我们把式(6-26)中的 $A_0 \mathrm{e}^{-\beta t}$ 看作随时间变化的振幅,这样阻尼振动就看作振幅按指数规律衰减的准周期振动. 这时仍然把振动物体相继两次通过极大(或极小)位置所经历的时间叫做周期,那么阻尼振动的周期为

$$T = \frac{2\pi}{\omega} = \frac{2\pi}{\sqrt{\omega_0^2 - \beta^2}} \tag{6-28}$$

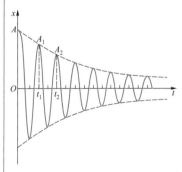

图 6-18　阻尼振动曲线

这就是说,阻尼振动的周期比振动系统的固有周期要长. 阻尼作用越大,振幅衰减得越快,振动越慢.

若阻尼过大,即 $\beta > \omega_0$ 时,式(6-26)不再是微分方程式(6-25)的解,式(6-25)的解为

$$x = c_1 \mathrm{e}^{-(\beta - \sqrt{\beta^2 - \omega_0^2})t} + c_2 \mathrm{e}^{-(\beta + \sqrt{\beta^2 - \omega_0^2})t} \tag{6-29}$$

此时物体不作往复运动,而是缓慢地回到平衡位置,以后便不再

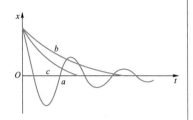

图 6-19 三种不同阻尼时的
振动曲线
a—欠阻尼; b—过阻尼;
c—临界阻尼

运动,这种情况称为过阻尼.

若阻尼作用满足 $\beta = \omega_0$ 时,微分方程式(6-25)的解为

$$x = (c_1 + c_2 t) e^{-\beta t} \qquad (6-30)$$

此时物体也不作往复运动,对应的是欠阻尼与过阻尼之间的临界情况,和过阻尼相比,物体从运动到静止在平衡位置所经历的时间最短,故称为临界阻尼. 如图 6-19 所示的是三种不同情况的振动曲线.

在实际应用中,常利用改变阻尼的方法来控制系统的振动情况. 例如,各类仪器的防震器大多采用一系列的阻尼装置. 在精密仪表中,为使人们能较快和较准确地进行读数,常使仪表指针的偏转系统处于电磁阻尼的临界状态.

6.5.2 受迫振动

阻尼振动也称为减幅振动,要使有阻尼的振动系统维持等幅振动,必须给振动系统不断地补充能量. 如果对振动系统施加一个周期性的外力,其所发生的振动称为受迫振动. 这个周期性外力称为驱动力. 许多实际的振动属于受迫振动,如声波引起耳膜的振动、机器运转时引起基座的振动等.

为简单起见,假设驱动力取 $F = F_0 \cos \omega t$,ω 为驱动力的角频率,由于同时受到弹性力和阻力的作用,物体受迫振动的运动方程为

$$m \frac{d^2 x}{dt^2} = -kx - \gamma \frac{dx}{dt} + F_0 \cos \omega t$$

令 $\omega_0^2 = \dfrac{k}{m}$,$2\beta = \dfrac{\gamma}{m}$,$f_0 = \dfrac{F_0}{m}$,则上式可写成

$$\frac{d^2 x}{dt^2} + 2\beta \frac{dx}{dt} + \omega_0^2 x = f_0 \cos \omega t \qquad (6-31)$$

在阻尼较小的情况下,上述微分方程的解为

$$x = A_0 e^{-\beta t} \cos\left(\sqrt{\omega_0^2 - \beta^2}\, t + \varphi_0\right) + A \cos(\omega t + \varphi) \qquad (6-32)$$

此解表示,受迫振动是两个振动的合成. 解的第一项表示一个减幅振动,它随时间 t 增加很快衰减;而第二项则表示一个稳定的等幅振动. 经过一段时间后,第一项衰减到可忽略不计,所以受迫振动稳定时的振动表达式为

$$x = A \cos(\omega t + \varphi) \qquad (6-33)$$

式中 A 为稳态受迫振动的振幅, φ 为稳态受迫振动与驱动力的相位差. 将式(6-33)代入式(6-31)可求得

$$A = \frac{f_0}{\sqrt{(\omega_0^2 - \omega^2)^2 + 4\beta^2\omega^2}} \qquad (6-34)$$

$$\varphi = \arctan \frac{-2\beta\omega}{\omega_0^2 - \omega^2} \qquad (6-35)$$

需要指出的是, 受迫振动的角频率不是振子的固有角频率, 而是驱动力的角频率; A 和 φ 均与初始条件无关, 而与驱动力的频率、幅值 F_0 及阻尼等因素有关.

6.5.3　共振

在稳定状态下, 受迫振动的位移振幅随驱动力的角频率而改变, 其变化情况如图 6-20 所示, 当驱动力的频率为某一特定值时, 振幅达到最大值.

由式(6-34)利用求极值的方法可得振幅达到极大值时对应的角频率为

$$\omega_r = \sqrt{\omega_0^2 - 2\beta^2} \qquad (6-36)$$

振幅的最大值为

$$A_r = \frac{f_0}{2\beta\sqrt{\omega_0^2 - \beta^2}} \qquad (6-37)$$

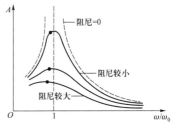

图 6-20　位移共振曲线

可见, 在阻尼很小($\beta \ll \omega_0$)的情况下, 若驱动力的频率近似等于振动系统的固有频率, 位移振幅将达到最大值, 我们把这种现象称为位移共振.

用类似的方法可以分析受迫振动时的速度振动, 当驱动力的频率正好等于系统固有频率时, 速度振幅达到最大值, 称之为速度共振. 在小阻尼的情况下, 二者结论相同, 可不加区分.

由式(6-33)可知, 受迫振动速度的最大值(速度振幅)为

$$v_m = A\omega = \frac{f_0\omega}{\sqrt{(\omega_0^2 - \omega^2)^2 + 4\beta^2\omega^2}}$$

当 $\omega = \omega_0$ 时, 由式(6-35)可得 $\varphi = -\frac{\pi}{2}$, 即位移振动的相位落后驱动力的相位的值为 $\frac{\pi}{2}$, 而速度振动的相位超前位移振动的相

位的值也为 $\dfrac{\pi}{2}$,故速度振动与驱动力同相. 因此,从能量观点容易理解共振现象. 因为两者同相,驱动力总是对系统做正功,系统得到最大限度的能量补充,所以产生共振.

共振有利有弊. 共振时,通常系统的振幅很大,振动剧烈,在工程技术中,这常常带来一些不利影响,如在机械加工时,共振会影响加工精度,飞机机翼处于共振状态将会折断等,我们常用 1940 年 7 月 1 日美国塔科马(Tacoma)大桥的坍塌(图 6-21)来说明共振的危害性. 因此在设计振动系统时,包括高层建筑、各种运动机械和设备、精密实验系统等,都必须避开可能发生的共振. 主要方法有调整系统的固有频率,加大阻力以限制振幅,在系统中加吸振隔振材料或相关设备.

图 6-21　坍塌的塔科马大桥

共振也有其有利的一面,如利用共振可以提高乐器的音响效果. 又如收音机、电视机通过调谐使机内调谐电路的频率与某电台发射的电磁波频率重合发生共振,此时,电路从这个台吸收能量最大,这样人们就能从众多电台中选择出感兴趣的电台,并清晰地听到、看到该电台的节目. 再比如各种分子的振动都有确定的固有频率,当有连续谱的电磁波入射到某种物质上时,频率与该物质中分子固有频率相同的波段的电磁能量将被共振吸收,用这样的方法可测定分子的转动能谱,研究分子的结构等.

本章提要

1. 简谐振动的运动学方程

$$x = A\cos(\omega t + \varphi)$$

2. 描述简谐振动的三个特征量

(1) 振幅 A:决定于振动系统的能量;

(2) 角频率 ω:决定于振动系统的性质;

(3) 初相位 φ:决定于振动的初始条件;振动的相位:$\omega t + \varphi$;两个同频振动的相差

$$\Delta\varphi = (\omega t + \varphi_2) - (\omega t + \varphi_1) = \varphi_2 - \varphi_1$$

同相 $\Delta\varphi = 2k\pi$,反相 $\Delta\varphi = (2k+1)\pi$.

3. 简谐振动的速度与加速度

$$v = \frac{\mathrm{d}x}{\mathrm{d}t} = -A\omega\sin(\omega t + \varphi) = A\omega\cos\left(\omega t + \varphi + \frac{\pi}{2}\right)$$

令 $v_m = \omega A$,称为速度振幅.

$$a = \frac{\mathrm{d}v}{\mathrm{d}t} = -A\omega^2\cos(\omega t + \varphi) = A\omega^2\cos(\omega t + \varphi + \pi)$$

令 $a_m = \omega^2 A$ 称为加速度振幅.

4. 简谐振动的特征方程

$$\frac{\mathrm{d}^2 x}{\mathrm{d}t^2} + \omega^2 x = 0$$

(1) 线性回复力

$$F = -kx$$

$$\omega = \sqrt{\frac{k}{m}}, \quad T = 2\pi\sqrt{\frac{m}{k}}$$

(2) 初始条件决定振幅和初相

$$A = \sqrt{x_0^2 + \left(\frac{v_0}{\omega}\right)^2}, \quad \varphi = \arctan\left(-\frac{v_0}{\omega x_0}\right)$$

5. 简谐运动的能量

简谐运动的动能:

$$E_k = \frac{1}{2}mv^2 = \frac{1}{2}m\omega^2 A^2 \sin^2(\omega t + \varphi), \quad \omega = \sqrt{\frac{k}{m}}$$

简谐运动的势能:

$$E_p = \frac{1}{2}kx^2 = \frac{1}{2}kA^2\cos^2(\omega t+\varphi)$$

简谐运动的总能量： $E = E_k + E_p = \frac{1}{2}kA^2$

简谐运动的动能和势能都在随时间作周期性变化，总能量在振动过程中保持不变，它与振幅的平方成正比。

6. 旋转矢量法

矢量 A 的长度即振动的振幅 A，矢量 A 的旋转角速度就是振动的角频率 ω，$t=0$ 时矢量 A 与 x 轴的夹角就是初相位 φ，任意时刻矢量 A 与 x 轴的夹角就是振动的相位 $\omega t + \varphi$。旋转矢量 A 的某一特定位置对应简谐振动系统的一个运动状态。旋转矢量 A 转过一周所需时间就是简谐振动的周期。用 x 表示 A 在坐标系 x 轴上的投影，得：$x = A\cos(\omega t + \varphi)$，即匀速转动的矢量的端点在 x 轴上的投影为简谐振动。

7. 简谐运动的合成

（1）两个同方向同频率简谐振动的合成

若质点在一直线上同时进行两个简谐运动，它们的振动表达式分别为

$$x_1 = A_1\cos(\omega t + \varphi_1)$$
$$x_2 = A_2\cos(\omega t + \varphi_2)$$

则合成后仍为简谐振动：$x = A\cos(\omega t + \varphi)$，其中

$$A = \sqrt{A_1^2 + A_2^2 + 2A_1A_2\cos(\varphi_2 - \varphi_1)}$$
$$\tan\varphi = \frac{A_1\sin\varphi_1 + A_2\sin\varphi_2}{A_1\cos\varphi_1 + A_2\cos\varphi_2}$$

两种常用的情况是（常用于波的干涉分析）：

① 当相位差 $\Delta\varphi = \varphi_2 - \varphi_1 = \pm 2k\pi$（$k=0,1,2,3,\cdots$）时，合振幅最大：$A = A_1 + A_2$；

② 当相位差 $\Delta\varphi = \varphi_2 - \varphi_1 = \pm(2k+1)\pi$（$k=0,1,2,3,\cdots$）时，合振幅最小：$A = |A_1 - A_2|$。

（2）两个同方向不同频率简谐振动的合成拍

合振动的表达式为

$$x = x_1 + x_2 = A\cos(2\pi\nu_1 t + \varphi) + A\cos(2\pi\nu_2 t + \varphi)$$
$$= 2A\cos\left(2\pi\frac{\nu_2 - \nu_1}{2}t\right)\cos\left(2\pi\frac{\nu_2 + \nu_1}{2}t + \varphi\right)$$

上式不符合简谐振动的定义，所以合振动不再是简谐振动。但当两个分振动的频率都较大而其差很小，即 $\nu_2 - \nu_1 \ll \nu_2, \nu_1$ 时，其合振动可看成振幅随时间缓慢变化的近似简谐振动。

两分振动的频率都很大而频率差很小时，产生拍现象。拍频等于两个分振动的频率差。

8. 阻尼振动、受迫振动和共振

（1）阻尼振动

特征：振子除受回复力 $F = -kx$ 作用外，还受到一较小阻力 $F_{阻} = -\gamma v$ 的作用，由牛顿第二定律可得

$$\frac{d^2x}{dt^2} + 2\beta\frac{dx}{dt} + \omega_0^2 x = 0$$

其中系数均为常量，$2\beta = \frac{\gamma}{m}$，$\omega_0^2 = \frac{k}{m}$，$\gamma$ 称为阻力系数，β 称为阻尼系数。

在欠阻尼情况下，振动形式表现为振幅随时间衰减的准周期振动，阻尼振动的振幅：$A = A_0 e^{-\beta t}$。

（2）受迫振动

特征：振子除受回复力 $F = -kx$ 和阻力 $F_{阻} = -\gamma v$ 的作用外，还受到一个周期性外力 $F = F_0\cos\omega t$ 的作用。根据牛顿第二定律可得

$$\frac{d^2x}{dt^2} + 2\beta\frac{dx}{dt} + \omega_0^2 x = f_0\cos\omega t$$

式中 $f_0 = \frac{F_0}{m}$。当受迫振动系统处于稳定的振动状态时，其振动频率等于周期性驱动力的频率。

（3）共振

当驱动力的频率等于振动系统的固有频率时发生共振现象。共振时受迫振动的振幅出现最大值，满足出现共振现象的驱动力的频率叫做共振频率，其值为

$$\omega = \sqrt{\omega_0^2 - 2\beta^2}$$

共振时受迫振动的振幅为

$$A = \frac{f_0}{2\beta\sqrt{\omega_0^2 - \beta^2}}$$

习题

6-1 如习题 6-1 图所示,一个质点作简谐振动,振幅为 A,在起始时刻质点的位移为 $-\dfrac{A}{2}$,且向 x 轴正方向运动,代表此简谐振动的旋转矢量为 （ ）

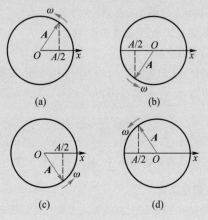

(a) (b)

(c) (d)

习题 6-1 图

6-2 已知某简谐振动的振动曲线如习题 6-2 图所示,则此简谐振动的运动方程(x 的单位为 cm,t 的单位为 s)为 （ ）

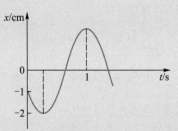

习题 6-2 图

(A) $x = 2\cos\left(\dfrac{2}{3}\pi t - \dfrac{2}{3}\pi\right)$

(B) $x = 2\cos\left(\dfrac{2}{3}\pi t + \dfrac{2}{3}\pi\right)$

(C) $x = 2\cos\left(\dfrac{4}{3}\pi t - \dfrac{2}{3}\pi\right)$

(D) $x = 2\cos\left(\dfrac{4}{3}\pi t + \dfrac{2}{3}\pi\right)$

6-3 两个同周期简谐振动的振动曲线如习题 6-3 图所示,x_1 的相位比 x_2 的相位 （ ）

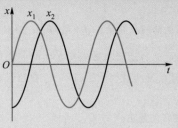

习题 6-3 图

(A) 落后 $\dfrac{\pi}{2}$ (B) 超前 $\dfrac{\pi}{2}$

(C) 落后 π (D) 超前 π

6-4 当质点以频率 ν 作简谐振动时,它的动能的振动频率为 （ ）

(A) $\dfrac{\nu}{2}$ (B) ν

(C) 2ν (D) 4ν

6-5 如习题 6-5 图所示的是两个简谐振动的振动曲线,若这两个简谐振动可叠加,则合成的余弦振动的初相位为 （ ）

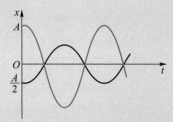

习题 6-5 图

(A) $\dfrac{3\pi}{2}$ (B) $\dfrac{\pi}{2}$

(C) π (D) 0

6-6 一个质点作简谐振动 $x = 6\cos(100\pi t + 0.7\pi)$,式中 x 的单位为 cm,t 的单位为 s. 某时刻它在 $x = 3\sqrt{2}$ cm 处,且向 x 轴负向运动,它要重新回到该位置至少需要经历的时间为 （ ）

(A) $\dfrac{1}{100}$ s (B) $\dfrac{3}{200}$ s

(C) $\dfrac{1}{50}$ s (D) $\dfrac{3}{50}$ s

6-7　一个弹簧振子作简谐振动,当其偏离平衡位置的位移的大小为振幅的 1/4 时,其动能为振动总能量的　　　　　　　　　　　　　　　（　　）

(A) 9/16　　　　　　　　(B) 11/16

(C) 13/16　　　　　　　(D) 15/16

6-8　一个物体同时参与同一直线上的两个简谐振动:

$$y_1 = 0.05\cos\left(4\pi t + \frac{1}{3}\pi\right)\ (\text{SI 单位})$$

$$y_2 = 0.03\cos\left(4\pi t - \frac{2}{3}\pi\right)\ (\text{SI 单位})$$

则合成振动的振幅为　　　　　　　　　　（　　）

(A) 0.02 m　　　　　　(B) 0.04 m

(C) 0.08 m　　　　　　(D) 0

6-9　弹簧振子作简谐振动时,如果它的振幅增为原来的 2 倍,而频率减为原来的一半,那么,振子的总机械能将　　　　　　　　　　　　　（　　）

(A) 不变　　　　　　　(B) 减为原来的一半

(C) 增为原来的 2 倍　　(D) 增为原来的 4 倍

6-10　四个同方向、同频率、振幅为 1 cm 的简谐振动,若相位依次相差 $\frac{\pi}{2}$,则它们的合振幅为（　　）

(A) 16 cm　　　　　　(B) 8 cm

(C) 0　　　　　　　　(D) 4 cm

6-11　一个质点沿 x 轴作简谐振动,振动范围的中心点为 x 轴的原点. 已知周期为 T,振幅为 A.

(1) 若 $t = 0$ 时质点过 $x = 0$ 处且朝 x 轴正方向运动,则运动方程为　　　　　　.

(2) 当 $t = 0$ 时质点过 $x = \frac{1}{2}A$ 处且朝 x 轴负方向运动,则运动方程为　　　　　　.

6-12　两个同方向同频率的简谐振动,其振动表达式分别为

$$x_1 = 6 \times 10^{-2}\cos\left(5t + \frac{1}{2}\pi\right)\ (\text{SI 单位})$$

$$x_2 = 2 \times 10^{-2}\cos\left(\pi - 5t - \frac{\pi}{2}\right)\ (\text{SI 单位})$$

则它们的合振动的振幅为　　　,合振动的初相为　　　.

6-13　一个简谐振动的 x-t 曲线如习题 6-13 图所示,则此振动的振幅 $A =$ _____,角频率 $\omega =$ _____,初相位 $\varphi_0 =$ _____,运动方程 $x =$ _____,速度振幅 $v_m =$ _____,加速度振幅 $a_m =$ _____,$t = 3$ s 时的相位为 _____.

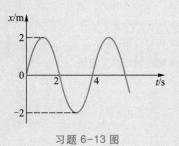

习题 6-13 图

6-14　两个同方向同频率的简谐振动,其合振动的振幅为 20 cm,合振动与第一个简谐振动的相位差为 $\varphi - \varphi_1 = \pi/6$. 若第一个简谐振动的振幅为 $10\sqrt{3}$ cm = 17.3 cm,则第二个简谐振动的振幅为 _____ cm,第一、第二个简谐振动的相位差 $\varphi_1 - \varphi_2 =$ _____.

6-15　一个物块悬挂在弹簧下方作简谐振动,当这物块的位移等于振幅的一半时,其动能是总能量的 _____ (设平衡位置处势能为零). 当这物块在平衡位置时,弹簧的长度比原长长 Δl,这一振动系统的周期为 _____.

6-16　质量为 m 的物体在光滑的水平面上作简谐振动,振幅是 12 cm,在距平衡位置 6 cm 处速度的大小是 24 cm/s,求:

(1) 振动周期 T;

(2) 当速度的大小是 12 cm/s 时的位移的大小.

6-17　物体作简谐振动,其运动方程为 $x = 6.0\cos\left(3\pi t + \frac{\pi}{3}\right)$,式中 x 的单位为 cm,t 的单位为 s. 试求在 $t = 1$ s 时,物体的:

(1) 位移;

(2) 速度;

(3) 加速度;

(4) 相位.

6-18　某物体作简谐振动,试问它经过以下路程所需的时间各为周期的几分之几:

(1) 由平衡位置到最大位移处;

(2) 这段路程的前半程;

(3) 这段路程的后半程.

6-19　一个简谐振动的 x-t 曲线如习题 6-19 图所示,试求其初位相,及在 a、b、c、d、e、f 各点对应的相位,并画出相应的旋转矢量图.

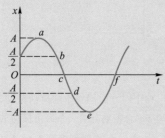

习题 6-19 图

6-20　弹簧振子中,小球沿 x 轴作简谐振动,振幅为 0.12 m,周期为 2 s.当 $t=0$ 时,位移为 6×10^{-2} m,且向 x 轴正方向运动.求:

(1) 振动的初相;

(2) 运动方程;

(3) $t=0.5$ s 时小球的位置和速度.

6-21　一物体沿 x 轴作简谐振动,振幅为 0.06 m,周期为 2 s,当 $t=0$ 时,位移为 0.03 m,且向 x 轴正方向运动,求:(1)初相位;(2)$t=0.5$ s 时,物体的位移、速度和加速度;(3)从 $x=-0.03$ m,且向 x 轴负方向运动这一状态回到平衡位置所需的时间.

6-22　如习题 6-22 图所示,一个质点在 x 轴上作简谐振动,选取该质点向右通过 A 点的时刻作为计时零点,经 2 s 后质点第一次经过 B 点,再经过 2 s 后质点第二次经过 B 点,若已知质点在 A、B 两点的速度大小相等,且 $|AB|=10$ cm.求:

(1) 质点的运动方程;

(2) 质点在 A 点处的速度大小.

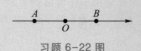

习题 6-22 图

6-23　有一振动系统,按 $x=0.05\cos\left(10\pi t+\dfrac{\pi}{4}\right)$(SI 单位)的规律作简谐振动,试分别画出位移、速度、加速度与时间的关系曲线.

6-24　一质点作简谐振动,周期 $T=2.0$ s,在 t_1 时刻位移为 $x_1=3.0$ cm.当相位增大一倍时,质点的位移为 $x_2=6.0$ cm.求:

(1) 该振动的振幅;

(2) 质点通过平衡位置时的速度及 t_1 时刻的加速度.

6-25　两质点同在 x 轴上作简谐振动,振幅均为 A,周期均为 1.5 s,相位差为 $\dfrac{\pi}{6}$,当超前的质点出发 0.5 s 后,落后的质点正好位于 $x=A$ 处.

(1) 写出两质点的运动方程;

(2) 这时它们相隔多远?

(3) 超前的质点还需要多少时间经过平衡位置?

6-26　质量为 5×10^{-3} kg 的质点作周期为 6 s,振幅 4×10^{-2} m 的简谐振动,设 $t=0$ 时质点恰好在平衡位置向负方向运动.求 $t=2$ s 时质点的动能和势能.

6-27　两个同方向同频率的简谐振动,振幅分别为 $A_1=0.05$ m 和 $A_2=0.07$ m,其合振动的振幅为 $A=0.09$ m.试求两振动的相位差.

6-28　一个质点同时参与两个同方向的简谐振动,其运动方程分别为

$$x_1=5\times10^{-2}\cos\left(4t+\dfrac{\pi}{3}\right)\text{(SI 单位)}$$

$$x_2=3\times10^{-2}\sin\left(4t-\dfrac{\pi}{6}\right)\text{(SI 单位)}$$

画出两振动的旋转矢量图,并求合振动的运动方程.

6-29　一个质点同时参与三个同方向同频率的简谐振动,它们的运动方程分别为

$$x_1 = A\cos\omega t$$

$$x_2 = A\cos\left(\omega t + \frac{\pi}{3}\right)$$

$$x_3 = A\cos\left(\omega t + \frac{2}{3}\pi\right)$$

试用旋转矢量法求合振动的振幅和初相位.

6-30　如习题 6-30 图所示为两个简谐振动的振动曲线. 若以余弦函数表示这两个振动的合振动,求合振动的运动方程.

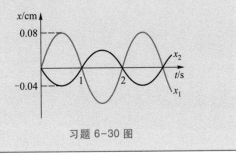

习题 6-30 图

第 6 章习题答案

第 二 篇

经 典 波

周期振动的状态在空间的传播形成物质的波动,经典波是一种区别于周期振动的物质运动形式.经典波包含机械波和电磁波.机械振动在弹性介质中的传播形成机械波,电磁振荡在真空或介质中的传播形成电磁波.不同类型波的物理本质虽然不同,但它们具有一些共同的特征和规律.例如,它们都有一定的传播速度,都伴随着能量的传播,都具有空间、时间上的周期性;还遵从叠加原理,有干涉、衍射现象等,干涉、衍射是物质波动性的表现.

近代物理揭示出微观粒子的运动也具有与上述性质相似的特性,称为物质波.微观粒子的物质波与经典波有明显的区别.微观粒子具有波粒二象性,波动性和粒子性相互统一,而经典物体粒子性与波动性相互独立,这是近代物理与经典物理的本质区别之一.本篇主要讨论机械波和光波的基本规律.

第7章 机 械 波

第6章我们研究了简谐振动的特征及规律,本章研究振动状态的传播过程——波动,简称波,波动是自然界中物质运动的一种很普遍的形式. 激发波动的振动系统称为波源,在日常生活中有很多波动的例子,按照波动的性质,通常将其分为两大类:一类是机械振动在弹性介质中的传播过程,称为机械波,如水波、声波(常指频率介于 20~20 000 Hz 的可闻声波,频率小于 20 Hz 的称为次声波,超过 20 000 Hz 的称为超声波)都属于机械波;另一类是变化的电场和变化的磁场在空间的传播过程,称为电磁波,如无线电波、光波、X 射线、γ 射线等都属于电磁波. 虽然机械波和电磁波在本质上不同,各有其特殊的传播规律和性质,但是它们都具有波动的共同特征,如机械波和电磁波都具有一定的传播速度,都伴随着能量的传播,都能产生反射、折射、干涉和衍射等现象. 本章主要讨论机械波的传播规律,其中许多规律也同样适用于电磁波.

7.1 机械波的产生和传播

7.1.1 机械波的产生和传播

1. 弹性介质模型

机械波必须在弹性介质中传播,显然这里需要构造一个新的物理模型——弹性介质. 若某物体在外力作用下产生形变,当外力去掉之后,物体能迅速恢复到受力前的形状和大小,物体的这种性质称为弹性,无限多个质点(也称为质元)相互之间通过弹性恢复力联系在一起的连续介质称为弹性介质,它可以是固体、液体或气体. 与弹性相对应的是塑性,若某物体在外力的作用下产生形变,当外力去掉之后,物体仍保持形变后的某种形态,不能恢复其原状,则称该物体具有塑性.

2. 机械波的产生条件

机械波如何在弹性介质中传播呢？在弹性介质中,各质点之间是以弹性力相互联系着的,如果介质中有一个质点 A,因受外界扰动而离开平衡位置,A 点周围的质点就将对 A 作用一个弹性力来对抗这一扰动,使 A 回到平衡位置,并在其平衡位置附近振动. 与此同时,当 A 偏离其平衡位置时,A 点周围的质点也受到 A 的弹力,于是周围质点也离开各自的平衡位置,并使周围质点对其相邻的质点施以弹性力,从而使弹性介质中的质点,在弹性力作用下,由近及远逐渐振动起来. 也就是说,在弹性力的作用下,介质中一个质点的振动引起邻近质点的振动,邻近质点的振动又引起较远质点的振动,于是振动就以一定的速度由近及远地向各个方向传播出去,形成波动.

如图 7-1 所示为一根绷紧的绳子,一个人手拿绳子的一端不断地上下抖动,绳子上各部分质点就依次上下振动起来,使绳子上产生一列波,这列波是怎样传播的呢？很明显,绳子本身并没有沿传播方向平移,各部分仅是在各自的平衡位置附近上下振动,绳子就是一个典型的弹性介质模型. 把绳子看成是由若干个质点 1,2,3,… 所构成,相邻质点间的相互作用力为弹性力,好似一个弹簧一样. 当质点 1 被向上扰动(人抖动它)时,它将给质点 2 以弹性力 ky 的作用,并带动它也向上运动(即相对位置发生变化),就这样,质点 2 带动质点 3 振动,质点 3 带动质点 4 振动……振动就从波源开始,由近及远传播出去,形成了波,因此,所谓波传到某点,实际上是表明该点在前一个质点的作用下开始振动了. 我们会看到一个接一个的波形沿着绳子向另一端传播,由于波形会向前行走,通常称这种波动为行波,如音叉振动时,引起周围空气的振动,此振动在空气中的传播称为声波.

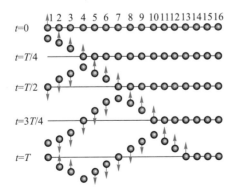

图 7-1　波的形成

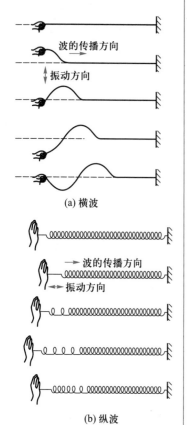

(a) 横波

(b) 纵波

图 7-2 横波和纵波的形成

图 7-3 水波

由此可见,机械波的产生必须依赖两个条件:

(1)波源,即要有作机械振动的物体.如声带、乐器、电话机的膜片等都属于波源.

(2)弹性介质,要有能够传播这种机械振动的弹性介质.只有通过弹性介质中各质点的相互作用,才可能把机械振动向外传播出去.如空气是传播振动的弹性介质.

3. 机械波的分类

按照质点的振动和波的传播方向之间的关系,机械波可分为横波和纵波.若质点的振动方向与波的传播方向相互垂直,这种波称为横波.如图 7-2(a)所示,当手不停地上下抖动时,波源的振动状态就以一定的速度向外传播出去,所形成的波峰与波谷交替出现的这种波即为横波.

若质点的振动方向与波的传播方向相互平行,这种波称为纵波.如图 7-2(b)所示,将一根长弹簧水平放置,弹簧的右端固定,在其左端沿水平方向把弹簧左右推拉,使该端左右振动时,就可以看到波源左右振动的状态沿着长弹簧的各个环节从该端向右方传播出去,弹簧的各部分呈现出由左向右移动、疏部与密部交替出现的波形图,这种波即为纵波.在空气中传播的声波也是纵波.

横波和纵波是波的两种基本类型,有一些波既不是纯粹的横波,也不是纯粹的纵波,如图 7-3 所示的水波就是一个典型例子.在水面上,当波通过时,水中质点的运动既有上下运动,也有前后运动,每个质点有一椭圆形轨迹(浅水中)或圆形轨迹(深水中).

至此,我们对机械波的传播特征作如下概括:

(1)波动仅是振动状态的传播过程.弹性介质中各质点只负责将波源的振动状态沿传播方向传递出去,但每个质点或者说整个质点并不随波发生整体移动,它们仍在各自平衡位置附近振动.

(2)波动具有一定的方向性.弹性介质中各质点的振动是有先后顺序的,离波源近的质点先振动起来,在弹性力的作用下,带动较远的质点振动,逐渐将波源的振动状态传播出去.

(3)波传播具有一定的速度并伴随着能量的传播.振动状态的传播速度称为波速(也叫相速),应该注意区别波速与质点的振动速度,这是两个完全不同的概念,不要把两者混淆起来.有关波速下面会详细讲述.

思考　什么是振动？什么是波动？振动与波动的区别？

7.1.2　波的几何描述

为了形象地描述波在空间传播的特征和传播规律,下面介绍描述波传播特征时常用的两个基本的几何概念.

1. 波线

从波源出发沿各个传播方向的射线,称为波线或波射线,它表示波的传播方向和传播路径,如图 7-4 所示.通常所说的"光线"就是指光波的波线.

2. 波阵面

波阵面也称为波面,它是从波源发出的振动,经过相同传播时间而到达的各点所连成的面,显然,同一波阵面上各点的振动相位是相同的,这样,我们就可以用波阵面的推进来阐述波的传播面貌了.波阵面有无数个,某时刻处于前沿的波阵面称为波前.在各向同性(即沿各个方向的传播速度相同)的介质中,波线总是与波阵面垂直.

波阵面有不同的几何形状.如果波阵面是一系列同心球面,我们就把它称为球面波.如从点波源发出的声波和从点光源发出的光波,在各向同性的均匀介质中传播时,就是一种球面波,如图 7-4(a)所示.如果波阵面是平行平面,就称它为平面波.如从点波源发出的球面波中,在远离点波源处取一个不大的波阵面,可以近似地看作平面波,照射到地球表面的太阳光波,就是这样一种近似的平面波,如图 7-4(b)所示.

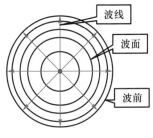

(a) 球面波

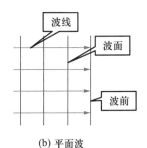

(b) 平面波

图 7-4　波线及波阵面

7.1.3　描述波的特征物理量

一般来说,介质中各个质点的振动情况是很复杂的,由此产生的波动也很复杂,当波源作简谐振动时,介质中各质点也作简谐振动,产生的波动称为简谐波(也称正弦波或余弦波).这种情况只发生在各向同性、均匀、无限大、无吸收的连续弹性介质中,简谐波是一种最简单、最基本的波,可以证明,其他任何复杂的波均是由简谐波合成的,所以本章主要讨论简谐波的特征和规律.

下面介绍几个描述简谐波传播时常用的物理量.

1. 波长 λ

简谐波传播时,同一波线上两个相邻的、相位差为 2π 的质点,振动的步调恰好是一致的,我们把它们之间的距离称为波长(即一个完整波形的长度),用 λ 表示. 在横波的情形下,波长 λ 等于两相邻波峰之间或两相邻波谷之间的距离,如图 7-5 所示;而对于纵波,波长 λ 等于两相邻密部中心之间或两相邻疏部中心之间的距离.

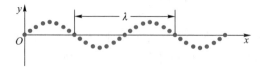

图 7-5　横波波长的表示

2. 波的周期 T 和频率 ν

波向前传播一个波长所经历的时间,叫做波的周期,用 T 表示,周期的倒数叫做波的频率,用 ν 表示,即 $\nu = 1/T$. 所谓波的频率,是指波源每作一次完整的振动,波动便沿波线传出一个完整的波形(即传播一个波长的距离),所以波的周期(或频率)也就是波源以及介质中各质点的振动周期(或频率),它们与介质无关. 因此,波的周期 T、频率 ν 和角频率 ω(也叫圆频率)有如下的关系:

$$\omega = 2\pi\nu = \frac{2\pi}{T} \tag{7-1}$$

3. 波速 u

振动状态的传播速度,称为波速(也叫相速),用 u 表示,它表示波形传播的速度,当然也是振动相位沿波线传播的速度. 所以波速 u、波长 λ、周期 T、频率 ν 之间有如下关系:

$$u = \frac{\lambda}{T} \tag{7-2}$$

或

$$u = \lambda\nu \tag{7-3}$$

根据式(7-1)和式(7-2),由于波的频率就是波源振动的频率,而波速由介质的性质决定,故当某一特定频率的波在不同介质中传播时,频率不变,其波长将会发生改变.

波速的大小主要与介质有关,介质不同,波速是不相同的,具体地说,波速决定于介质的密度和弹性模量. 下面我们先对弹性模量作一简单的说明.

　　思考　波速和质点的振动速度是同一概念吗?

当受到外力作用时,物体的形状或体积都会发生或大或小的变化,即物体发生形变.当外力不太大时,所引起的形变也不太大,去掉外力,形状或体积都能复原,这个外力的限度称为弹性限度,在弹性限度内的形变称为弹性形变.下面讨论形变的几种基本形式.

（1）线变

如图 7-6(a)所示,设长为 l,截面积为 S 的固体,在外力 F 作用下,其长度的变化量为 Δl,我们把物体单位垂直截面上所受到的外力 F/S 叫做正应力,物体长度的相对变化量 $\Delta l/l$ 叫做线应变.在弹性限度范围内,由胡克定律给出两者之间的线性关系为

$$\frac{F}{S} = E\frac{\Delta l}{l} \qquad (7\text{-}4)$$

式中与材料性质有关的比例系数 E 叫做杨氏模量.

（2）切变

如图 7-6(b)所示,当物体受到与其侧面平行的切向力作用时会产生形变,这种形变称为切变.外力 F 与施力截面 S 之比叫做切应力,而反映材料切向形变的量 $\Delta d/D$ 称为切应变,切应力和切应变成正比,有

$$\frac{F}{S} = G\frac{\Delta d}{D} \qquad (7\text{-}5)$$

式中,比例系数 G 为切变模量.

（3）体变

如图 7-6(c)所示,物体周围受到的压强改变时,其体积的相对变化量为 $\Delta V/V$,称为体应变,体应变与压强的变化量 Δp 之间的简单关系为

$$\Delta p = -K\frac{\Delta V}{V} \qquad (7\text{-}6)$$

式中,比例系数 K 称为体积模量,也是由材料性质决定的常量,式中负号表示压强增大(减小)时体积缩小(增大),这样 K 总取正值.

在流体(液体、气体)中只有体变弹性,在液体和气体内部就只能传播与体变有关的弹性纵波,其波速为

$$u = \sqrt{\frac{K}{\rho}} \qquad (7\text{-}7)$$

式中,K 为流体的体积模量,ρ 为流体的密度.

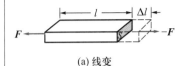

(a) 线变

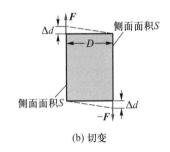

(b) 切变

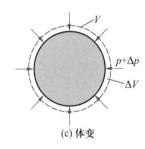

(c) 体变

图 7-6　几种弹性形变示意图

对于理想气体,若把波的传播过程视为绝热过程,则由分子动理论及热力学方程可导出理想气体中的声速公式为

$$u = \sqrt{\frac{\gamma p}{\rho}} = \sqrt{\frac{\gamma RT}{M}} \tag{7-8}$$

式中,γ 为气体的摩尔热容比,p 为气体的压强,ρ 为气体的密度,T 为气体的热力学温度,M 为气体的摩尔质量.

例如空气的 $\gamma = 1.40$,在标准状况下的声速为

$$u = \sqrt{\frac{1.40 \times 1.013 \times 10^5}{1.293}} \ \text{m/s} \approx 331 \ \text{m/s}$$

液体的表面可出现由重力和表面张力所引起的表面波,这是一种由纵波和横波叠加的波,传播速度决定于重力加速度和表面张力系数,液体表面波的波速为

$$u = \sqrt{\left(\frac{g\lambda}{2\pi} + \frac{2\pi\sigma}{\rho\lambda}\right) \text{th}\left(\frac{2\pi h}{\lambda}\right)} \tag{7-9}$$

其中 h 为液体的深度,λ 为波长,σ 是表面张力系数,ρ 为液体的密度,g 是重力加速度,th 是双曲正切函数. 若不考虑表面张力,对于水深 $h \ll \lambda$ 的浅水波,有

$$u_{浅水} = \sqrt{gh} \tag{7-10}$$

对于深水波,有

$$u_{深水} = \sqrt{\frac{g\lambda}{2\pi}} \tag{7-11}$$

固体中能够产生切变、体变和线变等各种弹性形变,所以在固体中既能传播与切变有关的横波,又能传播与体变或线变有关的纵波,在同一固体介质中,横波与纵波的波速也是不同的. 横波的波速 u_t 和纵波的波速 u_l 可分别用下面两式表示:

$$u_t = \sqrt{\frac{G}{\rho}} \tag{7-12}$$

$$u_l = \sqrt{\frac{E}{\rho}} \tag{7-13}$$

式中,E 为固体的杨氏模量,G 为固体的切变模量.

由于 G 总是小于 E,因此 $u_t < u_l$. 弹性理论告诉我们,在无限大的各向同性的均匀固体介质中,式(7-13)只是近似表达式,仅当纵波在细长棒中沿棒的长度方向传播时,该式才是准确的.

柔软绳索和弦线中传播的横波,其波速还与张力 F_T 和线密度 ρ_l 有关,即

$$u_t = \sqrt{\frac{F_T}{\rho_l}} \qquad\qquad (7-14)$$

应当注意：

（1）波速和质点的振动速度是两个截然不同的概念。波速 u 是振动状态的传播速度，仅与介质有关，与波源无关；而质点的振动速度 v 是振动位移对时间的导数，即 $v = \dfrac{\partial y}{\partial t}$，与波源的性质有关。

（2）在讨论波的传播时，曾假设介质是连续的，因为当波长远大于介质分子之间的距离时，介质中一个波长的距离内，有无数个分子在陆续振动，宏观上看介质就像是连续的。如果设想波长小到等于或小于分子间距离的数量级时，我们就不能再认为介质是连续的，这时介质也就不能传播波了，频率极高时，波长极小，因此波在给定介质中的传播，存在一个频率上限，高度真空中，分子间的距离极大，不能传播声波，就是这个原因。

7.1.4　波动曲线

根据波的传播特征，我们可以形象地用波形图来描述它。所谓波形图就是以振动量（如质点偏离平衡位置的位移）为纵坐标，以波的传播方向上各质点的平衡位置为横坐标所绘制的曲线。图 7-7 展示了一列简谐波在 t 和 $t+\Delta t$ 两时刻的波动曲线。

波动曲线主要能够给我们提供以下重要信息：

（1）告诉我们任意时刻 t，在波的传播方向上，介质中各质点偏离平衡位置的位移情况。我们把如图 7-7 所示的曲线 1 用质点来表示，重新绘制，就可得到如图 7-8 所示的波动曲线。它清楚地表示了各质点偏离平衡位置的位移情况，所以波动曲线相当于在波的传播过程中的某时刻 t 所拍摄的照片；同时，图 7-7 分别表示了 t 与 $t+\Delta t$ 时刻的波动曲线，显然，波动曲线还反映了波形在向前传播这一特点。

（2）反映相位关系。波动曲线不仅告诉我们各质点的位移情况，而且告诉我们各质点的相位关系。如图 7-8 所示，P、Q 两点的位移均为零，都处在平衡位置，但是它们的运动方向不同，因此相位是不同的。根据波传播的特征，波沿 x 轴正方向传播，对 P 点

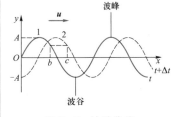

图 7-7　波动曲线

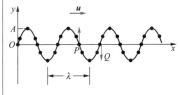

图 7-8　t 时刻各质点的位移

而言,它的运动是受前一个质点牵制的,此时前一个质点的位置,就是 P 点下一时刻的位置,因此,P 点的运动方向向上,同理,Q 点的运动方向向下,即它们的相位分别为 $-\dfrac{\pi}{2}$ 和 $+\dfrac{\pi}{2}$,通常说 P 点的相位比 Q 点的相位超前 π.

从图 7-7 还可以看出,曲线 2 上 c 点的相位与曲线 1 上 b 点的相位相同,这表明,相位也沿波速方向传播,因此"波形在传播"的实质是"相位在传播".

(3)直接或间接地告诉我们波的特征量,如振幅、波速以及波长.

应当注意:波动曲线和振动曲线的区别.

(1)坐标轴不同. 波动曲线的横坐标表示不同质点的平衡位置,用 x 表示,纵坐标表示不同质点偏离平衡位置的位移,用 y 表示;振动曲线的横坐标表示时刻,用 t 表示,纵坐标表示质点偏离平衡位置的位移,用 y 或 x 表示.

(2)物理意义不同. 波动曲线描述的是在某一时刻,大量质点偏离平衡位置的位移;振动曲线描述的是某一质点在不同时刻偏离平衡位置的位移.

例 7-1

已知 $t=0$ 时的波动曲线如图 7-9 所示,且 $\omega=\dfrac{\pi}{2}$ rad·s^{-1}. 试分别画出 O 点和 P 点的振动曲线.

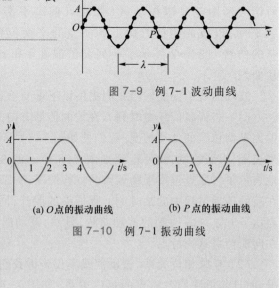

图 7-9　例 7-1 波动曲线

解　要作振动曲线,必须知道振幅 A、周期 T 以及初相位(即 $t=0$ 时的位置与运动方向). 从已知条件可知,A 可直接从图中得到;知道了 ω,就间接知道了 $T=2\pi/\omega=4$ s. 因此,只要从图中分别判断出 O、P 两点在 $t=0$ 时的位置和运动方向(即初相位),就可画出 O、P 两点的振动曲线,如图 7-10 所示.

在此,我们没有详细分析 O 点和 P 点的初相位情况,这是因为正文中已讨论过了. 请读者自己来检验一下学习效果,并且考虑一下,如果要画出其他点的振动曲线,或者反过来,知道了图7-10 的振动曲线,要求画出 $t=0$ 时的波动曲线,可以吗? 不妨自己试一试.

(a) O 点的振动曲线　　(b) P 点的振动曲线

图 7-10　例 7-1 振动曲线

思考　振动曲线与波动曲线的物理意义?

7.2　平面简谐波的波函数

7.2.1　平面简谐波的波函数

由前面的讨论我们知道,机械波是弹性介质内大量质点参与的一种集体运动形式,现在我们要定量地描述前进中的波动,亦即要用数学函数式描述介质中各质点的位移是怎样随着时间而变化的,若波是沿着 x 轴传播的,要描述这列波,就需知道在传播方向上 x 处的质点在任意时刻 t 偏离平衡位置的位移 y,即 $y(x,t)$,把这样一个描述波动的函数称为波函数(也称波动表达式).

当简谐波传播时,介质中各个质点都作简谐振动,若其波阵面为平面,就称该波为平面简谐波.平面简谐波是最简单、最基本的波,我们先讨论平面简谐波在理想的、无吸收的、无限大的、各向同性均匀介质中传播时的波动表达式.

如图 7-11 所示,平面简谐波在理想介质中传播时,介质中各个质点都作同一频率的简谐振动,但在任一时刻,各质点的振动相位一般不同,它们的位移也不相同,根据波阵面的定义可知,在任一时刻,处在同一波阵面上的各点具有相同的相位,所以在研究平面简谐波的传播规律时,只要讨论与波阵面垂直的任意一条波线上波的传播规律,就可以知道整个平面简谐波的传播规律.

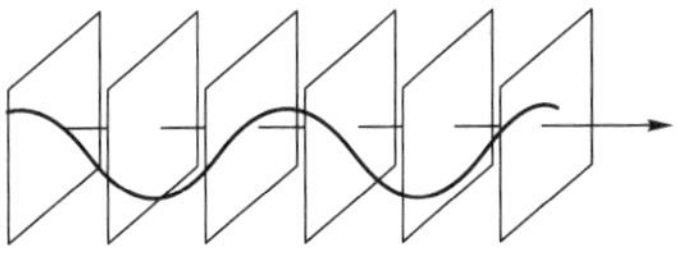

图 7-11　平面简谐波

如图 7-12 所示,设平面简谐波沿 x 轴正方向传播,波速为 u,取任意一条波线为 x 轴,在此波线上任取一点为坐标原点 O,则坐标原点 O 的振动方程为

$$y_0 = A\cos(\omega t + \varphi_0) \tag{7-15}$$

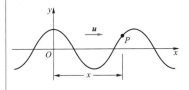

图 7-12　波函数的建立

式中,y_0 是 O 点处质点在 t 时刻离开其平衡位置的位移,由于波动是振动状态的传播过程,图 7-12 中振动在 O 点以波速 u 沿 x 轴正方向传播,现在讨论波线上另一任意点 P 处质点的振动情况. P 点与 O 点相距为 x,若波是在无吸收的、均匀的、无限大的、各向同性介质中传播,则 P 点处的质点将以相同的振幅和频率重复 O 点处质点的振动状态,但时间要晚一点,振动从 O 点传播到 P 点所需时间为 $\Delta t = \dfrac{x}{u}$,因而 P 点处的质点在 t 时刻偏离平衡位置的位移等于 O 点处的质点在 $\left(t - \dfrac{x}{u}\right)$ 时刻偏离平衡位置的位移,

即 $y_P(t) = y_O\left(t - \dfrac{x}{u}\right)$，则 P 点的振动方程为

$$y(x,t) = A\cos\left[\omega\left(t - \frac{x}{u}\right) + \varphi_0\right] \tag{7-16}$$

式(7-16)所表示的是波线上任意一点(距坐标原点为 x)处的质点在任意时刻 t 偏离平衡位置的位移,这个函数表达式就是沿 x 轴正方向传播的平面简谐波的波函数(也叫平面简谐波的波动表达式).

如果平面简谐波沿 x 轴负方向传播,那么 P 点处质点的振动在步调上要超前于 O 点处质点的振动,所以只要将式(7-16)中的负号变为正号即可得到相应的波函数,即 P 点的振动方程为

$$y(x,t) = A\cos\left[\omega\left(t + \frac{x}{u}\right) + \varphi_0\right] \tag{7-17}$$

考虑到 ω、T、ν、λ 之间的关系,可以将平面简谐波的波函数改写为多种形式:

$$y(x,t) = A\cos\left[2\pi\left(\frac{t}{T} \mp \frac{x}{\lambda}\right) + \varphi_0\right] \tag{7-18}$$

$$y(x,t) = A\cos\left[2\pi\left(\nu t \mp \frac{x}{\lambda}\right) + \varphi_0\right] \tag{7-19}$$

$$y(x,t) = A\cos(\omega t \mp kx + \varphi_0) \tag{7-20}$$

式中 $k = \dfrac{2\pi}{\lambda}$,称为角波数,表示单位长度上波的相位变化,它的数值等于 2π m 长度内所包含的完整波的个数.

思考 当 $\varphi_0 = 0$ 时,平面简谐波的波函数又将如何?

式(7-16)和式(7-17)是已知坐标原点的振动表达式求波函数,如图 7-13 所示,一列平面简谐波以波速 u 沿 x 轴正方向传播,已知 Q 点处质点的振动方程,Q 点不在坐标原点,而位于坐标原点左侧 l 处,则 Q 点与 P 点之间的距离为 $l+x$,此时平面简谐波的波函数为

$$y(x,t) = A\cos\left[\omega\left(t - \frac{x+l}{u}\right) + \varphi_0\right] \tag{7-21}$$

同理,已知 N 点处质点的振动方程,N 点不在坐标原点,N 点位于坐标原点的右侧,距坐标原点为 b,则平面简谐波的波函数为

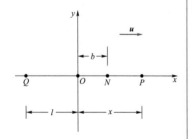

图 7-13 平面简谐波沿 x 轴正方向传播

$$y(x,t)=A\cos\left[\omega\left(t-\frac{x-b}{u}\right)+\varphi_0\right] \qquad (7-22)$$

如图 7-14 所示,当一列平面简谐波以波速 u 沿 x 轴负方向传播时,已知 Q 点处质点的振动方程,此时平面简谐波的波函数为

$$y(x,t)=A\cos\left[\omega\left(t+\frac{x+l}{u}\right)+\varphi_0\right] \qquad (7-23)$$

同理,已知 N 点处质点的振动方程,则平面简谐波的波函数为

$$y(x,t)=A\cos\left[\omega\left(t+\frac{x-b}{u}\right)+\varphi_0\right] \qquad (7-24)$$

应当注意:式(7-16)—式(7-24)中的"−"表示平面简谐波沿 x 轴正方向传播;"+"表示平面简谐波沿 x 轴负方向传播;对于横波,质点偏离平衡位置的位移 y 与波的传播方向 x 轴相互垂直,而对于纵波,质点偏离平衡位置的位移 y 沿 x 轴方向.

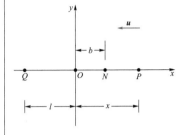

图 7-14　平面简谐波沿 x 轴负方向传播

7.2.2　波函数的物理意义

平面简谐波的波函数实质上就是波线上任一点的振动方程,这种振动属于稳态情况下的受迫振动. 因此,波动表达式中的振幅 A、圆频率 ω、周期 T、频率 ν 均取决于已知的振动方程,波速 u 以及波长 λ 与介质有关. 波线上任一点的振动速度、振动加速度由波动表达式(7-16)得出,即

$$v=\frac{\partial y}{\partial t}=-\omega A\sin\left[\omega\left(t-\frac{x}{u}\right)+\varphi_0\right] \qquad (7-25)$$

$$a=\frac{\partial^2 y}{\partial t^2}=-\omega^2 A\cos\left[\omega\left(t-\frac{x}{u}\right)+\varphi_0\right] \qquad (7-26)$$

需要指出:式(7-25)中的 v 是波线上任一点的振动速度,它是时间 t 的函数,而式中的 u 是波的传播速度,即相速,它与 t 无关,而与介质的种类有关,两者不能混淆.

式(7-26)是把 x 当作定值,将 y 对 t 求二阶偏导得出来的,现在把 t 看作定值,将 y 对 x 求二阶偏导数,得

$$\frac{\partial^2 y}{\partial x^2}=-\frac{\omega^2}{u^2}A\cos\left[\omega\left(t-\frac{x}{u}\right)+\varphi_0\right] \qquad (7-27)$$

比较式(7-26)和式(7-27),可知

$$\frac{\partial^2 y}{\partial x^2}=\frac{1}{u^2}\frac{\partial^2 y}{\partial t^2} \qquad (7-28)$$

这就是平面简谐波波函数的一般形式,也称为微分形式,而式(7-16)就是这个微分方程的特解,也称为积分形式.式(7-28)反映了一切平面波的共同特征,任何物理系统或者物理量,只要服从式(7-28)的运动规律,就可以肯定它是以波速 u 沿 x 轴方向传播的平面波.在电磁学中我们已经知道了电磁波,它是变化的电场 E 和变化的磁场 H 在空间的传播过程,它们的运动规律就满足这个方程,只要把 y 改为 E 或 H,把 u 改为光速 c 就可以了.麦克斯韦预见电磁波存在的理论依据就在于此.

平面简谐波的波函数中含有 x 和 t 两个自变量,也就是说,该函数反映了当波的三个特征量 A、ω、u 确定后,y 与 x、t 的函数关系,即

$$y=f(x,t) \qquad (7-29)$$

它是一个余弦(正弦)函数,在时间和空间上都具有周期性特征,下面分三种情况进行讨论(以沿 x 轴正向传播的平面简谐波为例):

1. x 给定的情况

当 $x=x_0$ 给定时,此时式(7-16)所示的平面简谐波的波函数中,只有一个变量 t,即 y 仅是时间 t 的函数,即 $y(t)$,所得函数为 x_0 处质点的振动方程,其振动曲线如图 7-15 所示,其简谐振动的周期为 T,频率为 ω,振动的初相位为 $-2\pi\dfrac{x_0}{\lambda}+\varphi_0$,可见离坐标原点 O 距离不同的各点,具有不同的振动初相位,与坐标原点 O 相比,x_0 处质点的振动在相位上落后,在沿波的传播方向上,各质点的振动相位依次落后,与 O 点相距分别是 x_1 和 x_2 的两点的相位差为

图 7-15　x_0 处质点的振动曲线

$$\Delta\varphi=\omega\left(t-\frac{x_1}{u}\right)-\omega\left(t-\frac{x_2}{u}\right)=\frac{2\pi}{\lambda}(x_2-x_1) \qquad (7-30)$$

由式(7-30)可知,当

$$x_2-x_1=k\lambda, \quad k=0,\pm1,\pm2,\pm3,\cdots$$

时,则

$$\Delta\varphi=2k\pi, \quad k=0,\pm1,\pm2,\pm3,\cdots$$

这说明,在任一时刻 t,这两点的位移和振动速度都是相同的,即这两点的振动相位相同,也就是说,相距为波长整数倍的两质点,具有相同的相位.当

$$x_2-x_1=(2k+1)\frac{\lambda}{2}, \quad k=0,\pm1,\pm2,\pm3,\cdots$$

时,则
$$\Delta\varphi = (2k+1)\pi, \quad k = 0, \pm 1, \pm 2, \pm 3, \cdots$$

这说明,在任一时刻 t,相距为半波长奇数倍的两质点,振动相位相反,即两质点的位移和振动速度大小相等,方向相反.

2. t 给定的情况

当 $t = t_0$ 给定时,此时式(7-16)所示的平面简谐波的波函数中,只有一个变量 x,即 y 仅是 x 的函数,它给出 t_0 时刻波线上各个不同质点的位移,得到波形曲线如图 7-16 所示,可以得出同一质点在相邻两个时刻的相位差为

$$\Delta\varphi = \omega(t_2 - t_1) = \frac{2\pi}{T}(t_2 - t_1) \tag{7-31}$$

式(7-31)反映了波函数在时间上的周期性.

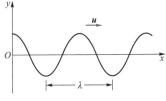

图 7-16 $t = t_0$ 时刻的波形图

3. 任意时刻,任意位置质点的振动情况

此时 x 和 t 都在发生变化,平面简谐波的波函数为

$$y(x, t) = A\cos\left[\omega\left(t - \frac{x}{u}\right) + \varphi_0\right]$$

此波函数表示波线上各个不同质点在不同时刻的位移,或更形象地说,这个波动表达式中包括了不同时刻的波形,即反映了波形的传播.图 7-17 分别给出了 t 时刻和 $t+\Delta t$ 时刻的波形图,反映了波动过程中波形的传播.

设 t 时刻,x 处质点的振动状态经过 Δt 的时间间隔,传播了 Δx 的距离,用波函数表示,即为

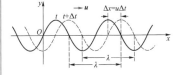

图 7-17 波形的传播

$$A\cos\left[\omega\left(t + \Delta t - \frac{x + \Delta x}{u}\right) + \varphi_0\right] = A\cos\left[\omega\left(t - \frac{x}{u}\right) + \varphi_0\right]$$

即
$$y(x + \Delta x, t + \Delta t) = y(x, t) \tag{7-32}$$

要想获得 $t+\Delta t$ 时刻的波形图,只要将 t 时刻的波形沿波的传播方向移动距离 $\Delta x = u\Delta t$,即可得到,故式(7-28)描述的波称为行波.

例 7-2

一横波沿绳子传播时的波动方程为
$$y = 0.05\cos(10\pi t - 4\pi x)$$
式中 x、y 的单位为 m,t 的单位为 s. 求:

(1) 此波的振幅、波速、频率和波长;

(2) 绳子上各质点振动的最大速度和最大加速度;

(3) $x = 0.2$ m 处的质点在 $t = 1$ s 时的相位,它等于原点处质点在哪一时刻的相位?

解 平面简谐波在弹性介质中传播时,介质中各质点作振动方向、振幅、频率都相同的简谐振动,振动的相位沿传播方向依次落后,以速度 u 传播,把绳中横波的表达式与标准的波动表达式相比较,便可得到波速、频率和波长的特征量.

(1) 将绳中横波的表达式

$$y = 0.05\cos(10\pi t - 4\pi x)$$

与标准波动表达式

$$y = A\cos\left(2\pi\nu t - 2\pi\frac{x}{\lambda} + \varphi_0\right)$$

比较可得

$$A = 0.05 \text{ m}, \quad \nu = 5 \text{ Hz}, \quad \lambda = 0.5 \text{ m}$$

并有

$$u = \lambda\nu = 2.5 \text{ m/s}, \quad \varphi_0 = 0$$

(2) 各质点振动的最大速度为

$$v_m = \omega A = 0.5\pi \text{ m/s} = 1.57 \text{ m/s}$$

各质点振动的最大加速度为

$$a_m = \omega^2 A = 5\pi^2 \text{ m/s}^2 = 49.3 \text{ m/s}^2$$

(3) $x = 0.2$ m 处质点在 $t = 1$ s 时的相位为

$$\varphi(0.2 \text{ m}, 1 \text{ s}) = 10\pi \times 1 - 4\pi \times 0.2 = 9.2\pi$$

设 t 时刻, $x = 0$ 处质点的振动相位与此相等,即有

$$\varphi(0, t) = 10\pi t - 4\pi \times 0 = 9.2\pi$$

则

$$t = 0.92 \text{ s}$$

例 7-3

已知一列平面简谐波的波动方程为

$$y = 0.02\cos\left[200\pi\left(t - \frac{x}{40}\right)\right] \text{ (SI 单位)}$$

试求:

(1) 振幅、波长、频率、周期、波速和角频率;

(2) 画出 $t = 0$ 和 0.0025 s 时的波形图.

解 (1) 已知波动方程,求各物理量,一般采用的方法是将给定的方程与标准的波动方程

$$y = A\cos\left[2\pi\nu\left(t - \frac{x}{u}\right)\right] = A\cos\left[2\pi\left(\frac{t}{T} - \frac{x}{\lambda}\right)\right]$$

相比较,按题意

$$y = 0.02\cos\left[200\pi\left(t - \frac{x}{40}\right)\right]$$

$$= 0.02\cos\left[2\pi\left(\frac{t}{0.01} - \frac{x}{0.4}\right)\right]$$

因此,此波是向 x 轴正方向传播的,比较可得

$$\omega = 200\pi \text{ rad} \cdot \text{s}^{-1}, \quad u = 40 \text{ m/s}, \quad \nu = 100 \text{ Hz}$$

$$T = 0.01 \text{ s}, \quad \lambda = 0.4 \text{ m}, \quad A = 0.02 \text{ m}$$

(2) 画出当 $t = 0$ 和 0.0025 s 时的波形图,可用不同的方法. 一种是求出这些时刻的 y-x 关系,然后逐点描绘. 另一种方法是从物理概念出发,根据已知参量,画出当 $t = 0$ 时的波形图,然后再按给定的时间间隔算出波的传播距离,将 $t = 0$ 时的波形图平移即可,显然选取后一种方法较好.

先画出 $t = 0$ 时的波形图,此时的波动方程为

$$y = 0.02\cos\left(2\pi \cdot \frac{x}{0.4}\right)$$

当 $x = 0$ 时,则 $y_0 = 0.02$ m,这就确定了 O 点的位移,然后根据波长 λ 就可画出 $t = 0$ 时的波形,如图 7-18 实线部分所示.

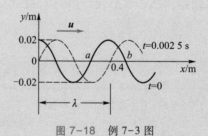

图 7-18 例 7-3 图

由 $t = 0.0025 \text{ s} = \dfrac{T}{4}$,或者 $\Delta x = u\Delta t = 40 \times$

$0.0025 \text{ m} = 0.1 \text{ m} = \dfrac{\lambda}{4}$,表明波形向右移动了 $\dfrac{\lambda}{4}$,

从而就可画出 $t = 0.002\ 5$ s 时的波形图了,如图 7-18 虚线部分所示.

请读者自己再练习画一画诸如 $t = 0.05$ s, $t = 0.01$ s 时的波形图. 还可标出 a、b 各点的运动方向,求 a、b 两点的相位差,画一画 a、b 各点的振动曲线,写出 a、b 各点的振动方程等. 这样做对掌握知识会有帮助.

例 7-4

已知频率 $\nu = 10$ Hz,波长 $\lambda = 20$ m,振幅 $A = 0.2$ m 的一列平面余弦波,沿 x 轴正方向传播. 在 $t = 0$ 时坐标原点 O 处的质点恰在平衡位置,并向 y 轴正方向运动. 试求:

（1）波动方程；

（2）距坐标原点为 $\dfrac{\lambda}{4}$ 处质点的振动表达式.

解　本题是告诉若干条件求波动方程,一般总是首先写出原点处质点的振动方程,然后根据传播方向确定波动方程.

（1）根据已知条件 $A = 0.2$ m, $\omega = 2\pi\nu = 20\pi$ rad·s^{-1},且 $\varphi = -\dfrac{\pi}{2}$,所以坐标原点 O 处质点的振动方程为

$$y_0 = 0.2\cos\left(20\pi t - \frac{\pi}{2}\right) \text{（SI 单位）}$$

由于 $u = \nu\lambda = 200$ m/s,所以波动方程为

$$y = 0.2\cos\left[20\pi\left(t - \frac{x}{200}\right) - \frac{\pi}{2}\right] \text{（SI 单位）}$$

（2）欲求 $\dfrac{\lambda}{4}$ 处的振动表达式,只需将 $x = \dfrac{\lambda}{4}$ 代入即可求得,即

$$y_{x=\frac{\lambda}{4}} = 0.2\cos\left[20\pi\left(t - \frac{5}{200}\right) - \frac{\pi}{2}\right]$$
$$= 0.2\cos(20\pi t - \pi) \text{（SI 单位）}$$

例 7-5

一平面简谐波在介质中以速度 $u = 20$ m/s 沿 x 轴负方向传播,如图 7-19 所示,已知 A 点的振动表达式为 $y = 3\cos 4\pi t$,式中 t 的单位为 s,y 的单位为 m. 求:

（1）以 A 点为坐标原点,写出波函数；

（2）以距 A 点 5 m 处的 B 点为坐标原点,写出此波的波函数.

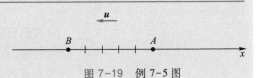

图 7-19　例 7-5 图

解　（1）以 A 点为坐标原点,已知 $y_A = 3\cos 4\pi t$,且波沿 x 轴负方向传播,则波函数为

$$y = 3\cos 4\pi\left(t + \frac{x}{20}\right)$$

（2）以 B 点为坐标原点,B 点的振动要比 A 点的振动晚 $\dfrac{x_A - x_B}{u}$ 这样一段时间,因此 B 点的振动表达式为

$$y_B(t) = y_A\left(t - \frac{x_A - x_B}{u}\right) = 3\cos 4\pi\left(t - \frac{5}{20}\right)$$
$$= 3\cos(4\pi t - \pi)$$

用 $x_B = -5$ 代入波函数 y 可直接得到上式,在已知新坐标原点 B 的振动表达式的情况下,写出新坐标系中的波函数为

$$y = 3\cos\left[4\pi\left(t + \frac{x'}{20}\right) - \pi\right]$$

例 7-6

有一平面简谐波,波速为 u,已知在传播方向上某点(坐标为 x_0)的振动方程为 $y = A\cos(\omega t + \varphi_0)$,试就如图 7-20 所示的 (a)、(b)两种坐标取法,分别写出各自的波函数.

图 7-20 例 7-6 图

解 在如图 7-20(a)所示的坐标取法中,波的传播方向与 x 轴的正方向相同,先写出坐标原点 O 处的振动方程,由于波是由 O 点传向 x_0 点,因而 O 点的振动相位超前 x_0 点 $\dfrac{\omega x_0}{u}$,则 O 点的振动方程为

$$y_O = A\cos\left[\omega\left(t + \frac{x_0}{u}\right) + \varphi_0\right]$$

沿 x 轴正方向传播的平面简谐波的波函数

$$y = A\cos\left[\omega\left(t - \frac{x}{u} + \frac{x_0}{u}\right) + \varphi_0\right]$$

$$= A\cos\left[\omega\left(t - \frac{x - x_0}{u}\right) + \varphi_0\right]$$

在如图 7-20(b)所示的坐标取法中,波的传播方向与 x 轴的正方向相反,波是由 x_0 点传向坐标原点 O 的,所以 O 点的相位落后 x_0 点 $\omega\dfrac{x_0}{u}$,则 O 点的振动方程为

$$y_O = A\cos\left[\omega\left(t - \frac{x_0}{u}\right) + \varphi_0\right]$$

所以沿 x 轴负方向传播的平面简谐波的波函数为

$$y = A\cos\left[\omega\left(t + \frac{x}{u} - \frac{x_0}{u}\right) + \varphi_0\right]$$

$$= A\cos\left[\omega\left(t + \frac{x - x_0}{u}\right) + \varphi_0\right]$$

7.3 波的能量

我们曾经讨论了振动的能量特征:作简谐振动的系统具有动能和势能,在一个周期内,动能与势能均随时间 t 作周期性变化,两者相互转化,但任一时刻总能量保持不变.

当这种简谐振动在介质中传播形成波动时,波的能量特征又是怎样的呢? 我们知道,当波传到某处时,意味着该处的质点由不动开始作简谐振动,因而具有动能;同时这一部分介质也将发生形变(对横波而言发生切变,对纵波则发生体变、线变等),因而具有弹性势能. 根据波的传播机理可知,这些能量是从前方质点传播过来的,并且即将传向下一个邻近的质点. 因此,在波的传播过程中,能量不断地传过来,又不断地传下去,由此可见,能量是向外传播出去的,这是波的能量特征,也是波具有的重要特征.

7.3.1 波能量的传播

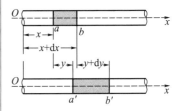

图 7-21 细棒中纵波的传播

以平面简谐纵波在细棒中的传播为例,设波函数为 $y = A\cos \omega\left(t-\dfrac{x}{u}\right)$,分析简谐波的能量特征. 设有截面为 S,密度为 ρ 的固体细长棒,沿 Ox 轴水平放置,如图 7-21 所示,假定有平面简谐纵波以波速 u 沿着 Ox 轴方向传播,棒中的每一小段将不断地受到拉伸和压缩,今在棒上距原点 O 为 x 处取一长度为 ab 的小体积元 $\mathrm{d}V = S \cdot \mathrm{d}x$,其质量为 $\mathrm{d}m = \rho \cdot \mathrm{d}V$,当波传播到该小体积元时,其振动动能为

$$\mathrm{d}E_k = \frac{1}{2}(\mathrm{d}m)v^2 = \frac{1}{2}(\mathrm{d}m)\left(\frac{\partial y}{\partial t}\right)^2 \tag{7-33}$$
$$= \frac{1}{2}(\rho\mathrm{d}V)A^2\omega^2 \sin^2\left[\omega\left(t-\frac{x}{u}\right)\right]$$

因体积元发生形变而具有的弹性势能为

$$\mathrm{d}E_p = \frac{1}{2}(\rho\mathrm{d}V)A^2\omega^2 \sin^2\left[\omega\left(t-\frac{x}{u}\right)\right] \tag{7-34}$$

于是,小体积元的总能量为

$$\mathrm{d}E = \mathrm{d}E_k + \mathrm{d}E_p = (\rho\mathrm{d}V)A^2\omega^2 \sin^2\left[\omega\left(t-\frac{x}{u}\right)\right] \tag{7-35}$$

从式(7-33)和式(7-34)看出,平面简谐波的能量特征可概括为:介质元内的动能和弹性势能在任意时刻都是相等的,且动能、弹性势能和总机械能均随时间 t 作周期性变化. 平面简谐波在能量特征上明显区别于简谐振动,简谐振动的动能和弹性势能是反向的,动能达到最大值时,势能反而最小,且简谐振动系统的机械能是守恒的,因为简谐振动系统为孤立的保守系统,而波动中的介质元属于开放系统,与相邻的介质元有能量交换,因此它的机械能不守恒,对于某一介质元来说,它不断从后面的介质获得能量,又不断地把能量传给前面的介质,这样,能量就随着波动向前传播. 当介质元的位移最大时,其动能为零;而此时 $\dfrac{\partial y}{\partial x} = 0$,即形变为零,因而弹性势能也为零.

> **思考** 波动能量与哪些物理量有关?比较波动能量与简谐振动的能量.

> **思考** 分析为什么波动传播时它的势能值和它的动能值变化是相同的,即相位是相同的,而振动中却是相反的.

7.3.2 波的能量密度和能流密度

1. 波的能量密度

介质中单位体积的波的能量,称为波的能量密度,用 w 表示,则

$$w = \frac{\mathrm{d}E}{\mathrm{d}V} = \rho A^2 \omega^2 \sin^2\left[\omega\left(t-\frac{x}{u}\right)\right] \tag{7-36}$$

式(7-36)说明,波的能量密度是随时间 t 作周期性变化的,通常取其在一个周期内的平均值,因为正弦函数的平方在一个周期内的平均值为 $\frac{1}{2}$,所以能量密度在一个周期内的平均值为

$$\overline{w} = \frac{1}{2}\rho A^2 \omega^2 \tag{7-37}$$

应当注意:式(7-37)虽然是从平面余弦弹性纵波的特殊情况下推导出来的,但是这一结论对于所有弹性波都是适用的.

2. 波的能流及能流密度

波的能量是随着波动的进行在介质中传播的,所以为了描述这种传播,我们可以引入能流的概念.

单位时间内通过介质中某面积的能量,称为通过该面积的能流,用 P 表示,设在介质中垂直于波速 u 的方向取截面 S,则在单位时间内通过截面 S 的能量等于体积 uS 中的能量,如图 7-22 所示,此能量是周期性变化的,通常取其在一个周期内的平均值,即平均能流为

$$\overline{P} = \overline{w}uS \tag{7-38}$$

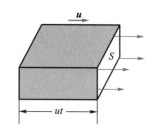

图 7-22 波的能流及能流密度

通过与波动方向垂直的单位面积的平均能流,称为能流密度或波的强度,用 I 表示则

$$I = \frac{\overline{P}}{S} = \overline{w}u = \frac{1}{2}\rho u A^2 \omega^2 = \frac{1}{2}Z A^2 \omega^2 \tag{7-39}$$

其中

$$Z = \rho u \tag{7-40}$$

是表征介质特性的一个常量,称为介质的特性阻抗,式(7-39)表明,弹性介质中简谐波的强度正比于振幅的二次方,正比于角频率(或圆频率)的二次方,正比于介质的特性阻抗,波的强度 I 的国际单位制单位为 $\mathrm{W/m^2}$.

在推导平面简谐波的波函数时,我们曾假定波在传播过程中各质点的振幅 A 不变. 我们从能量观点来研究振幅 A 不变的意

义. 设有一平面行波以波速 u 在均匀介质中传播,在垂直于波的传播方向上,取两个面积等于 S 的平面,并且通过第一个平面的波也通过第二个平面,如图 7-23 所示,设 A_1 和 A_2 分别表示平面波在这两平面处的振幅,由式(7-38)可知,通过这两个平面的平均能流分别为

$$\overline{P_1} = \overline{w_1} uS = \frac{1}{2}\rho A_1^2 \omega^2 uS$$

$$\overline{P_2} = \overline{w_2} uS = \frac{1}{2}\rho A_2^2 \omega^2 uS$$

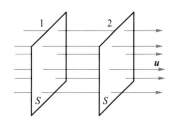

图 7-23 平面波的能流

从以上两式可以看出,若 $\overline{P_1} = \overline{P_2}$,则 $A_1 = A_2$,即通过这两个平面的平面简谐波的平均能流相等时,振幅才会不变,要实现这一情况的条件是:波动在介质中传播时,介质不吸收波的能量,这就是平面简谐波在无吸收的介质中传播时振幅保持不变的意义.

下面研究球面波在均匀介质中传播的情况,如图 7-24 所示,可在距离波源为 r_1 和 r_2 处取两个球面,面积分别为 $S_1 = 4\pi r_1^2$ 和 $S_2 = 4\pi r_2^2$. 在介质不吸收波的能量的条件下,通过这两个球面的总的能流相等,即

$$\frac{1}{2}\rho A_1^2 \omega^2 u \cdot 4\pi r_1^2 = \frac{1}{2}\rho A_2^2 \omega^2 u \cdot 4\pi r_2^2$$

式中 A_1 和 A_2 分别为两个球面处的振幅,由上式可得

$$\frac{A_1}{A_2} = \frac{r_2}{r_1}$$

即振幅与离开波源的距离成反比,因此球面简谐波的波函数为

$$y = \frac{a}{r}\cos \omega\left(t - \frac{r}{u}\right)$$

式中 a 为波在离原点单位距离处的振幅.

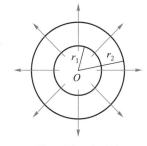

图 7-24 球面波

7.3.3 声波

在弹性介质中,若波源作频率在 $20 \sim 20\ 000$ Hz 之间的机械振动时,在周围弹性介质中激起的机械波能引起人们的听觉,这一频率范围内的振动称为声振动,由声振动所激起的纵波称为声波. 频率高于 $20\ 000$ Hz 的机械波称为超声波;频率低于 20 Hz 的机械波称为次声波.

从声波的特性和作用来看,所谓 20 Hz 和 $20\ 000$ Hz 并不是明确的分界线. 例如频率较高的声波,已具有超声波的某些特性和作用,因此在超声技术的研究领域中,也常包括高频声波的特

性和作用的研究.

声波是机械波,机械波的一般规律在前面已经讨论过,本节只讨论声波的某些特殊问题. 次声频率可以低到10^{-4} Hz, 而超声频率可以高达10^{14} Hz. 在这样广阔的频率范围内,按频率的大小研究声波的各种性质具有重要意义.

1. 声压、声强和声强级

常用声压和声强两个物理量来描述声波在介质中的强弱程度. 介质中有声波传播时的压强与无声波传播时的静压强之间有一差额,称为声压. 设介质中没有声波时的压强为p_0,有声波时各处的实际压强为p',则$p'-p_0=\Delta p$ 就是声压,常用p 表示,它是由于声波而引起的附加压强. 声压的成因是很明显的,由于声波是纵波,在稀疏区域内,实际压强小于原来的静压强,在稠密区域内,实际压强大于原来的静压强. 前者声压为负值,后者为正值. 在声波传播过程中,p_0是不变的,由于介质中各点振动均作周期性变化,因而声压也在作周期性变化,我们可以仿照前面建立平面简谐波波函数的方法,建立流体中平面声波的波动表达式. 可以证明,声压的表达式为

$$p = \rho u A \omega \cos\left[\omega\left(t-\frac{x}{u}\right)-\frac{\pi}{2}\right]$$
$$= P_m \cos\left[\omega\left(t-\frac{x}{u}\right)-\frac{\pi}{2}\right] \tag{7-41}$$

上式中,$P_m=\rho u A \omega$ 为声压振幅,ρ 为介质密度,A、ω 和 u 分别为声波的振幅、角频率和波速. 由式(7-41)可以看出,声压波比位移波在相位上落后$\frac{\pi}{2}$,因此,在最大位移处,声压为零;在位移为零处,声压最大.

声强就是声波的能流密度,即单位时间内通过垂直于声波传播方向的单位面积的声波能量. 由公式(7-39)得,声强 I 为

$$I=\frac{1}{2}\rho u A^2 \omega^2=\frac{1}{2}\frac{P_m^2}{\rho u} \tag{7-42}$$

从式(7-41)和式(7-42)可知,声波频率越高,声压和声强就越强. 所以用高频发声器可以获得很大的声强. 如果输出功率相同,高频发声器尺寸可以较小,单位面积上所发射的功率(即声强)就可较大;又高频声波容易聚焦,可以在焦点上获得极大的声强. 例如震耳欲聋的炮声,声强约为 10 W/m^{-2}. 而目前用聚焦方法,超声波的最大声强已达 10^9 W/m^{-2}(相应的声压约为数百个大气压),比炮声声强高了 10^9 倍.

能引起听觉的声波,不仅有一定的频率范围,而且有一定的声强范围,对于每个给定的频率,声强都有上、下两个限值. 若声强低于下限值,由于强度不够而听不见,若声强大于上限值,引起耳膜痛感,也不能引起听觉. 此上、下限值随频率的大小而改变,对于 1 000 Hz 的声波,能使正常人听觉产生痛感的最高声强约为 10^{-4} W/cm^{-2},能听见的最低声强约为 10^{-16} W/cm^{-2},一般用最低声强作为测定声强的标准,用 I_0 表示,由于声强的数量级相差悬殊(最高声强和最低声强的比值可达 10^{21} 倍),因此常用对数方法来表示,即用声强级 L_I 来表示,定义为

$$L_I = \lg \frac{I}{I_0} \tag{7-43}$$

国际单位制中声强级的单位为 B(贝尔). 由于贝尔单位太大,常采用 dB(分贝)作单位,此时声强级为

$$L_I = 10\lg \frac{I}{I_0} \tag{7-44}$$

正常说话声的声强级约为几十分贝,炮声的声强级约为 110 dB,表 7-1 给出了日常生活中某些声音的声强和声强级.

表 7-1　日常生活中一些声音的声强及声强级			
声源	声强/W·m^{-2}	声强级/dB	响度
听觉阈	10^{-12}	0	
风吹树叶	10^{-10}	20	轻
通常谈话	10^{-6}	60	正常
闹市车声	10^{-5}	70	响
摇滚乐	1	120	震耳
喷气式飞机起飞	10^3	150	
地震(里氏 7 级,距震中 5 km)	4×10^4	166	
聚焦超声波	10^9	210	

如果把加速度振幅 $a_m = A\omega^2$ 代入式(7-42),得

$$I = \frac{1}{2}\rho u A^2 \omega^2 = \frac{1}{2}\rho u \frac{a_m^2}{\omega^2} \tag{7-45}$$

对频率很高,声强很大的声波,压力振幅可达千百个大气压,获得的加速度振幅可达重力加速度的数百万倍. 我们知道在介质中相距为半波长的两点处,振动相位相反,当一点的加速度达到正的极大值时,另一点的加速度达到负的极大值. 对高频超声波,

若半波长约为 1 mm,在如此小的距离内,会出现很大的方向相反的加速度,以及上千个大气压的压力变化,所以高频超声波会产生异常巨大的作用.

频率极低的次声波,由于波长很长,只有碰到非常大的障碍物或介质分界面时,才会发生明显的反射和折射现象,且在介质中很少被吸收,可以传送很远,因此在海洋、气象、地震探测等方面有很大的应用价值.

2. 超声波的原理和应用

频率高于人类听觉上限频率(约 20 000 Hz)的声波,称为超声波,或称超声. 下面从几个方面来介绍超声波的原理和应用范围.

(1) 超声波的产生和接收

超声波发生器的种类很多,大致可分为两种类型:机械型和电声型. 最早的超声是 1883 年由通过狭缝的高速气流吹到一锐利的刀口上产生的,该装置称为伽尔顿·哈特曼(Galton Hartmann)哨. 为了用超声对介质进行处理,此后又出现了各种形式的气哨、汽笛和液哨等机械型超声发生器(又称换能器). 机械型超声波发生器直接用机械方法使物体振动而产生超声波,目前常用的机械型发生器大多是流体动力式的, 即利用高压流体作为动力来产生超声波. 有的使流体以每秒几万次的频率断续地从喷口喷出, 在介质中产生超声波(如旋笛);有的使高压流体连续地从喷口喷出, 撞击喷口前的空腔或簧片,引起共振,在介质中产生超声波(空腔哨和簧片哨). 机械型发生器大多构造简单, 使用方便,但频率不够高,声强也不够大,但是因为这类换能器成本低,所以经过不断改进,至今还广泛地用于对流体介质的超声波处理技术中.

电声型超声波发生器是将电磁能量转化为机械波的能量. 能量的转化过程是通过电声换能器来实现的. 电声换能器的作用是将高频率电源的电磁振荡能量转化为机械振动的能量,而发射超声波. 常用的电声换能器有压电式和磁致伸缩式两种. 20 世纪初,电子学的发展使人们能利用某种材料的压电效应和磁致伸缩效应制成各种电声型超声波发生器. 压电式换能器是用压电材料(如石英、酒石酸钾钠、钛酸钡等)制成的. 当压电材料制成的晶片受到周期性的机械压缩时, 晶片的两面将出现周期性的电压, 这种现象称为压电效应. 反之, 如果把周期性电压加在压电材料的晶片上, 晶片就作伸缩性的机械振动. 从几万赫兹到几十兆赫兹, 甚至达 10^{10} Hz, 声强也很大,在发生器表面处可达 10 W·cm^{-2} 量级. 通过聚焦,能产生更大的声强. 1917 年,法国物理学家朗之万(Langevin)用天然压电石英制成了超声换能器,并用来探索海底的潜艇. 随着材料科学的发展, 应用最广泛的压电换能器也从天然压电晶体过渡到价格更低廉而性能更良好的压电陶瓷、人工压电单晶、压电半导体以及塑料压电薄膜等, 并使超声频率的范围从几千赫兹提高到上千兆赫兹, 产生和接收的波形也由单纯的纵波扩展到横波、扭转波、弯曲波以及表面波等. 磁致伸缩换能器是利用铁磁体(例如纯镍、镍钴合金以及铁氧体等) 材料的磁致伸缩效应而制成的. 铁磁体作为线圈的铁芯, 当高频电流通过线圈时, 铁芯中磁场强度周期性的变化引起铁芯的长度周期性的伸缩, 从而激起超声波. 磁致伸缩换能器的频率一般不太高, 约为几万赫兹, 声强可达 $10\ \mathrm{W \cdot cm^{-2}}$ 量级, 非常坚固耐用, 且能经受高温, 适合于工业应用. 近年来, 频率更高的超声(特超声)的产生和接收技术迅速发展, 从而提供了研究物质结构的新途径. 例如, 在介质端面直接蒸发或溅射上压电材料(ZnO、CdS 等) 薄膜或磁致伸缩的铁磁性薄膜, 就能获得数百兆赫兹至数万兆赫兹的特超声, 此外, 用热脉冲、半导体雪崩、超导结、光学与声学相互作用等方法可以产生或接收频率更高的超声.

超声波的接收器, 最常用的是利用压电效应和逆磁致伸缩效应的换能器. 换能器接收超声波而作机械振动时, 所输出的交变电信号经放大后便可进行检测.

(2) 超声波的传播和超声效应

超声波在介质中的传播规律(反射、折射、衍射、散射等)与一般声波大体相同, 无本质差别. 方向性好是超声波传播的最明显的传播特性之一, 射线能定向传播. 超声波的穿透本领很大, 在液体、固体中传播时, 衰减很小; 在不透明的固体中传播时, 超声波能穿透几十米的厚度; 超声波碰到杂质或介质分界面有显著的反射现象. 这些特性使得超声波成为探伤、定位等技术的一个重要工具. 在医学上, 超声波可用来显示人体内脏的瞬态特性, 提供生理和病理信息, 如图 7-25 所示是 B 超仪拍摄的人体中内脏器官病灶的照片. 另外, 还可通过超声辐射使伤口加速愈合, 抑制肿瘤生长.

超声波在介质中的另一些传播特性, 如波速、衰减、吸收等, 都与介质的各种非声学的宏观物理量有着密切的联系. 例如, 声速与介质的弹性模量、密度、温度、气体的成分等有关. 声强的衰减与材料的空隙率、黏性等有关. 利用这些特性, 已制成了测定这些物理量的各种超声仪器.

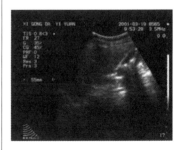

图 7-25　B 超照片

超声波的这些传播特性, 从本质上看, 都取决于介质的分子特性. 例如声速、吸收和频散与分子的能量、分子的结构等有着密切的关系. 由于超声波测量方法简便, 可以获得大量实验数据, 所以超声技术越来越成为研究物质结构的有力工具.

当超声波在介质中传播时,声波与介质相互作用,正因为其频率高的特点,由"量变引起质变"而产生一些一般声波所不具备的超声效应,从而也决定了超声一系列特殊的应用,这些超声效应主要有以下三方面:①线性的交变振动作用.由于介质在一定频率和强度的超声波作用下作受迫振动,使介质质点的位移、速度、加速度以及介质中的应力分布等分别达到一定数值,从而产生了一系列超声效应:如悬浮粒子的凝聚、声光衍射、在压电或压磁材料中产生电场或磁场,这些效应是在质点振动速度远小于介质中的声速时所产生的,可用线性声学理论加以说明,故称为线性交变机械作用.②非线性效应.当振幅足够大时,一系列非线性效应,如锯齿形波效应、辐射压力和平均黏性力等各种"直流"定向力的形成,并由此而产生超声破碎、局部高温、促进化学反应等,这时已不能用线性理论来解释了.③空化作用.液体中,特别是在液固界面处,往往存在一些小空泡,这些小泡可能是真空的,也可能含有少量气体或蒸气,这些小泡大小不一,当一定强度的超声通过液体时,液体内部会产生大量小泡,只有尺寸适宜的小泡才能产生共振现象,这个尺寸叫做共振尺寸.原来就大于共振尺寸的小泡,在超声作用下驱出液外;原来小于共振尺寸的小泡,在超声作用下也逐渐变大,当接近共振尺寸时,在声波的稀疏阶段,小泡比较迅速地变大,然后在声波压缩阶段中,小泡又突然被绝热压缩直至破灭和分裂,在破灭过程中,小泡内部可达几千摄氏度的高温和几千个大气压的高压,且由于小泡周围液体高速冲入小泡而形成强烈的局部冲击波,在小泡变大时,由于摩擦而产生的电荷,也在破灭过程中进行中和而产生放电现象,这就是液体内的声空化作用,在液体中进行的超声处理技术,如超声清洗、粉碎、乳化、分散等,大多数都与空化作用有关.

(3)超声波的应用

超声波的应用大致包括以下三个方面:①超声检测和控制技术.用超声波易于获得指向性极好的定向声束,采用超声窄脉冲,就能达到较高的空间分辨率,加上超声波能在不透光的材料中传播,从而已广泛地用于各种材料的无损探伤、测厚、测距、医学诊断和成像等.另一方面,利用介质的非声学特性(如黏性、流量、浓度等)与声学量(声速、衰减和声阻抗等)之间的联系,通过对声学量的测量即可对非声学量进行检测和控制.②超声处理.这主要利用超声波的能量,它是通过超声对物质的作用来改变或加速改变物质的一些物理、化学、生物特性或状态.由于超声在液体中的空化作用,可用来进行超声加工、清洗、焊接、乳化、脱气、促进化学反应、医疗以及种子处理等,已被广泛地应用于工业、农业、医学卫生等各个部门. 超声对气体的主要应用之一是粒子凝聚,就是气体中较轻的粒子跟着声波快速运动而黏附在重粒子之上,致使气体中小粒子的数目减少,而重粒子最终会下落到收集板上,这在工业上已广泛用于除尘设备. ③在基础领域内的应用. 机械运动是最简单、最普遍的物质运动,它和其他的物质运动以及物质结构之间存在密切关系. 因此超声振动这种机械振动就可成为研究物质结构的重要途径. 从 20 世纪四十年代开始,人们研究超声波在介质中的声速和衰减随频率变化的关系时,就陆续发现了它们与各种分子弛豫过程(分子内、外自由度之间能量转化的热弛豫、分子结构状态变化的结构弛豫等)以及微观谐振过程(如铁磁、顺磁、核磁共振等)之间的关系,并形成了分子声学这一分支学科.

以上所说的超声波的作用仅仅是一些最基本的作用. 此外,还有很多其他的作用,如化学作用、生物作用等. 其中一些已能借助上述的基本作用作出初步的说明,有些至今还未能得出圆满的解释. 虽然如此,这些作用的应用却很广泛. 例如,利用超声的生物作用,可以进行种子的处理,使农业增产;也可以进行超声治疗,获得良好的疗效. 总之,进一步研究超声波对物质的作用是非常必要的.

7.4 惠更斯原理

前面讲过,在波的传播过程中,介质中任何一点都可看作新的波源. 如图 7-26 所示,水面上有一波传播,在前进中遇到障碍物 AB,AB 上有一小孔,小孔的孔径 a 比波长 λ 小,穿过小孔的波是圆形的,与原来波的形状无关,这说明小孔可以看作新的波源. 即波在传播过程中,遇到障碍物时,能够绕过障碍物继续传播的现象称为波的衍射现象. 一般来说,任何波动(水波、声波、光波等)都会产生衍射现象. 波的衍射是波动的一个重要特性,在声学和光学中非常重要,当两人隔着墙壁谈话时,也能各自听到对方的声音,这就是由声波的衍射引起的;当声波传播到墙壁而通过门缝或窗口时,波线发生弯曲而绕到墙壁后面,引起墙壁后面的介质(空气)振动,从而使墙壁后方区域的人能接受到对方的声波.

荷兰物理学家惠更斯(C. Huygens)总结上述现象,于 1690

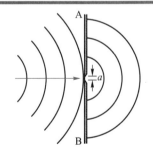

图 7-26 水面波遇到障碍物时的传播

文档:惠更斯

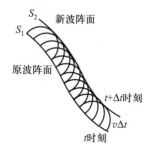

图 7-27 惠更斯原理

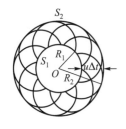

(a) 球面波

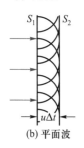

(b) 平面波

图 7-28 用惠更斯原理
求解波阵面

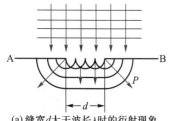

(a) 缝宽 d 大于波长 λ 时的衍射现象

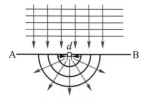

(b) 缝宽 d 小于波长 λ 时的衍射现象

图 7-29 波的衍射

年提出了波的传播规律:在波的传播过程中,波阵面(波前)上的每一点都可看作是发射子波的波源,在其后的任一时刻,这些子波波面的包络面就成为新的波阵面,这就是惠更斯原理.如图 7-27 所示,设 S_1 为任意时刻 t 的波阵面,根据惠更斯原理,S_1 上的每一点发出的球面子波,经 Δt 时间后形成半径为 $u\Delta t$ 的球面,在波的前进方向上,这些子波波面的包络面 S_2 就成为 $t+\Delta t$ 时刻的新的波阵面.惠更斯原理对任何波动过程都是适用的,无论是机械波还是电磁波,无论是均匀介质还是非均匀介质中的波,只要知道某一时刻的波前,就可根据这一原理,用几何作图法确定下一时刻的波前,因而在很广泛的范围内解决了波的传播问题.图 7-28 是用惠更斯原理描绘的球面波和平面波的传播.

应当指出:惠更斯原理并没有说明各个子波在传播过程中对某一点的振动究竟有多少贡献.关于这一点,我们将在波动光学中介绍菲涅耳对惠更斯原理所作的补充.

利用惠更斯原理能够定性地解释波的衍射现象.当波到达障碍物的边缘时,这些地方将发出子波,许多子波所形成的包络面就是新的波前,它不再保持原来波前的形状,即波线发生了弯曲,从而使障碍物后边的介质产生振动,如图 7-29(a)所示,一列水面波在前进途中遇到平行于波面的障碍物 AB,AB 上有一宽缝,设缝的宽度 d 大于波长 λ,按照惠更斯原理,可把经过缝时的波前上各点作为发射子波的波源,画出子波的波前,再作这些波前的包络面,即得到通过缝后的波前.这波前除了与缝宽相等的中部仍保持为平面(见图中的平行线),波线仍保持为平行线束外,两侧的波前不再是平面而呈现曲面(见图中曲线),波线也发生了弯曲,并绕到了障碍物的后面,这说明水面波能够绕过缝的边缘前进.如果传播的是声波,那么我们在此曲面处任一点 P,都可听到声音;如果传播的是光波,在 P 点就可接收到光线.若没有衍射现象,则波将沿直线方向传播,即波线经过缝隙时不会弯曲,于是在 P 点将什么都感受不到.如果缝很窄,宽度小于或接近波长 λ,则水波经过狭缝后的波前是圆形的,如图 7-29(b)所示,当水波抵达障碍物 AB 时,大部分的波将被障碍物反射,但在狭缝处的波前就成了发射子波的波源.由于缝很窄,水面处的缝口本身可以近似当作一点,而把它看作唯一的振动中心,所以可以认为只发射一个子波.这一子波的波前显然是圆形的,这样也自然不需要考虑许多子波叠加而形成包络面的问题.

一般地说,任何波动(声波、水波、光波等)都会产生衍射现象,因此,衍射现象是波动过程所具有的特征之一. 若障碍物的孔(或狭缝)的宽度或障碍物本身的线度远大于波长 λ,则波将沿直线传播,而不绕过缝的边缘传播,实践证明,衍射现象是否显著决定于孔(或缝)的宽度 d 和波长 λ 的比值 d/λ,d 越小或波长 λ 越大,则衍射现象越显著. 声波的波长较大,有几米左右,因此衍射现象较显著,而波长较短的波(如超声波、光波等),衍射现象就不显著,呈现出明显的方向性,即沿直线作定向传播.

　　波动从一种介质传到另一种介质时,在两种介质的分界面上,传播方向要发生变化,产生反射和折射现象,根据实验结果,可得到波的反射定律和折射定律,下面用惠更斯原理来推导这些定律.

　　设有一平面波向两介质的分界面 MN 传播,入射波到达分界面上的各点,都可视作新的波源,如图 7-30(a) 所示. 当 $t=t_0$ 时,入射波的波前到达 AB 位置,入射线与两介质分界面的法线的夹角 i 为入射角,A 点先与分界面相遇. 此后,波面上 $A_1,A_2,\cdots$ 各点,先后到达分界面上 $E_1,E_2,\cdots$ 各点,直到 $t=t_1$ 时,B 点到达 C 点,界面上各子波波前的包络面就是 $t=t_1$ 时刻反射波的波前,取 $AA_1=A_1A_2=A_2B$,则从 A、E_1、E_2 各点发出的相应的各子波分别是半径为 $u(t_1-t_0)$,$\frac{2}{3}u(t_1-t_0)$,$\frac{1}{3}u(t_1-t_0)$ 的圆弧. $t=t_1$ 时刻反射波的波阵面是通过 CD 并与纸面垂直的平面,即可推得反射定律,从图中看出,$\triangle ABC$ 和 $\triangle CDA$ 两个直角三角形是全等的,因此 $\angle BAC = \angle DCA$,即入射角等于反射角. 从图中还可以看出,入射线、反射线和分界面的法线均在同一平面内,以上结论称为波的反射定律.

　　当波从一种均匀介质进入到另一种均匀介质时,由于在两种介质中波速不同,波在两种介质的分界面上要发生折射现象. 与讨论波的反射情况相类似,我们用作图的方法求出折射波的波前,从而确定折射线的方向,设 u_1 表示波在第一种介质中的波速,u_2 表示波在第二种介质中的波速,MN 为两种介质的分界面,如图 7-30(b) 所示. 当 $t=t_0$ 时,入射的波前到达 AB 位置,夹角 i 为入射角,A 点先与分界面相遇,此后,波面上 $A_1,A_2,\cdots$ 各点,先后到达分界面上 $E_1,E_2,\cdots$ 各点,直到 $t=t_1$ 时,B 点到达 C 点,设 $AA_1=A_1A_2=A_2B$,则从 $A,E_1,E_2,\cdots$ 各点发出的子波传播的时间分别为 (t_1-t_0),$\frac{2}{3}(t_1-t_0)$,$\frac{1}{3}(t_1-t_0)$,相应的各子波的半径分别为 $u_2(t_1-t_0)$,$\frac{2}{3}u_2(t_1-t_0)$,$\frac{1}{3}u_2(t_1-t_0)$,这些子波的波前的包络面就

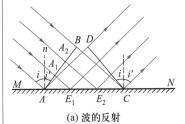

(a) 波的反射

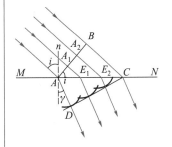

(b) 波的折射

图 7-30　用惠更斯原理解释波的反射和折射现象

是 $t=t_1$ 时刻折射波的波前,它是通过 CD 并与纸面垂直的平面, 折射波的波线(折射线)与分界面法线 n 的夹角为 γ,即为折射 角,因为 $i=\angle BAC,\gamma=\angle ACD$,所以

$$BC=u_1(t_1-t_0)=AC\sin i$$
$$AD=u_2(t_1-t_0)=AC\sin \gamma$$

两式相除,得
$$\frac{\sin i}{\sin \gamma}=\frac{u_1}{u_2}=n_{21} \qquad (7-46)$$

n_{21} 称为第二种介质对于第一种介质的相对折射率,这就是波的 折射定律.

　　由式(7-46)可知,若 $u_1>u_2$,则 $\gamma<i$,若 $u_1<u_2$,则 $\gamma>i$,这就是 说,当波动从波速大的介质射向波速小的介质中时,折射线偏向 法线;当波动从波速小的介质射向波速大的介质中时,折射线偏 离法线.

7.5　波的叠加原理　波的干涉

　　前面讨论的是一列波在空间传播的特征,当两列或两列以上 的波在空间相遇后又将怎样传播呢?

7.5.1　波的叠加原理

　　几个波源产生的波,同时在同一介质中传播时,若它们在空 间某点相遇,则每一列波都将独立地保持自己原有的特性(频率、 波长以及振动方向等),不因有其他波的存在而受到影响,就好像 在各自传播过程中,没有遇到其他波一样,这称为波传播的独立 性. 例如教室里许多人同时在讲话,我们能够清楚地辨别出各个 人的声音,这就是声波传播的独立性的例子. 又如天空中同时有 许多无线电波在传播,我们能随意接收到某一电台的广播,这是 电磁波传播的独立性的例子. 波在相遇的区域内,任一点处质点 的振动将是每列波所引起的分振动的合成,即在任一时刻,该点 处质点的振动位移就是每列波在该点引起的分位移的矢量和,这 一规律称为波的叠加原理.

7.5.2 波的干涉

1. 波的干涉现象

一般情况下,振幅、频率以及相位等都不相同的几列波在空间某一点叠加时,情况是非常复杂的. 下面只讨论一种简单而又最重要的情形,即两列频率相同、振动方向相同、相位相同或相位差恒定的简谐波的叠加. 满足这些条件的两列波在空间任何一点相遇时,会产生一种特殊的效果,该点处质点参与的两个分振动就有恒定的相位差(即相位差不随时间变化). 对于不同的点,相位差虽然不同,但均不随时间变化,若某些点满足合振动加强(振幅最大)的条件,则振动始终加强;而在另一些点,则合振动始终减弱或完全抵消,也就是说,叠加的结果在介质中形成了合振动规律性"加强""减弱"的交替图像,这种现象称为波的干涉现象. 产生干涉现象的波称为相干波,相应的波源称为相干波源,如图7-31 所示为水波的干涉图样.

2. 干涉加强和干涉减弱的条件

现在我们就来研究干涉加强或干涉减弱的条件. 如图 7-32 所示,设有两个振动方向均垂直于纸面的相干波源 S_1 和 S_2,其振动方程分别为

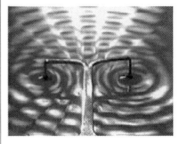

图 7-31 水波的干涉图样

$$y_{10} = A_1 \cos(\omega t + \varphi_{10})$$
$$y_{20} = A_2 \cos(\omega t + \varphi_{20})$$

(7-47)

式中 ω 为两波源的角频率,A_1 和 A_2 为波源的振幅,φ_{10} 和 φ_{20} 分别为两波源的初相. 若这两列波源发出的波在同一介质中传播,它们的波长均为 λ,不考虑介质的能量吸收,设两列相干波分别经过 r_1 和 r_2 的距离后在 P 点相遇,则它们在 P 点的振动表达式分别为

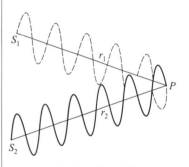

图 7-32 波的干涉

$$y_1 = A_1 \cos\left(\omega t - \frac{2\pi r_1}{\lambda} + \varphi_{10}\right)$$
$$y_2 = A_2 \cos\left(\omega t - \frac{2\pi r_2}{\lambda} + \varphi_{20}\right)$$

(7-48)

也就是说,此时 P 点处的质点同时参与了两个同方向、同频率的简谐振动,合振动仍为简谐振动,即

$$y = y_1 + y_2 = A \cos(\omega t + \varphi_0)$$

(7-49)

式(7-49)中,A 和 φ_0 由下式确定:

$$A = \sqrt{A_1^2 + A_2^2 + 2A_1 A_2 \cos(\Delta\varphi)}$$

$$\tan\varphi_0 = \frac{A_1\sin\left(\varphi_{10} - \dfrac{2\pi r_1}{\lambda}\right) + A_2\sin\left(\varphi_{20} - \dfrac{2\pi r_2}{\lambda}\right)}{A_1\cos\left(\varphi_{10} - \dfrac{2\pi r_1}{\lambda}\right) + A_2\cos\left(\varphi_{20} - \dfrac{2\pi r_2}{\lambda}\right)} \tag{7-50}$$

在 A_1、A_2 确定后,合振幅 A 的大小完全取决于两分振动的相位差 $\Delta\varphi$,即

$$\Delta\varphi = \varphi_{20} - \varphi_{10} - \frac{2\pi(r_2 - r_1)}{\lambda} \tag{7-51}$$

因为两列相干波在空间任一点所引起的两个分振动的相位差 $\Delta\varphi$ 是一个常量,可知每一点的合振幅 A 也是一个常量,并由 A 的表达式可知,随着空间各点位置的变化,即各点到波源的距离差 $r_2 - r_1$ 的不同,空间各点的合振幅也不同,满足

$$\Delta\varphi = \varphi_{20} - \varphi_{10} - \frac{2\pi(r_2 - r_1)}{\lambda} = 2k\pi, \quad k = 0, \pm 1, \pm 2, \cdots \tag{7-52}$$
（干涉加强）

的空间各点,合振幅为最大,且 $A = A_1 + A_2$. 满足

$$\Delta\varphi = \varphi_{20} - \varphi_{10} - \frac{2\pi(r_2 - r_1)}{\lambda} = (2k+1)\pi, \quad k = 0, \pm 1, \pm 2, \cdots$$
（干涉减弱）

$$\tag{7-53}$$

的空间各点,合振幅为最小,这时合振幅 $A = |A_1 - A_2|$.

若 $\varphi_{20} = \varphi_{10}$,即对于同相位的两列相干波源,相位差只由 $r_2 - r_1$ 决定,我们称 r_1 和 r_2 分别为两列波的波程,$r_2 - r_1$ 就称为波程差,用 δ 表示,则上述条件可简化为

$$\delta = r_2 - r_1 = 2k\frac{\lambda}{2}, \quad k = 0, \pm 1, \pm 2, \cdots \tag{7-54}$$
（干涉加强）

$$\delta = r_2 - r_1 = (2k+1)\frac{\lambda}{2}, \quad k = 0, \pm 1, \pm 2, \cdots \tag{7-55}$$
（干涉减弱）

人们习惯把式(7-52)—式(7-55)分别称为以相位差和波程差表示的波的干涉加强或干涉减弱的条件,实际上这两种表示方法是一致的. 式(7-54)和式(7-55)说明:两列相干波源为同相位时,在两列波叠加的区域内,当波程差等于零或半波长的偶数倍的各点,合

振幅最大;当波程差等于半波长的奇数倍的各点,合振幅最小.

在其他情况下,合振幅的数值介于最大值 $A = A_1 + A_2$ 和最小值 $A = |A_1 - A_2|$ 之间.

由于波的强度正比于振幅的平方,若以 I_1、I_2 和 I 分别表示两个分振动和合振动的波的强度,则两列波叠加后的强度为

$$I \propto A^2 = A_1^2 + A_2^2 + 2A_1 A_2 \cos \Delta\varphi$$

即
$$I = I_1 + I_2 + 2\sqrt{I_1 I_2} \cos \Delta\varphi \tag{7-56}$$

由此可知,叠加后波的强度随着两列相干波在空间各点所引起的振动相位差的不同而不同,就是说,空间各点的强度重新分布了,有些地方干涉加强($I > I_1 + I_2$),有些地方干涉减弱($I < I_1 + I_2$).

若 $I_1 = I_2$,那么叠加后波的强度为

$$I = 2I_1(1 + \cos \Delta\varphi) = 4I_1 \cos^2 \frac{\Delta\varphi}{2} \tag{7-57}$$

当 $\Delta\varphi = 2k\pi (k = 0, \pm1, \pm2, \cdots)$ 时,在这些位置,波的强度最大,且等于单个波强度的 4 倍,即

$$I = 4I_1$$

当 $\Delta\varphi = (2k+1)\pi (k = 0, \pm1, \pm2, \cdots)$ 时,在这些位置,波的强度最小,即 $I = 0$. 叠加后波的强度 I 随相位差 $\Delta\varphi$ 变化的情况如图7-33所示.

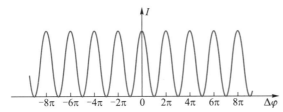

图 7-33 干涉现象的强度分布

干涉现象是波动所具有的重要特征之一,在声学、光学等领域有广泛的应用,同时因为只有波动才能产生干涉现象,因此,一旦出现干涉叠加现象,必然会联想到波动性,在近代物理学中,微观粒子的波动性就是这样被证实的.

思考 两列波产生干涉的条件是什么? 何时干涉加强? 何时干涉减弱?

例 7-7

A 和 B 为相干波源,振幅均为 5 mm,频率为 100 Hz,波速为 500 m/s. 当 A 点为波峰时,B 点恰为波谷,$|AB| = 20$ m,$|AP| = 15$ m,且 $\angle PAB = 90°$,求 P 点的振动情况.

解 由题意知,$\lambda = \dfrac{u}{\nu} = 5$ m,A、B 两点的振动反相位,则

$$\varphi_B - \varphi_A = \pi$$

$$\Delta \varphi = \varphi_B - \varphi_A - 2\pi \frac{|BP| - |AP|}{\lambda} = \pi - 2\pi \frac{25-15}{5} = -3\pi$$

所以 P 点的合振幅为零,静止.

例 7-8

如图 7-34 所示,两列同振幅平面简谐波在同一介质中相向传播,波速均为 200 m/s,当这两列波各自传播到 M、N 两点时,这两点作同频率($\nu = 100$ Hz)、同方向的振动,且 M 点为波峰时,N 点恰为波谷,设 M、N 两点相距 20 m,求 MN 连线上因干涉而静止的各点的位置.

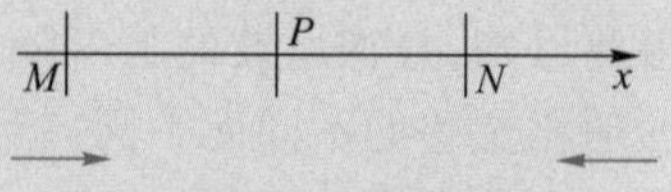

图 7-34 例 7-8 图

解 解此题时应考虑:①两列波分别传播到 M、N 两点时,这两点的振动情况;②根据 M、N 两点的振动情况可以分别列出题设两列波的波动表达式;③这两列波在 MN 连线上某点(如 P 点)若因干涉而静止(振幅为零),需要满足什么条件?

解题时首先选定坐标系,今选定 M 点为坐标原点,M、N 两点的连线为 x 轴,向右为正方向,则 M 点和 N 点的振动表达式分别为 $y_{M0} = A\cos 2\pi\nu t$ 和 $y_{N0} = A\cos(2\pi\nu t + \pi)$(由题设 M 点和 N 点的振动相位相反,故相位差为 π),于是来自 M 点左方的波通过 P 点,其 P 点的振动表达式为

$$y_M = A\cos 2\pi\left(\nu t - \frac{x}{\lambda}\right)$$

其中 x 为波在传播途中任一点 P 的坐标,即 $x = |MP|$,这样来自 N 点右方的波通过 P 点(仍以 M 点为原点来说)的振动表达式为

$$y_N = A\cos\left[2\pi\left(\nu t - \frac{|NP|}{\lambda}\right) + \pi\right]$$

$$= A\cos\left[2\pi\left(\nu t - \frac{20-x}{\lambda}\right) + \pi\right]$$

因干涉而静止的条件为相位差 $\Delta\varphi$ 等于 $(2k+1)\pi$,即

$$\Delta\varphi = \left[2\pi\left(\nu t - \frac{20-x}{\lambda}\right) + \pi\right] - 2\pi\left(\nu t - \frac{x}{\lambda}\right)$$

$$= (2k+1)\pi$$

化简后,并按题设 $\nu = 100$ Hz,$u = 200$ m/s,可求出 $\lambda = 2$ m,代入上式可得出因干涉而静止的各点的位置为

$$x = (10 + k)\text{ m}, \quad k = 0, \pm 1, \pm 2, \cdots, \pm 9$$

可见共有 19 个因干涉而静止的点.

7.6 驻波

本节我们主要讨论一种特殊的波的干涉现象,即驻波. 驻波在声学和光学方面有很重要的应用. 驻波是由两列振幅相同的相干波相向传播时叠加而形成的.

7.6.1 驻波的产生

为了产生驻波,可用如图 7-35(a)所示的装置,左边放一电振音叉,音叉末端系一水平细绳 AB,B 处有劈角,可左右移动以调节 AB 间的距离,细绳通过滑轮 P 后,末端挂一重物 m,使绳上产生张力. 音叉振动时,细绳上产生向右传播的波动,达到 B 点时,在 B 点反射,产生的反射波向左传播. 这样入射波和反射波在同一绳子上沿相反方向传播. 它们将互相叠加,移动劈尖至适当位置,会形成如图 7-35(b)所示的波形图.

从图 7-35(b)看出,由上述两列波叠加而形成的波,从 B 点开始被分成好几段,每段两端的点固定不动,而每段中的各质点则作振幅不同、相位相同的独立振动. 中间的点振幅最大,越靠近两端的点振幅越小. 始终静止不动的点称为波节,振幅最大的点称为波腹. 介于波节和波腹之间的各点的振幅,则介于零和最大值之间,也就是说,除波节外,弦线上各点都在作振幅不同的简谐振动,且相邻两波节(或波腹)间的距离都是 $\lambda/2$,所以 AB 的长度必定是 $\lambda/2$ 的整数倍. 若改变音叉频率,则 λ 也相应地改变为 λ'. 此时必须适当调节劈尖的位置,使 AB 的长度等于 $\lambda'/2$ 的整数倍时,才能够形成稳定的驻波图形.

图 7-36 画出了驻波形成的物理过程,其中彩色细实线代表向右传播的波,黑色虚线代表向左传播的波,黑色粗实线代表合成波. 取两波振动相位始终相同的点作为坐标原点,且在 $x=0$ 处振动质点向上达到最大位移时开始计时,图中画出了这两列波在 $t=0,T/8,T/4,3T/8,T/2$ 各时刻的波形. 由图可见,不论什么时刻,合成波在波节的位置(图中以"·"表示)始终静止不动,在两波节之间同一分段上的所有点,振动的相位都相同,各分段的中点是具有最大振幅的点(图中用"+"表示),就是波腹,相邻两分段上各点的振动则相位相反,这与实验结果是一致的.

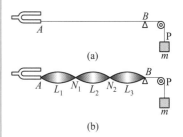

图 7-35 驻波实验及波形图

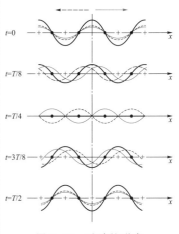

图 7-36 驻波的形成

7.6.2 驻波方程

1. 驻波方程

下面,我们给出驻波方程来定量描述驻波的全貌.

设有两列振幅、频率、振动方向都相同且初相为零的简谐波,一列波沿 x 轴正方向传播,另一列波沿 x 轴负方向传播,则两列波的波函数分别为

$$y_1 = A\cos 2\pi\left(\frac{t}{T}-\frac{x}{\lambda}\right) \tag{7-58}$$

$$y_2 = A\cos 2\pi\left(\frac{t}{T}+\frac{x}{\lambda}\right) \tag{7-59}$$

则合成波的波函数为

$$y = y_1 + y_2 = A\left[\cos 2\pi\left(\frac{t}{T}-\frac{x}{\lambda}\right)+\cos 2\pi\left(\frac{t}{T}+\frac{x}{\lambda}\right)\right]$$

即

$$y = 2A\cos\frac{2\pi}{\lambda}x\cos\frac{2\pi}{T}t \tag{7-60}$$

式(7-60)就是驻波方程,也叫做驻波的波函数.其中 $2A\cos\frac{2\pi}{\lambda}x$ 与时间无关,只随空间位置 x 的变化而改变,它实际上相当于合成波的振幅,用 A' 表示,即

$$A' = \left|2A\cos\frac{2\pi}{\lambda}x\right| \tag{7-61}$$

因此驻波方程可写成

$$y = A'\cos\frac{2\pi}{T}t \tag{7-62}$$

式(7-62)相当于一个振幅随 x 变化的简谐振动的振动方程,这正说明了驻波是一个集体振动的图像.

2. 驻波的特点

(1)振幅:由式(7-61)得出,振幅最大值发生在 $\left|\cos\frac{2\pi}{\lambda}x\right|=1$ 的点,因此波腹的位置可由

$$\frac{2\pi}{\lambda}x = k\pi, \quad k=0,\pm1,\pm2,\cdots$$

来决定,即波腹的位置为

$$x = k\frac{\lambda}{2}, \quad k=0,\pm1,\pm2,\cdots \tag{7-63}$$

由此可得,相邻两波腹之间的距离为

$$\Delta x = x_{k+1}-x_k = \frac{\lambda}{2}$$

同理可得,振幅的最小值发生在 $\cos\frac{2\pi}{\lambda}x=0$ 的点,因此,波节的位置可由

$$\frac{2\pi}{\lambda}x = (2k+1)\frac{\pi}{2}, \quad k=0,\pm1,\pm2,\cdots$$

来决定,即波节的位置为

$$x = (2k+1)\frac{\lambda}{4}, \quad k = 0, \pm 1, \pm 2, \cdots \tag{7-64}$$

可见相邻两个波节之间的距离也是 $\lambda/2$.

（2）相位:现在考察驻波中各点的相位. 设在某一时刻 t, $\cos\frac{2\pi}{T}t$ 为正,这时,在 $x=0$ 处左、右的两个波节之间,即在 $x=-\lambda/4$ 与 $x=\lambda/4$ 两点之间, $\cos\frac{2\pi}{\lambda}x$ 取正值,表示这一分段中所有各点（即指两个相邻波节之间的所有各点）都在平衡位置上方. 在同一时刻,对于在右方第一波节和第二波节之间的点,即在 $x=\lambda/4$ 和 $x=3\lambda/4$ 之间的各点, $\cos\frac{2\pi}{\lambda}x$ 取负值,这表示它们都在平衡位置的下方. 可见,在驻波中,相邻两波节之间的各点有相同的振动相位;而任一波节两侧的各点,振动相位则相反. 因此,和行波不同,在驻波进行过程中没有振动状态（相位）和波形的定向传播.

> **思考**　为什么说驻波实质上不是波?

> **思考**　驻波两相邻波节之间的各点振幅不同,为什么说它们的振动相位都相同?

（3）能量:由于驻波是由两列振幅相同的相干波沿相反方向传播叠加而形成的,因此能流密度为零,故能量不传播,波形也不传播,驻波就是由此而得名的. 由此看来,驻波虽然称为波,其实并不具备波的任何传播特征,实际上乃是一种特殊形式的振动,所以驻波的能量具有简谐振动的能量特征,当介质中各质点的位移达到各自的最大值时,其振动速度均为零,因而动能为零. 这时除波节外,所有质点都离开平衡位置,从而引起介质的最大弹性形变,所以这时驻波上质点的全部能量都是势能,由于在波节附近的相对形变最大,所以势能最大;而在波腹附近的相对形变为零,所以势能为零,因此驻波的势能集中在波节附近. 当驻波上所有质点同时到达平衡位置时,介质的形变为零,所以势能为零,驻波的全部能量都是动能. 这时在波腹处质点的速度最大,动能最大;而在波节处质点的速度为零,动能为零,因此驻波的动能集中在波腹附近. 由此可见,介质在振动过程中,驻波的动能与势能不断地转化,在转化过程中,能量不断由波腹附近转移到波节附近,再由波节附近转移到波腹附近,即在驻波进行过程中没有能量的定向传播.

思考 驻波能量特征与简谐振动能量特征的区别.

7.6.3 半波损失

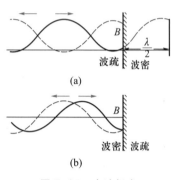

图 7-37 半波损失

在如图 7-35 所示的实验中,反射点 B 是固定不动的,在该处形成驻波的一个波节. 这一结果说明,当反射点固定不动时,反射波与入射波在 B 点是反相位的,如图 7-37(a) 所示;如果反射波与入射波在 B 点是同相位的,那么合成的驻波在 B 点形成波腹,如图 7-37(b) 所示. 也就是说,当反射点固定不动时,反射波与入射波之间有 π 的相位突变. 因为相距半波长的两点的相位差为 π,所以这个 π 的相位突变一般形象地称为"半波损失". 如果反射点是自由端,合成的驻波在反射点将形成波腹,这时,反射波与入射波之间没有相位突变. 研究表明,当波在空间传播时,在两种介质的分界面处究竟出现波节还是波腹,这取决于波的种类、两种介质的有关性质以及入射角的大小. 在波动垂直入射的情况下,如果是弹性波,我们把密度 ρ 与波速 u 的乘积 ρu 较大的介质称为波密介质,乘积 ρu 较小的介质称为波疏介质. 当波从波疏介质传播到波密介质而在分界面处发生反射时,反射点出现波节,就是说入射波在反射点反射时有相位 π 的突变,相位突变问题不仅在机械波反射时存在,在电磁波包括光波反射时也存在. 对于光波,我们把折射率 n 较大的介质称为光密介质,折射率 n 较小的介质称为光疏介质,那么当来自光疏介质的入射光在光密介质表面反射时,在反射点也有相位 π 的突变,关于光波的半波损失问题,我们将在波动光学中详细讨论.

例 7-9

如图 7-38 所示,一列沿 x 轴正方向传播的入射波的波函数为 $y_1 = A\cos 2\pi\left(\dfrac{t}{T} - \dfrac{x}{\lambda}\right)$,在 $x=0$ 处发生反射,反射点为一波节点. 求:

(1) 反射波的波函数;

(2) 合成波的波函数;

(3) 各波腹和波节的位置坐标.

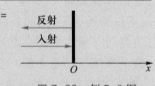

图 7-38 例 7-9 图

解　(1) 由题设条件知,反射点为波节,说明波反射时有 π 的相位突变,所以反射波的波函数为

$$y_2 = A\cos\left[2\pi\left(\frac{t}{T}+\frac{x}{\lambda}\right)+\pi\right]$$

反射时有 π 的相位突变,在反射波的波函数中可以用 −π,也可以用 +π 表示.

(2) 因为两列波为沿相反方向传播的相干波,根据波的叠加原理,合成波的波函数为

$$y = y_1 + y_2 = A\cos 2\pi\left(\frac{t}{T}-\frac{x}{\lambda}\right) +$$

$$A\cos\left[2\pi\left(\frac{t}{T}+\frac{x}{\lambda}\right)+\pi\right]$$

$$= 2A\cos\left(2\pi\frac{x}{\lambda}+\frac{\pi}{2}\right)\cdot\cos\left(2\pi\frac{t}{T}+\frac{\pi}{2}\right)$$

$$= 2A\sin 2\pi\frac{x}{\lambda}\cdot\sin 2\pi\frac{t}{T}$$

(3) 形成波幅的各点,振幅最大,即

$$\left|\sin 2\pi\frac{x}{\lambda}\right| = 1$$

则

$$2\pi\frac{x}{\lambda} = \pm(2k+1)\frac{\pi}{2}$$

所以

$$x = \pm(2k+1)\frac{\lambda}{4}$$

因为入射波是从 x 轴的负方向向坐标原点传播,所以 k 的取值为

$$k = 0, 1, 2, \cdots, n$$

所以各波腹的坐标为

$$x = -\frac{\lambda}{4}, -\frac{3\lambda}{4}, -\frac{5\lambda}{4}, \cdots, -(2n+1)\frac{\lambda}{4}$$

形成波节的各点,振幅为零,即

$$\sin 2\pi\frac{x'}{\lambda} = 0$$

则

$$2\pi\frac{x'}{\lambda} = \pm k\pi$$

所以

$$x' = \pm k\frac{\lambda}{2}, \quad k = 0, 1, 2, \cdots, n$$

各波节的坐标为

$$x' = 0, -\frac{\lambda}{2}, -\lambda, \cdots, -n\frac{\lambda}{2}$$

例 7-10

如图 7-39 所示,一列沿 x 轴正方向传播的入射波的波函数为 $y_1 = A\cos 2\pi\left(\frac{t}{T}-\frac{x}{\lambda}\right)$,在距坐标原点为 $9\lambda/8$ 的 P 点处被一垂直面反射,反射点为波腹. 求:

(1) 反射波的波函数;

(2) 合成波的波函数.

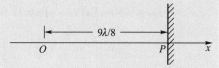

图 7-39　例 7-10 图

解　(1) 入射波在 P 点的振动方程为

$$y_{1P} = A\cos 2\pi\left(\frac{t}{T}-\frac{9\lambda/8}{\lambda}\right) = A\cos 2\pi\left(\frac{t}{T}-\frac{9}{8}\right)$$

因为反射点为波腹,则反射波在反射点不存在半波损失,则反射波在 P 点的振动方程为

$$y'_{2P} = A\cos 2\pi\left(\frac{t}{T}-\frac{9}{8}\right)$$

则

$$y'_{2O}(t) = y'_{2P}\left(t-\frac{9\lambda/8}{u}\right)$$

所以反射波在 O 点的振动方程为

$$y'_{2O}(t) = A\cos 2\pi\left(\frac{t}{T}-\frac{9}{4}\right)$$

则反射波的波函数为

$$y_2 = A\cos 2\pi\left(\frac{t}{T}+\frac{x}{\lambda}-\frac{9}{4}\right)$$

(2) 合成波的波函数为

$$y = y_1 + y_2 = 2A\cos\left(\frac{2\pi x}{\lambda}-\frac{\pi}{4}\right)\cos\left(\frac{2\pi t}{T}-\frac{\pi}{4}\right)$$

本章提要

1. 波动的定义及特点

波动是振动状态的传播过程,是波形、相位、能量的传播,介质中各质点并不随波逐流.

2. 机械波的产生条件及特点

机械波是机械振动在弹性介质中的传播,如果这种振动为简谐振动,那就形成简谐波. 简谐波是介质中各质元的集体受迫振动,离波源越远的点,相位越落后. 波的振幅 A、频率 ν、角频率 ω 及周期 T 均与波源一致. 波速 u、波长 λ 随介质不同而不同,它们之间的关系为

$$T = \frac{2\pi}{\omega} = \frac{1}{\nu}, \quad \text{角波数 } k = \frac{2\pi}{\lambda}, \quad u = \frac{\lambda}{T} = \lambda \nu$$

波速(弹性介质中)

固体中 $\quad u = \sqrt{\dfrac{G}{\rho}}$(横波), $\quad u = \sqrt{\dfrac{E}{\rho}}$(纵波)

流体(液体、气体)中 $\quad u = \sqrt{\dfrac{K}{\rho}}$

3. 平面简谐波的波动方程

平面简谐波的波动方程实质上是波线上介质任一点的运动方程,若波源的振动方程为

$$y_0 = A\cos(\omega t + \varphi_0)$$

则沿 x 轴方向传播的波动方程为

$$
\begin{aligned}
y(x,t) &= A\cos\left[\omega\left(t \mp \frac{x}{u}\right) + \varphi_0\right] \\
&= A\cos\left[2\pi\left(\frac{t}{T} \mp \frac{x}{\lambda}\right) + \varphi_0\right] \\
&= A\cos\left[2\pi\left(\nu t \mp \frac{x}{\lambda}\right) + \varphi_0\right] \\
&= A\cos(\omega t \mp kx + \varphi_0)
\end{aligned}
$$

其中"$\mp$"号表示波的传播方向. 当波沿 x 轴正方向传播时,取"$-$"号;当波沿 x 轴负方向传播时,取"$+$"号.

4. 波的能量

(1) 平面简谐波的能量特征:平面简谐波的动能与势能均随 t 作周期性变化,且相位相同,即能量从前面传过来,动能、势能同时达到最大值,然后向后面传下去,同时回到零,形成能量传播的图像.

以平面简谐纵波在细棒中的传播为例,有

$$dE_k = dE_p = \frac{1}{2}(\rho dV) A^2 \omega^2 \sin^2\left[\omega\left(t - \frac{x}{u}\right)\right]$$

$$dE = dE_k + dE_p = (\rho dV) A^2 \omega^2 \sin^2\left[\omega\left(t - \frac{x}{u}\right)\right]$$

(2) 波的平均能量密度

$$\overline{w} = \frac{1}{2}\rho A^2 \omega^2$$

(3) 波的平均能流密度(即波强)

$$I = \overline{w}u = \frac{1}{2}\rho u \omega^2 A^2 = \frac{1}{2}Z\omega^2 A^2$$

5. 波的叠加和干涉

(1) 惠更斯原理:在波的传播过程中,波阵面(波前)上的每一点都可看作是发射子波的波源,在其后的任一时刻,这些子波波面的包络面就成为新的波阵面.

(2) 波的叠加原理:几列波在同一介质中传播并相遇时,各列波均保持原来的特性(频率、波长、振动方向、传播方向)传播,在相遇点各质点的振动是各列波单独到达该处引起的振动的合成.

(3) 波的干涉

① 相干条件:两列波的振动方向、频率相同,相位相同或相位差恒定.

② 两列相干波在空间叠加后,有些点的振动始终加强(即振幅最大),有些点的振动始终减弱(即振幅最小),这种规律性的加强与减弱的现象称为波的干涉现象. 加强与减弱取决于两列波的相位差 $\Delta\varphi$,即

$$\Delta\varphi = (\varphi_{20} - \varphi_{10}) - \frac{2\pi}{\lambda}(r_2 - r_1) = 2k\pi,$$
$$k = 0, \pm 1, \pm 2, \cdots$$

干涉加强,合振幅最大,且 $A = A_1 + A_2$.

$$\Delta\varphi = (\varphi_{20} - \varphi_{10}) - \frac{2\pi}{\lambda}(r_2 - r_1) = (2k+1)\pi,$$
$$k = 0, \pm 1, \pm 2, \cdots$$

干涉减弱,合振幅为最小,且 $A = |A_1 - A_2|$.

若 $\varphi_{20} = \varphi_{10}$,即对于同相位的相干波源,相位差只由 $r_2 - r_1$ 决定,我们称 r_1 和 r_2 分别为两列波的波程,$r_2 - r_1$ 就称为波程差,用 δ 表示,则上述条件可简化为

$$\delta = r_2 - r_1 = 2k\frac{\lambda}{2}, \quad k = 0, \pm 1, \pm 2, \cdots \quad \text{(干涉加强)}$$

$$\delta = r_2 - r_1 = (2k+1)\frac{\lambda}{2}, \quad k = 0, \pm 1, \pm 2, \cdots \quad \text{(干涉减弱)}$$

在其他情况下,合振动的振幅介于最大值 A_1+A_2 和最小值 $|A_1-A_2|$ 之间.

(4)驻波:驻波是由振幅相同,传播方向相反的两列相干波叠加而成的.

① 驻波方程

设两列相向传播的相干波的波函数分别为

$$y_1 = A\cos 2\pi\left(\frac{t}{T} - \frac{x}{\lambda}\right)$$

$$y_2 = A\cos 2\pi\left(\frac{t}{T} + \frac{x}{\lambda}\right)$$

则驻波方程(即合成波的波函数)为

$$y = y_1 + y_2 = 2A\cos\frac{2\pi}{\lambda}x\cos\frac{2\pi}{T}t$$

其中 $2A\cos\frac{2\pi}{\lambda}x$ 与时间无关,只随空间位置 x 的变化而发生改变,它实际上相当于合成波的振幅,用 A' 表示,即

$$A' = \left|2A\cos\frac{2\pi}{\lambda}x\right|$$

因此驻波方程可写成

$$y = A'\cos\frac{2\pi}{T}t$$

② 驻波的特征

波节与波腹:两个相邻波节(腹)之间的距离为 $\frac{\lambda}{2}$,相邻波节与波腹之间的距离为 $\frac{\lambda}{4}$;相邻两波腹之间各质点的振幅随 x 按余弦规律变化.

相位分布特征:在驻波中,相邻两波节之间的各点有相同的振动相位;而任一波节两侧的各点,振动相位则相反.因此,和行波不同,在驻波进行过程中没有振动状态(相位)和波形的定向传播.

能量特征:介质在振动过程中,驻波的动能与势能不断地转化,在转化过程中,能量不断地由波腹附近转移到波节附近,再由波节附近转移到波腹附近,这就是说,在驻波进行过程中没有能量的定向传播,与简谐振动的能量特征相同.

半波损失:反射波在反射点形成波节,成为固定端,则反射波有半波损失;反射波在反射点形成波腹,成为自由端,则反射波无半波损失.

习题

7-1 在下面几种说法中,正确的是 　　(　　)

(A)波源不动时,波源的振动周期与波动的周期在数值上是不同的

(B)波源振动的速度与波速相同

(C)在波传播方向上的任一质点的振动相位总是比波源的相位滞后

(D)在波传播方向上的任一质点的振动相位总是比波源的相位超前

7-2 已知一列平面简谐波的表达式为 $y = A\cos(at-bx)$(a、b 为正值常量),则 　(　　)

(A)波的频率为 a

(B)波的传播速度为 b/a

(C)波长为 π/b

(D)波的周期为 $2\pi/a$

7-3 一列平面余弦波在 $t=0$ 时刻的波形曲线如习题 7-3 图所示,则 O 点的振动初相为 　(　　)

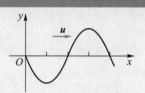

习题 7-3 图

(A)0

(B)$\frac{1}{2}\pi$

(C)π

(D)$\frac{3}{2}\pi\left(或-\frac{1}{2}\pi\right)$

7-4 频率为 100 Hz,传播速度为 300 m/s 的平面简谐波,波线上距离小于波长的两点振动的相位差为 $\frac{1}{3}\pi$,则此两点相距 　(　　)

(A)2.86 m

(B)2.19 m

(C)0.5 m

(D)0.25 m

7-5 一列平面简谐波沿 x 轴负方向传播,已知 $x=b$ 处质点的振动方程为 $y=A\cos(\omega t+\varphi_0)$,波速为 u,则波的表达式为 （　　）

（A）$y=A\cos\left(\omega t+\dfrac{b+x}{u}+\varphi_0\right)$

（B）$y=A\cos\left[\omega\left(t-\dfrac{b+x}{u}\right)+\varphi_0\right]$

（C）$y=A\cos\left[\omega\left(t+\dfrac{x-b}{u}\right)+\varphi_0\right]$

（D）$y=A\cos\left[\omega\left(t+\dfrac{b-x}{u}\right)+\varphi_0\right]$

7-6 一列平面简谐波沿 x 轴正方向传播,$t=0$ 时刻的波形图如习题 7-6 图所示,则 P 处质点的振动方程是 （　　）

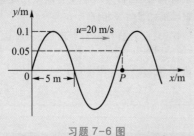

习题 7-6 图

（A）$y_P=0.10\cos\left(4\pi t+\dfrac{1}{3}\pi\right)$（SI 单位）

（B）$y_P=0.10\cos\left(4\pi t-\dfrac{1}{3}\pi\right)$（SI 单位）

（C）$y_P=0.10\cos\left(2\pi t+\dfrac{1}{3}\pi\right)$（SI 单位）

（D）$y_P=0.10\cos\left(2\pi t+\dfrac{1}{6}\pi\right)$（SI 单位）

7-7 一列平面简谐波在弹性介质中传播,在质元从平衡位置运动到最大位移处的过程中 （　　）
（A）它的动能转化成势能
（B）它的势能转化成动能
（C）它从相邻的一段质元获得能量,其能量逐渐增大
（D）它把自己的能量传给相邻的一段质元,其能量逐渐减小

7-8 如习题 7-8 图所示,S_1 和 S_2 为两相干波源,它们的振动方向均垂直于纸面,发出波长为 λ 的简谐波,P 点是两列波相遇区域中的一点,已知 $|S_1P|=2\lambda$,$|S_2P|=2.2\lambda$,两列波在 P 点发生相消干涉.若 S_1 的振动方程为 $y_1=A\cos\left(2\pi t+\dfrac{1}{2}\pi\right)$,则 S_2 的振动方程为 （　　）

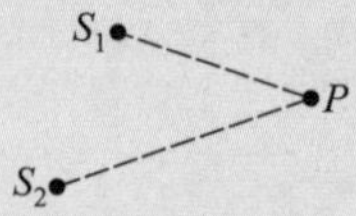

（A）$y_2=A\cos\left(2\pi t-\dfrac{1}{2}\pi\right)$

（B）$y_2=A\cos(2\pi t-\pi)$

（C）$y_2=A\cos\left(2\pi t+\dfrac{1}{2}\pi\right)$

（D）$y_2=A\cos(2\pi t-0.1\pi)$

习题 7-8 图

7-9 在驻波中,两个相邻波节间各质点的振动 （　　）
（A）振幅相同,相位相同
（B）振幅不同,相位相同
（C）振幅相同,相位不同
（D）振幅不同,相位不同

7-10 沿着相反方向传播的两列相干波,其表达式为
$$y_1=A\cos 2\pi(\nu t-x/\lambda),\quad y_2=A\cos 2\pi(\nu t+x/\lambda)$$
在叠加后形成的驻波中,各处简谐振动的振幅是 （　　）
（A）A　　　　　（B）$2A$
（C）$2A\cos(2\pi x/\lambda)$　　（D）$|2A\cos(2\pi x/\lambda)|$

7-11 A、B 是简谐波波线上的两点,已知 B 点的相位比 A 点落后 $\pi/3$,A、B 两点相距 0.5 m,波的频率为 100 Hz,则该波的波长 $\lambda=$ _____ m,波速 $u=$ _____ m/s.

7-12 在同一介质中两列频率相同的平面简谐波的强度之比 $I_1/I_2=16$,则这两列波的振幅之比 $A_1/A_2=$ _____.

7-13 一列平面简谐波沿 Ox 轴传播,波动方程为 $y=A\cos[2\pi(\nu t-x/\lambda)+\varphi]$,则 $x_1=L$ 处质点振动的初相位是 _____;与 x_1 处质点振动状态相同的其他质点的位置是 _____;与 x_1 处质点速度大小相同,但方向相反的其他质点的位置是 _____.

7-14 波源 S_1 和 S_2 发出的波在 P 点相遇,P 点距波源 S_1 和 S_2 的距离分别为 3λ 和 $10\lambda/3$,λ 为两列波在介质中的波长,若 P 点的合振幅总是极大值,则两波源的振动方向为_____,振动频率为_____,波源 S_2 的相位比 S_1 的相位领先_____.

7-15 设平面简谐波沿 x 轴传播时在 $x=0$ 处发生反射,反射波的表达式为
$$y_2 = A\cos\left[2\pi(\nu t - x/\lambda) + \pi/2\right]$$
已知反射点为一自由端,则由入射波和反射波形成的驻波的波节位置的坐标为_____.

7-16 (1)已知在室温下空气中的声速为 340 m/s,水中的声速为 1 450 m/s,能使人耳听到的声波频率在 20~20 000 Hz 之间,求这两极限频率的声波在空气中和水中的波长.
(2)人眼所能见到的光(可见光)的波长范围为 400 nm(属于紫光)至 760 nm(属于红光).求可见光的频率范围.

7-17 已知一列平面简谐波的波动方程为 $y = 5\times10^{-2}\sin(10\pi t - 0.6x)$(SI 单位).
(1)求波长、频率、波速及周期;
(2)说明 $x=0$ 时波动方程的意义,并作图表示.

7-18 试说明如习题 7-18 图所示的振动曲线与波动曲线有何区别和联系,并求解:

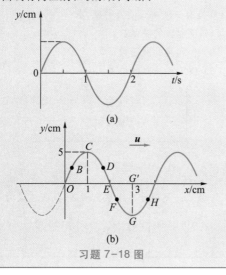

习题 7-18 图

(1)已知某质点的振动曲线如图(a)所示,若它以 $u=20$ m/s 在介质中传播,试画出 $t=3$ s 时的波动曲线;
(2)已知 $t=0$ s 时的波动曲线如图(b)所示,试画出 O、E、G' 各点的振动曲线;
(3)已知 $y = 2\cos(2\pi t - \pi x)$(SI 单位),画出 $x=0$ 和 $x=\dfrac{\lambda}{4}$ 两点的振动曲线.

7-19 一列平面简谐纵波沿线圈弹簧传播.设波沿着 x 轴正方向传播,弹簧中某圈的最大位移为 3.0 cm,振动频率为 2.5 Hz,弹簧中相邻两疏部中心的距离为 24 cm,当 $t=0$ 时,在 $x=0$ 处质点的位移为零并向 x 轴正方向运动,试写出该波的波动表达式.

7-20 如习题 7-20 图所示为一列沿 x 轴负方向传播的平面简谐波在 $t=T/4$ 时的波形图,振幅 A、波长 λ 以及周期 T 均已知.

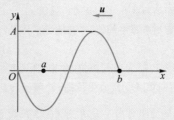

习题 7-20 图

(1)写出该波的波动表达式;
(2)画出 $x=\lambda/2$ 处点的振动曲线;
(3)图中 a 和 b 两点的相位差 $\varphi_a - \varphi_b$ 为多少?

7-21 有一列沿 x 轴正方向传播的平面简谐波,其波速为 $u=1$ m/s,波长 $\lambda=0.04$ m,振幅 $A=0.03$ m.若以坐标原点恰在平衡位置且向 y 轴负方向运动时作为开始时刻,试求:
(1)此平面简谐波的波动方程;
(2)与波源相距 $x=0.01$ m 处质点的振动方程,该点的初相位是多少?

7-22 一列平面余弦波沿直径为 0.14 m 的圆柱形玻璃管前进,波的强度为 9×10^{-3} J·s^{-1}·m^{-2},其频率为 300 Hz,波速为 300 m·s^{-1},问:波的平均能量密度和最大能量密度各是多少?

7-23 如习题 7-23 图所示,同一介质中有两个相干波源 S_1、S_2,且 S_1 与 S_2 相距为 40 cm,振幅均为 $A=33$ cm,波速均为 $u=100$ m·s^{-1},当 S_1 为波峰时,S_2 正好为波谷.设介质中有一点 P,$|S_1P|=30$ cm 欲使两列波在 P 点干涉后加强,则这两列波的最小频率为多大?

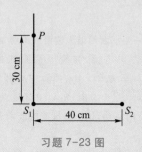

习题 7-23 图

7-24 距离一个点声源 10 m 的地方,声音的声强级是 20 dB.若不计介质对声波的吸收,求:

(1) 距离声源 5.0 m 处的声强级;

(2) 距离声源多远处,声音就听不见了?

7-25 P、Q 为两列相位、频率、振幅都相同的相干波源,它们在同一介质中传播,设频率为 ν,波长为 λ,P、Q 之间的距离为 $\dfrac{3}{2}\lambda$,R 为 PQ 延长线上离 Q 很远的一点,两波在该点的振幅可视为相等,试求:

(1) 自 P 点发出的波在 R 点的振动与自 Q 点发出的波在 R 点的振动的相位差;

(2) R 点的合振动的振幅.

7-26 设 S_1 和 S_2 为两列相干波源,相距为 $\dfrac{1}{4}\lambda$,S_1 的相位比 S_2 的相位超前 $\dfrac{\pi}{2}$.若这两列波在 S_1、S_2 连线方向上的强度均为 I_0,且不随距离变化,问 S_1、S_2 连线上在 S_1 外侧各点的合成波的强度如何? 又,在 S_2 外侧各点的合成波的强度如何?

7-27 同一介质中的两个波源位于 A、B 两点,其振幅相等,频率都是 100 Hz,相位差为 π,若 A、B 两点相距为 30 m,波在介质中的传播速度为 400 m/s,试求 AB 连线上因干涉而静止的各点的位置.

7-28 设入射波方程为 $y_1=A\cos\left[2\pi\left(\dfrac{t}{T}+\dfrac{x}{\lambda}\right)\right]$,在弦上传播并在 $x=0$ 处发生反射,反射点为自由端,试求:

(1) 反射波的波动方程;

(2) 合成波的波动方程;

(3) 波腹的位置.

7-29 设入射波表达式为 $y_1=A\cos\left[2\pi\left(\dfrac{t}{T}+\dfrac{x}{\lambda}\right)\right]$,在 $x=0$ 处发生反射,反射点为一固定端,求:

(1) 反射波的表达式;

(2) 合成驻波的表达式.

7-30 两列波在一根很长的弦线上传播,其波动表达式为

$$y_1=0.06\cos\dfrac{\pi}{2}(2.0x-8.0t)\ (\text{SI 单位})$$

$$y_2=0.06\cos\dfrac{\pi}{2}(2.0x+8.0t)\ (\text{SI 单位})$$

求:

(1) 各波的频率、波长和波速;

(2) 波节的位置;

(3) 哪些位置上的振幅最大?

7-31 如习题 7-31 图所示,一列波沿 x 轴负方向传播,波函数为 $y_1=0.05\cos(4\pi t+4\pi x)$(SI 单位),在 $x=0$ 处有一波密介质反射壁,求:

(1) 反射波的波函数;

(2) 合成波的波函数;

(3) 波节和波腹的位置.

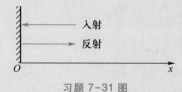

习题 7-31 图

7-32 一列横波在绳索上传播,其表达式为

$$y_1=0.05\cos\left[2\pi\left(\dfrac{t}{0.05}-\dfrac{x}{4}\right)\right]\ (\text{SI 单位})$$

（1）现有另一列横波（振幅也是 0.05 m）与上述已知横波在绳索上形成驻波，设这一横波在 $x = 0$ 处与已知横波同相位，写出该波的表达式；

（2）写出绳索上的驻波表达式；求出各个波节的位置坐标；并写出离原点最近的四个波节的坐标数值.

7-33 在一根线密度 $\mu = 10^{-3}$ kg/m、张力 $F = 10$ N 的弦线上，有一列沿 x 轴正方向传播的简谐波，其频率为 $\nu = 50$ Hz，振幅为 $A = 0.04$ m. 已知弦线上离坐标原点 $x_1 = 0.5$ m 处的质点在 $t = 0$ 时刻的位移为 $+\dfrac{A}{2}$，且沿 y 轴负方向运动，当传播到 $x_2 = 10$ m 处固定端时，被全部反射，试写出：

（1）入射波和反射波的波动表达式；

（2）入射波与反射波叠加的合成波在 $0 \leqslant x \leqslant 10$ m 区间内各个波腹和波节处的坐标；

（3）合成波的平均能流.

第 7 章习题答案

第8章 波动光学

　　光学是物理学中发展较早的一个重要分支学科. 根据对光的本质的认识,光学可分为几何光学、波动光学和量子光学等部分. 除了光的反射、折射、成像等现象外,关于光的本质和传播等问题,也很早就引起了人们的注意. 古希腊的哲学家曾提出:太阳和其他一切发光和发热的物体发出微小的粒子,这些微小粒子能够引起人们光和热的感觉. 关于光的本性的问题,在 17 世纪有两种不同的学说:一种是牛顿所主张的光的微粒说,认为光是从发光体发出的且以一定速度向空间传播的一种微粒;另一种是惠更斯所倡议的光的波动说,认为光是在介质中传播的一种波动. 微粒说与波动说都能解释光的反射和折射现象,但是在解释光线从空气进入水中的折射现象时,微粒说的结论是水中的光速大于空气中的光速,而波动说的结论是水中的光速小于空气中的光速. 当时人们还不能准确地用实验方法测定光速,因而无法根据折射现象去判断这两种学说的优劣.

　　19 世纪初,人们发现光有干涉、衍射和偏振等现象,这些现象是波动的特性,和微粒说是不相容的. 后来在 1850 年,傅科(J. B. Foucault)又用实验方法测定了水中的光速,证实水中的光速小于空气中的光速,这些事实都对光的波动说提供了重要的实验论据. 19 世纪 60 年代,麦克斯韦建立了光的电磁理论,认识到光是一种电磁波. 但是从 19 世纪末到 20 世纪初,人们又发现一系列新现象(如光电效应),这些新现象不能用波动理论来解释,必须假定光是具有一定能量和动量的粒子所组成的粒子流,这种粒子称为光子,这样人们认识到光具有波动和粒子两种性质. 本章我们主要通过对光的干涉、衍射和偏振现象的讨论来揭示光的波动性.

　　光的干涉、衍射和偏振现象,在现代科学技术中的应用十分广泛,例如长度的精密测量、光谱学的测量与分析、光测弹性研究、晶体结构分析等. 最近几十年,激光技术迅速发展,全息照相技术、集成光学、光通信等新技术也先后建立起来,开拓了光学研究和应用的新领域. 其中在基础理论方面也对波动光学进行了再认识,如傅里叶光学、相干光学和信息处理以及强激光下的非线性光学效应等.

8.1　光的相干性

8.1.1　光波

光的波动性告诉我们光是一种电磁波. 所谓电磁波,是变化的电场与变化的磁场在空间的传播,从无线电波、紫外线到可见光波,从红外线、X 射线到 γ 射线等,都是波长不同的电磁波. 它们在真空中都以 $c = 3 \times 10^8$ m/s 的速度传播,c 称为真空中的光速. 日常谈论的光波主要指的是可见光,它是能引起人们视觉响应的电磁波. 其频率范围(由红光到紫光)为 $4.3 \times 10^{14} \sim 7.5 \times 10^{14}$ Hz,在真空中相应的波长范围为 $760 \sim 400$ nm.

8.1.2　光源

1. 光的分类

在自然界中,凡是能够发光的物体称为光源. 光源从发光机制上可分为普通光源和激光光源两大类. 普通光源有热光源(由热能激发,如白炽灯、弧光灯、太阳等)和冷光源(由化学能、电能或光能激发,如日光灯、萤火虫的发光体、气体放电管等)两大类.

各种光源的激发方式是不同的,常见的有利用热能激发的,如白炽灯、弧光灯等热辐射发光光源;有利用电能激发引起发光的,称为电致发光,如稀薄气体中通电时发出的辉光以及半导体发光二极管(简称 LED)等;有利用光激发引起发光的,称为光致发光,如某些物质(如碱土金属的氧化物等)在可见光或紫外线照射下被激发而发光. 在外界光源移去后,立刻停止发光的,称为荧光发光;在外界光源移去后,仍能持续发光的称为磷光发光;由于化学反应而发光的,称为化学发光,例如燃烧过程、萤火虫的发光、腐烂物中的磷在空气中氧化而发光等都属于化学发光;此外,还有受激辐射的激光.

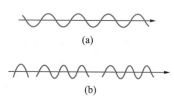

图 8-1　光波的波列

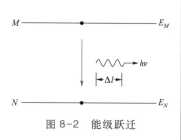

图 8-2　能级跃迁

2. 原子的发光机理

人们一提起光波,很可能马上会想到如图 8-1(a)所示的图像,即好似一列无限连续的单色平面余弦波,其实,普通光源的发光是由大量的分子或原子进行的一种微观过程所决定的.所以实际的光波如图 8-1(b)所示,它是由一个一个断续的波列构成的.

按照近代物理理论和实验证实,一个孤立的原子或分子,它的能量只允许处在一系列分立的能级 $E_1,E_2,\cdots,E_n$ 上,也就是说只能具有某些离散的值(即能量是量子化的),通常原子总是处在最低的能级 E_1 上,这种状态称为基态,基态是稳定态. 若在外界的作用下,原子吸收了外界的能量跃迁到较高能级上,原子就进入激发态,这些激发态一般是很不稳定的,原子在激发态上的平均寿命是非常短的,只有 $10^{-11}\sim10^{-8}$ s,然后原子就会自发地回到较低的能级上.如图 8-2 所示,高能级 M 的能量为 E_M,低能级 N 的能量为 E_N,当处于高能级的原子跃迁到低能级时,原子的能量要减少,并向外辐射电磁波,这些电磁波携带的能量就是原子所减少的那一部分能量,若以 $h\nu$ 表示电磁波的能量,则有

$$E_M-E_N=h\nu \tag{8-1}$$

这就是原子的发光机理. 式中 $h=6.63\times10^{-34}$ J · s 称为普朗克常量,它与真空中的光速 c 是近代物理学中两个非常重要的常量.ν 为电磁波的频率,若式(8-1)中的 ν 恰好在可见光的频率范围内,则这种跃迁就发射出可见光.

原子的发光是断续的,每次跃迁所经历的时间 Δt 也极短,约为 10^{-8} s,它是一个原子一次发光所持续的时间,也就是说,一个原子每一次发光只能发出一段长度(Δl)有限、频率(ν)一定和振动方向一定的光波(横波),这一段光波就是如图 8-2 所示的一个波列,可见,波列的长度 Δl 为

$$\Delta l=c\Delta t \tag{8-2}$$

从干涉的角度来说,常把 Δl 称为相干长度,Δt 称为相干时间. 正因为光波是由一个一个断续的波列所构成的,而且每一波列又有自己的振动方向和初相位,所以 Δl 越长的光波,在空间相遇产生干涉的可能性就越大,即相干性越好,如氦氖激光的相干长度 Δl 有几十千米,是相干性非常好的新型光源.

由此可知,普通光源的发光有两个显著的特点:其一,原子发光完全是独立的,在激发态上存在的 10^{-8} s 中,何时发光是难以预料的,但是平均来说,发光时间 Δt 是在约 10^{-8} s 内完成的,每个原子或分子发光都是断断续续的,也就是有间隙的,所发出的是一

段长为 Δl、频率(ν)一定和振动方向一定的光波;其二,每一次发光都是随机进行的,所发出的各个光波列彼此都是毫无关系的,振动方向和初相位也都毫不相关,因此两个普通光源或同一光源的不同部分所发出的光是不满足相干条件的.

3. 光的颜色和光谱

平时讲的"单色光",理论上是指单一频率(或波长)的光波.实际上,任何光源所发出的光波都有一定的频率(或波长)范围,在此范围内,各种频率(或波长)所对应的强度是不同的,所以严格的单色光在实际中是不存在的.以波长(或频率)为横坐标,强度为纵坐标绘出的曲线,可以直观地表示出这种强度与波长之间的关系,这样的曲线称为光谱曲线(或称为谱线),如图 8-3 所示.谱线所对应的波长范围越窄,则称光的单色性越好,λ_0 为中心波长,其光强 I_0 最大,$\Delta\lambda$ 为波长范围,通常用强度下降到 $\dfrac{I_0}{2}$ 的两点之间的波长范围 $\Delta\lambda$ 当作谱线宽度,它是标志谱线单色性好坏的物理量.可见光的中心波长与波长范围如表 8-1 所示,如果光波中包含波长范围很窄的成分,则这种光称为准单色光.利用光谱仪可以把光源所发出的光中波长不同的成分彼此分开,所有的波长成分就组成了光谱,光谱中每一波长成分所对应的亮线和暗线,称为光谱线,她们都有一定的宽度,每种光源都有自己特定的光谱结构,利用它可以对化学元素或对原子和分子进行研究.

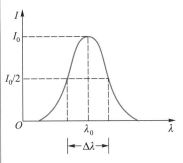

图 8-3 中心波长与波长范围

颜色	中心波长 λ_0/nm	波长范围 $\Delta\lambda$/nm
红	660	760 ~ 647
橙	610	647 ~ 585
黄	580	585 ~ 575
绿	540	575 ~ 492
青	480	492 ~ 470
蓝	430	470 ~ 424
紫	410	424 ~ 400

表 8-1 可见光对应的波长范围

注:关于可见光对应的波长范围,不同文献给出的数据有差异,本表参考了《中国大百科书》物理卷第 697 页的资料.

普通单色光源,如钠光灯、镉灯、汞灯等,谱线宽度的数量级为 $0.1 \sim 10^{-3}$ nm,激光的谱线宽度只有 10^{-9} nm,甚至更小. 产生谱线宽度的原因有很多,任何光源中原子一次发光都有一定的持续时间,也就是说波列的长度是有限的,根据傅里叶分析可知,一列有限长的周期性波列是由无数个振幅不同、频率连续变化的简谐波叠加的结果,所以它的频率就有一定大小的宽度,通常称其为谱线的自然宽度.同时,由于原子间的相互碰撞,也将使原子的发光持续时间缩短,从而使谱线宽度加宽;此外,由于发光原子的热运动,原子发光的频率会产生多普勒效应,进一步使谱线宽度加宽.

4. 光的强度

可见光是能够激起人视觉的电磁波.对于光波来说,传播的是交变的电场和磁场(用 E 和 H 表示).实践表明,在这两个矢量中,能引起视觉效应和照相底片感光作用的是光波中的电场,所以光学中常用电场强度 E 代表光振动,并把 E 矢量称为光矢量,光振动指的是电场强度 E 随时间周期性的变化.

人眼或感光仪器所检测到的光的强弱是由能流密度决定的,能流密度正比于电场强度的平方,所以光的强度(即能流密度)

$$I \propto E_0^2$$

通常我们关心的是光强度的相对分布,故可设比例系数为 1,则在传播光的空间内任一点光的强度,可用该点光矢量振幅的平方表示,即

$$I = E_0^2 \tag{8-3}$$

8.1.3 光的干涉

1. 光的干涉现象

第 7 章在讨论机械波时已经指出,两列波相遇发生干涉现象的条件是:振动频率相同、振动方向相同、相位相同或相位差恒定.在光学中,实验表明,从两个独立的、同频率的单色普通光源(如钠光灯)发出的光相遇,不能得到干涉图样,这是为什么?那又如何实现光的干涉现象呢?下面对光的相干性作一简单说明.

对于真空中传播的光或在介质中传播的光(光强不太强),当几列光波在空间相遇时,其合成波的光矢量 E 满足光波叠加原理,等于各列光波光矢量 $E_1, E_2, \cdots, E_n$ 的矢量和,即

$$E = E_1 + E_2 + \cdots + E_n \tag{8-4}$$

设两列同频率的单色光在空间某点的光矢量 E_1 和 E_2 的数值分

别为

$$E_1 = E_{10}\cos(\omega t + \varphi_{10}), \quad E_2 = E_{20}\cos(\omega t + \varphi_{20}) \quad (8-5)$$

叠加后合成的光矢量为 $E = E_1 + E_2$. 若光矢量 E_1 和 E_2 是同方向的,则合成光矢量的数值为

$$E = E_1 + E_2 = E_0\cos(\omega t + \varphi_0) \quad (8-6)$$

其中

$$E_0 = \sqrt{E_{10}^2 + E_{20}^2 + 2E_{10}E_{20}\cos(\varphi_{20} - \varphi_{10})}$$

$$\varphi_0 = \arctan\frac{E_{10}\sin\varphi_{10} + E_{20}\sin\varphi_{20}}{E_{10}\cos\varphi_{10} + E_{20}\cos\varphi_{20}}$$

在观测时间间隔 τ 内,平均光强 I 正比于 $\overline{E_0^2}$,即

$$I \propto \overline{E_0^2} = \frac{1}{\tau}\int_0^\tau E_0^2 dt$$

$$= \frac{1}{\tau}\int_0^\tau \left[E_{10}^2 + E_{20}^2 + 2E_{10}E_{20}\cos(\varphi_{20} - \varphi_{10})\right]dt$$

$$= E_{10}^2 + E_{20}^2 + 2E_{10}E_{20}\frac{1}{\tau}\int_0^\tau\cos(\varphi_{20} - \varphi_{10})dt$$

$$I = I_1 + I_2 + 2\sqrt{I_1 I_2}\frac{1}{\tau}\int_0^\tau\cos(\varphi_{20} - \varphi_{10})dt \quad (8-7)$$

若这两束同频率的单色光分别由两个独立的普通光源发出,由于光源中原子或分子发光的随机性和间歇性. 这两光波间的相位差 $(\varphi_{20} - \varphi_{10})$ 也将随机地发生变化,并以相同的概率取 0 到 2π 之间的一切数值,因此,在所观测的时间内

$$\int_0^\tau\cos(\varphi_{20} - \varphi_{10})dt = 0$$

从而

$$\overline{E_0^2} = E_{10}^2 + E_{20}^2$$

或

$$I = I_1 + I_2 \quad (8-8)$$

上式表明:两束光叠加后的光强等于两束光分别照射时的光强 I_1 和 I_2 之和,我们把这种情况称为光的非相干叠加.

如果这两束光来自同一光源,并使它们的相位差 $(\varphi_{20} - \varphi_{10})$ 始终保持恒定,也就是说任何时刻的相位差,始终保持不变,与时间无关,则

$$\frac{1}{\tau}\int_0^\tau\cos(\varphi_{20} - \varphi_{10})dt = \cos(\varphi_{20} - \varphi_{10})$$

其合成后的光强为

$$I = I_1 + I_2 + 2\sqrt{I_1 I_2}\cos(\varphi_{20} - \varphi_{10}) \quad (8-9)$$

此时 $\cos(\varphi_{20} - \varphi_{10})$ 将不随时间而变化,我们把 $2\sqrt{I_1 I_2}\cos(\varphi_{20} -$

φ_{10})称为干涉项,将这种情况称为光的相干叠加. 由式(8-9)可知,由于两光束间存在着相位差($\Delta\varphi = \varphi_{20} - \varphi_{10}$),合成后的光强不仅取决于两束光的光强$I_1$和$I_2$,还与两束光之间的相位差$\Delta\varphi$有关. 当两束光在空间不同位置相遇时,其相位差$\Delta\varphi$也将有不同的数值,因此,在空间各个不同位置的光强将发生连续的变化,即光强在空间重新分布.

当$\Delta\varphi = \pm 2k\pi$($k = 0, 1, 2, \cdots$)时,$I = I_1 + I_2 + 2\sqrt{I_1 I_2}$,这些位置的光强最大,称为干涉相长(也称为干涉加强);

当$\Delta\varphi = \pm(2k+1)\pi$($k = 0, 1, 2, \cdots$)时,$I = I_1 + I_2 - 2\sqrt{I_1 I_2}$,这些位置的光强最小,称为干涉相消(也称为干涉减弱).

如果$I_1 = I_2$,那么合成后的光强为

$$I = 2I_1(1 + \cos\Delta\varphi) = 4I_1\cos^2\frac{\Delta\varphi}{2} \qquad (8-10)$$

因此在叠加区域内,($\varphi_{20} - \varphi_{10}$)的取值随空间位置的不同而不同,光强随位置的分布而发生变化,出现了明暗按一定规则排列的干涉现象. 光强I随相位差$\Delta\varphi$的变化情况如图8-4所示,这就是光的干涉现象.

2. 相干光的获得

我们把能够产生相干叠加的两束光称为相干光,相干叠加必须满足振动频率相同、方向相同、相位相同或相位差恒定的条件,由前面讨论可知,普通光源发出的光是由光源中各个分子或原子发出的波列组成的,而这些波列之间没有固定的相位关系,因此来自两个独立光源的光波,即使频率相同、振动方向相同,它们的相位差也不可能保持恒定,因而不能得到干涉现象;同一光源的两个不同部分发出的光,也不满足相干条件,因此也不是相干光. 只有从同一光源的同一部分发出的光,通过某些装置进行分束后,才能获得符合相干条件的相干光.

那么,如何获得相干光呢? 基本思路是这样的:把从光源上同一点发出的光束分成两束光,显然,这两束光就符合相干光的条件了,然后再叠加形成干涉.根据这个思路,常用的获得相干光的方法有两种:一种是用分波阵面法获得相干光,即把一束光从同一波阵面上取两个次级波相干,如图8-5所示;另一种获得相干光的方法为分振幅法,利用透明薄膜的上表面和下表面对入射光的反射,将入射光的振幅分解为两部分,然后由这两部分光波相遇产生干涉,如图8-6所示.

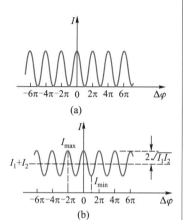

图8-4　干涉现象的光强分布

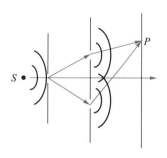

图8-5　分波阵面法

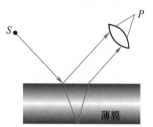

图8-6　分振幅法

思考　为什么从不同光源或从同一光源的不同部分发出的光不是相干光?

8.1.4　光程　光程差

对于光的干涉现象,两束相干光是由同一光束分出来的,即 $\varphi_{20} \equiv \varphi_{10}$,因此,讨论光的干涉问题,只需要把波程差换成光程差,把加强或减弱换成明纹或暗纹,其余的规律就与机械波干涉相同了. 在前面讨论的光的干涉现象中,两相干光束始终在同一介质(实际上是空气)中传播,它们到达某一点叠加时,在相遇点干涉加强或减弱取决于两相干光波在该处的相位差 $\Delta\varphi$,而 $\Delta\varphi$ 取决于两相干光束间的路程差. 若讨论一束光在几种不同介质中传播,或者比较两束经过不同介质的光时,常引入光程的概念,这将对分析相位关系带来很大的方便.

单色光的振动频率 ν 在不同介质中是相同的,在折射率为 n 的介质中,光速 v 是真空中光速 c 的 $\dfrac{1}{n}$,所以在介质中,单色光的波长 λ' 将是真空中波长 λ 的 $\dfrac{1}{n}$,即

$$\lambda' = \frac{v}{\nu} = \frac{c}{n\nu} = \frac{\lambda}{n} \tag{8-11}$$

因此,在折射率为 n 的某一介质中,如果光波通过的几何路程为 r,即其间的波数为 $\dfrac{r}{\lambda'}$,那么同样波数的光波在真空中通过的几何路程将是

$$\frac{r}{\lambda'}\lambda = nr \tag{8-12}$$

由此可见,光波在介质中的路程 r 相当于在真空中的路程 nr,所以我们将光波在某一介质中所经历的几何路程 r 与介质折射率 n 的乘积 nr,称为光程.

如图 8-7 所示,假设 S_1 和 S_2 是频率为 ν、初相位相同的两束光,分别在不同的介质中传播后在 P 点相遇,则这两束光在 P 点引起的振动分别为

$$E_1 = E_{10}\cos 2\pi\left(\nu t - \frac{r_1}{\lambda_1}\right)$$

$$E_2 = E_{20}\cos 2\pi\left(\nu t - \frac{r_2}{\lambda_2}\right)$$

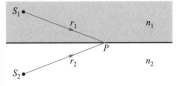

图 8-7　两相干光在不同介质中的传播

设两束光各自所经历的几何路程分别为 r_1 和 r_2, 利用式 (8-11),可知在相遇处 P 点, 这两束相干光的相位差为

$$\Delta\varphi = 2\pi\left(\frac{r_2}{\lambda_2} - \frac{r_1}{\lambda_1}\right)$$

$$= 2\pi\left(\frac{n_2 r_2 - n_1 r_1}{\lambda}\right) = 2\pi\frac{\Delta}{\lambda} \tag{8-13}$$

式中 λ_1、λ_2 分别为光在这两种介质中的波长, λ 为光在真空中的波长, 通常将 Δ 定义为光程差. 当光经历几种介质时

$$\text{光程} = \sum n_i r_i$$

光程 nr 的物理意义: 光程是光在介质中通过的几何路程折合为相同时间内在真空中通过的相应路程. 如果光在介质中通过几何路程 r 所用的时间为 $\frac{r}{v}$ (v 为光波在介质中的光速), 则在此相同时间内, 光在真空中通过的路程为 $c\frac{r}{v} = nr$, 而光程差

$$\Delta = n_2 r_2 - n_1 r_1 \tag{8-14}$$

$$\begin{aligned}
&\text{当 } \Delta = \pm 2k\frac{\lambda}{2} (k=0,1,2,\cdots) \text{ 时,} \quad \text{明纹} \\
&\text{当 } \Delta = \pm(2k+1)\frac{\lambda}{2} (k=0,1,2,\cdots) \text{ 时,} \quad \text{暗纹}
\end{aligned} \tag{8-15}$$

对于不同的干涉情况, 上式中光程差的具体表达式可能不同, 但有一点却是共同的, 当光程差为 $\frac{\lambda}{2}$ 的偶数倍时, 干涉加强, 出现干涉明纹; 当光程差为 $\frac{\lambda}{2}$ 的奇数倍时, 干涉减弱, 出现干涉暗纹.

引入光程的概念后, 相当于把光在不同介质中的传播都折算为光在真空中的传播, 这样, 相位差可用光程差来表示, 它们的关系为

$$\Delta\varphi = \frac{\Delta}{\lambda} \times 2\pi \tag{8-16}$$

相干光在各处干涉加强还是干涉减弱取决于两束光的光程差, 而不是几何路程之差.

思考　光程差与波程差的关系是什么?

思考　为什么引入光程的概念? 光程差与相位差的关系是什么?

思考　一束单色光在空气和在水中传播,在相同的时间内,传播的路程是否相等? 光程是否相等?

在干涉和衍射实验中,常常需要用薄透镜将平行光线会聚成一点,使用透镜后会不会使平行光的光程引起变化呢? 下面我们对这个问题作一下简单分析.

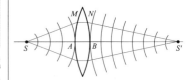

图 8-8　透镜的等光程性

几何光学告诉我们,从实物发出的不同光线,经不同路径通过凸透镜,可以会聚成一个清晰的实像,如图 8-8 所示,S 是放在薄透镜 L 主轴上的点光源,S' 是透镜对 S 所成的实像,经过透镜中心与边缘的两条光线的几何路径是不同的,例如 $SABS'$ 的几何路程比 $SMNS'$ 短,但其在透镜内的那部分却比较长,即 $AB>MN$,而透镜材料的折射率大于 1,如果折算成光程,通过计算可以证明两者的光程是相等的,这就是薄透镜主轴上物点和像点之间的等光程性,从光的波动观点来看,S 发出的球面波,波阵面如图 8-8 中圆弧线所示,通过透镜后,球面波的波阵面又逐渐会聚到达像点 S'. 因为波阵面上各点具有相同的相位,所以从物点到像点的各光线经历相同的相位差,也就是经历相等的光程.

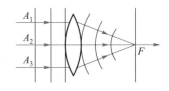

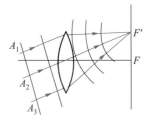

图 8-9　平行光经透镜会聚时的等光程性

我们知道,平行光束通过凸透镜后,会聚于焦平面上,相互加强成一亮点 F,如图 8-9 所示,这是由于在垂直于平行光的某一波阵面上的 $A_1,A_2,A_3,\cdots$ 各点的相位相同,到达焦平面后相位仍然相同,因而相互加强,可见,从 $A_1,A_2,A_3,\cdots$ 各点到 F 点的各光线的光程都相等,从上述说明可知,使用透镜只能改变光波的传播情况,但对像、物之间各光线不会引起附加的光程差.

8.1.5　研究光的干涉的思路

处理光的干涉问题的思路和一般步骤如下:

(1) 找两束相干光;

(2) 列出光程差 Δ 的具体表达式,这是处理光干涉问题的关键,在列出具体表达式时,要注意考虑有无半波损失,干涉图样是否对称,因为这涉及 k 的取值;

(3) 根据式(8-15)中 Δ 与 $\dfrac{\lambda}{2}$ 的关系,确定明、暗条纹的位置,光程差是 $\dfrac{\lambda}{2}$ 的偶数倍时,为干涉明纹,即光强度极大的位置;

光程差是 $\frac{\lambda}{2}$ 的奇数倍时,为干涉暗纹,即光强度极小的位置;

(4)分析干涉图样的分布特征和规律,例如是否对称分布,中央(或棱边)是明纹还是暗纹,明纹(或暗纹)的宽度如何,以及波长 λ、狭缝宽度等因素对干涉条纹分布的影响等.

下面我们就按照以上思路讨论几种光的干涉现象和规律.

8.2 分波面法干涉

8.2.1 杨氏双缝干涉

文档:托马斯·杨

1801 年,托马斯·杨(T. Young)首次用实验方法研究了光的干涉现象,他采用分波阵面法获得相干光. 实验装置如图 8-10 (a)所示,用单色平行光照射狭缝 S,S 可看作一个单色的线光源,它发出的光照射到两条与 S 平行的细缝 S_1 和 S_2 上,因而它们就成为从同一波面上分出的两个同相位的单色光源,即相干光源. 从 S_1 和 S_2 发出的光在接收屏 E 上叠加,形成明、暗相间的干涉条纹. 由于有两个狭缝 S_1 和 S_2,所以称为杨氏双缝干涉实验. 杨氏双缝干涉的干涉图样如图 8-10(b)所示,接下来讨论接收屏上的明、暗干涉条纹的位置.

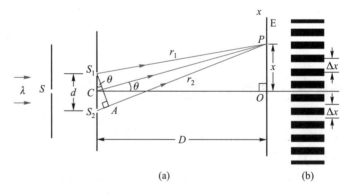

(a)　　　　(b)

图 8-10　杨氏双缝干涉条纹图样

设相干光源——两狭缝 S_1 与 S_2 之间相距为 d,双缝中点 C 到屏的距离为 D,且 $D \gg d$. 在屏幕上任取一点 P,$S_1P = r_1$,$S_2P = r_2$. 整个装置放在空气中,由 S_1、S_2 发出的光到达 P 点的光程差为

$$\Delta = r_2 - r_1 \approx d\sin\theta \qquad (8-17)$$

在通常观测的情况下,$D \gg d$,$D \gg x$,即 θ 角很小,所以

$$\sin\theta \approx \tan\theta = \frac{x}{D} \qquad (8-18)$$

因此

$$\Delta = r_2 - r_1 \approx d\sin\theta = \frac{xd}{D} \qquad (8-19)$$

从波动理论可知,若

$$\Delta = \frac{xd}{D} = \pm 2k\frac{\lambda}{2}$$

P 点为干涉明纹,即各级明纹中心离 O 点的距离为

$$x = \pm k\frac{D\lambda}{d}, \quad k = 0, 1, 2, \cdots \qquad (8-20)$$

则 $k = 0$ 称为零级明纹或中央明纹,对应于 $k = 1, 2, 3, \cdots$ 分别称为第一级、第二级、第三级……干涉明纹. 若

$$\Delta = \frac{xd}{D} = \pm(2k-1)\frac{\lambda}{2}$$

P 点为干涉暗纹,即各级暗纹中心离 O 点的距离为

$$x = \pm(2k-1)\frac{D\lambda}{2d}, \quad k = 1, 2, 3\cdots \qquad (8-21)$$

对应于 $k = 1, 2, 3, \cdots$ 分别称为第一级、第二级、第三级……干涉暗纹. 两相邻明纹或暗纹的间距都是

$$\Delta x = x_{k+1} - x_k = \frac{D\lambda}{d} \qquad (8-22)$$

所以杨氏双缝干涉条纹是明、暗相间的,等距离分布的直条纹.

应当注意:满足式(8-20)和式(8-21)的是最亮、最暗的位置,其余各点则介于最亮和最暗之间,这就使得明、暗条纹有一定的宽度,同一条明(或暗)纹上各处亮度并不一样,其中心位置满足式(8-20)和式(8-21)的最亮或最暗的条件.

当用白光(即复色光)作为光源时,在零级(即 $k = 0$ 处)位置形成白色的中央明条纹,其他各级明纹的位置,由于波长的不同而逐级拉开距离,在中央明纹的两侧对称地排列着由紫到红的彩色条纹,高级次彩色条纹还会出现不同波长的干涉条纹相互重叠的现象.

最后,我们再考察一下干涉条纹的光强分布情况,这对理解光的干涉会有很大的帮助.光的明、暗意味着光强 I 的大小,而光

强又与振幅的二次方成正比,这里,任一点 P 的振幅指的是合振幅,它由两束相干光的相位差确定,即

$$A^2 = A_1^2 + A_2^2 + 2A_1A_2 \cos \Delta\varphi$$

式中, $\Delta\varphi = \dfrac{2\pi\Delta}{\lambda}$,则光强为

$$I = I_1 + I_2 + 2\sqrt{I_1 I_2} \cos \Delta\varphi \qquad (8\text{-}23)$$

设 $A_1 = A_2 = A_0$,即 $I_1 = I_2 = I_0$,则

$$I = 4I_0 \cos^2 \frac{\pi\Delta}{\lambda} \qquad (8\text{-}24)$$

由式(8-24)可知,明纹最亮处的光强 $I_{\max} = 4I_0$,暗纹最暗处的光强 $I_{\min} = 0$,其余各处的光强介于两者之间,如图 8-11 所示.

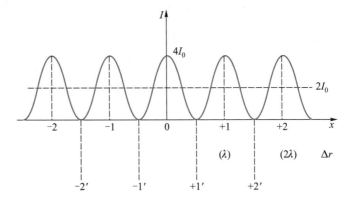

图 8-11　干涉条纹的光强分布特征

对照图 8-11,式(8-22)中的 Δx 到底指的是什么? 由图可知,两相邻明纹之间的距离是指两相邻明纹中最亮的中心位置(如+1 与+2)之间的距离,一般也把它称为暗纹宽度,实际上在这段距离内,各点光强是不一样的,由最大→最小→最大. 而相邻两暗纹之间(如+1′和+2′)的距离,称为明纹宽度,它也是指两相邻最暗点之间的距离,各点光强也不一样,由最小→最大→最小,也就是说,明纹虽有一定宽度,但是各点光强并不一样,只有中心位置最亮(即光强最大),暗纹也是一样,只有中心位置最暗.

　　思考　杨氏双缝干涉实验中的两束相干光,在一束光中插入一玻璃片,则中央明纹将向哪边移动?

8.2.2　劳埃德镜实验

在杨氏双缝干涉实验中,狭缝 S、S_1 和 S_2 都很小,它们的边缘效应往往会对实验产生影响而使问题复杂化. 劳埃德(H. Lloyd)于 1834 年提出了一种更简单的观察干涉的装置,如图 8-12 所示,ML 为一块玻璃平板,用作反射镜,S_1 是一狭缝,从光源发出的光波,一部分掠射(即入射角接近 90°)到玻璃平板上,经玻璃表面反射到达屏上;另一部分直接射到屏上,这两部分光也是相干光,它们同样是用分波阵面法得到的,反射光可看作是由虚光源 S_2 发出的,S_1 和 S_2 构成一对相干光源,对干涉条纹的分析也与杨氏双缝干涉实验相同,图中画有阴影的区域表示相干光在空间叠加的区域,这时在屏幕 E 上可以观察到明、暗相间的干涉条纹.

在劳埃德镜实验中,如果把屏幕移近到和镜面边缘 L 相接触,即图中的 E′的位置,这时从 S_1 和 S_2 发出的光到达接触点的光程相等,应该出现明纹,但是实验结果却是暗纹,其他的条纹也有相应的变化. 这一实验事实说明了由镜面反射出来的光和直接射到屏上的光在 L 处的相位相反,即相位差为 π,由于入射光的相位不会变化,所以只能认为光从空气射向玻璃平板反射时,反射光的相位突变了 π.

进一步的实验表明,光从光疏介质射到光密介质在界面反射时,在掠射(即入射角 $i \approx 90°$时)或正入射($i = 0°$)的情况下,反射光与入射光相比,相位有 π 的突变,这一变化导致了反射光的光程在反射过程中附加了半个波长,即半波损失.

应当注意:今后在讨论光波叠加时,若有半波损失,在计算光程差时必须考虑,否则会得出与实际情况不同的结果.

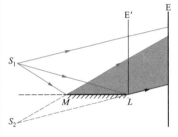

图 8-12　劳埃德镜实验装置

例 8-1

双缝干涉实验中,以波长 $\lambda = 587.6$ nm 的黄色光照射双缝时,在距离双缝 2.25 m 处的屏幕上产生间距为 0.50 mm 的干涉条纹. 求两狭缝之间的距离.

解　由式(8-22)可知,相邻两明纹之间的距离为

$$\Delta x = \frac{D\lambda}{d}$$

由题可知　　　　$\Delta x = 0.50 \times 10^{-3}$ m

将其与 $D = 2.25$ m,$\lambda = 587.6$ nm 代入上式,即可求得两狭缝之间的距离为

$$d = \frac{D\lambda}{\Delta x} = \frac{2.25 \times 587.6 \times 10^{-9}}{0.50 \times 10^{-3}} \text{ m} = 2.64 \times 10^{-3} \text{ m}$$

本题比较简单,主要对双缝干涉实验中的实际尺寸给出数量级的概念. 历史上,人们就是根据双缝干涉的实际数据才首次算出了光的波长.

例 8-2

如图 8-13 所示，波长 $\lambda = 540$ nm 的单色光照射在相距 $d = 2.0 \times 10^{-3}$ m 的双缝上，屏到双缝的距离 $D = 2$ m. 试求：

(1) 中央明纹两侧的两条第 10 级明纹中心的距离 L；

(2) 用一厚度为 $e = 6.6 \times 10^{-6}$ m，折射率为 $n = 1.58$ 的云母片覆盖其中的一条缝后，问零级明纹将移到原来的第几级明纹处？

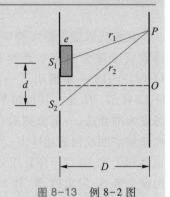

图 8-13 例 8-2 图

解 本题的第(1)问可运用公式(8-20)计算. 而第(2)问最关键的是要弄清楚零级明纹的条件是两束光的光程差为零.

(1) 双缝干涉各级明纹中心位置为 $x_k = k\dfrac{D\lambda}{d}$，因此中央明纹两侧的两条第 10 级明纹中心的距离为

$$L = 2x_{10} = 2k\frac{D\lambda}{d} = \frac{2 \times 10 \times 2 \times 540 \times 10^{-9}}{2 \times 10^{-3}} \text{ m} = 0.011 \text{ m}$$

(2) 设覆盖云母片后，零级明纹移到原来的第 k 级明纹处(图中 P 点). 由题意可知，不覆盖云母片时，P 点满足明纹条件

$$r_2 - r_1 = 2k\frac{\lambda}{2}$$

覆盖云母片后，此处变为零级明纹，表明 S_1、S_2 发出的两束光到达 P 点的光程差相等，即

$$(r_1 - e) + ne = r_2 \quad \text{或} \quad r_2 - r_1 = (n-1)e$$

联立两式，可得

$$(n-1)e = 2k\frac{\lambda}{2}$$

所以

$$k = \frac{(n-1)e}{\lambda} = \frac{(1.58-1) \times 6.6 \times 10^{-6}}{540 \times 10^{-9}} \approx 7$$

即零级明纹移到原来第 7 级明纹处.

这里，我们请读者自己思考一下，如果把云母片覆盖到 S_2 上，结果如何？

例 8-3

如图 8-14 所示为一种利用干涉现象测定气体折射率的原理图. 在狭缝 S_1 的后面放一长度为 l 的透明容器，在待测气体注入容器而将空气排出的过程中，屏幕上的干涉条纹就会移动. 通过测定干涉条纹的移动数目可以推知气体的折射率. 问：

(1) 若待测气体的折射率大于空气的折射率，干涉条纹如何移动？

(2) 设 $l = 2.0$ cm，光波波长 $\lambda = 589.3$ nm，空气折射率为 $n_0 = 1.000\ 276$，充以某种气体后，条纹移过 20 条，这种气体的折射率为多少(不计透明容器的器壁厚度)？

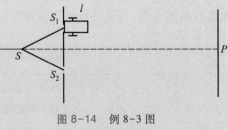

图 8-14 例 8-3 图

解 (1) 当容器未充气时，零级明纹在 P 点处，当容器充气后，S_1 射出的光线经容器时光程要增加，零级明纹应出现在 P 点上方，因而整个条纹要向上移动.

(2) 若条纹上移 20 条，则增加的光程为

$$\Delta = (n - n_0)l = 20\lambda$$

$$n = \frac{20\lambda}{l} + n_0 = 1.000\ 865$$

8.3　分振幅法干涉

　　下面我们来讨论用分振幅法获得相干光产生干涉的规律,最典型的就是利用透明薄膜的上表面和下表面对入射光的反射,将入射光的振幅分解为两部分,然后由这两部分光波相遇产生干涉现象,称为薄膜干涉. 如我们平时看到的路面上的油膜、肥皂膜以及昆虫(如蝴蝶、蜻蜓等)的翅膀在阳光下形成的彩色条纹,就是常见的薄膜干涉现象.

　　薄膜干涉现象的详细分析比较复杂,但在实际中,比较简单而应用较多的是厚度不均匀薄膜表面上的等厚干涉条纹和厚度均匀的薄膜在无穷远处形成的等倾干涉条纹,下面我们分别进行讨论.

8.3.1　等倾干涉

　　如图 8-15 所示,折射率为 n_2,厚度为 e 的均匀介质薄膜处于折射率为 n_1 的介质中,且 $n_2 > n_1$,EF 和 GH 分别为薄膜的上、下两界面. 设一束单色光 S 斜入射到薄膜上,在薄膜的上、下两个表面来回反射,同时多次透射,这样就得到由①,②,③,…相干平行光组成的反射光和由①′,②′,③′,…相干平行光组成的透射光. 当用透镜把相干光束①,②,③,…的一组平行光分别会聚在焦点上时,就会产生干涉现象. 在反射光的诸多光束中,光束①和②强度相差不大,其余③,④等光束强度衰减很快,可以忽略不计,所以薄膜反射光的干涉,可以只考虑前两束反射光. 同理,当用透镜把相干光束①′,②′,③′,…的一组平行光分别会聚在焦点上时,也会产生干涉现象. 接下来我们分别进行讨论.

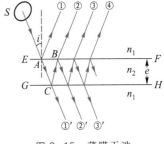

图 8-15　薄膜干涉

　　1. 反射光的干涉

　　下面由图 8-16 计算①、②两束反射相干光的光程差. 光程差产生于从入射点 A 经由反射光 $|AD|$ 与折射光($|AC| + |CB|$)不同光路的传播过程,作垂线 BD,可以得到这两束光线之间的光程差

$$\Delta = n_2(|AC| + |CB|) - n_1|AD| + \frac{\lambda}{2} \tag{8-25}$$

式中加了 $\frac{\lambda}{2}$ 这一项,是由于光束①在介质的上表面反射时有半波损失的缘故,利用折射定律 $n_1\sin i = n_2\sin i'$ 和几何关系

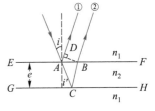

图 8-16　薄膜干涉计算如图

$$|AC| = |CB| = \frac{e}{\cos i'}$$

$$|AD| = |AB|\sin i = 2e\tan i'\sin i$$

代入式(8-25)可得

$$\Delta = \frac{2n_2 e}{\cos i'} - 2n_1 e\tan i'\sin i + \frac{\lambda}{2}$$

$$= \frac{2n_2 e}{\cos i'}(1 - \sin^2 i') + \frac{\lambda}{2} = 2n_2 e\cos i' + \frac{\lambda}{2}$$

则

$$\Delta = 2e\sqrt{n_2^2 - n_1^2\sin^2 i} + \frac{\lambda}{2} \qquad (8\text{-}26)$$

由式(8-26)可知,对于厚度均匀的薄膜,光程差 Δ 决定于倾角(即入射角 i),凡以相同的入射角 i 入射到厚度均匀的介质薄膜上的光线,经薄膜上、下表面反射后产生的相干光有相同的光程差,干涉加强或减弱的情况是一样的,必定处于同一条干涉条纹,所以这种干涉称为等倾干涉,相应的明、暗条纹就称为等倾干涉条纹.

由式(8-26)可以得到反射光的干涉明纹条件为

$$\Delta = 2e\sqrt{n_2^2 - n_1^2\sin^2 i} + \frac{\lambda}{2} = 2k\frac{\lambda}{2}, \quad k = 1,2,3,\cdots \qquad (8\text{-}27)$$

反射光的干涉暗纹条件为

$$\Delta = 2e\sqrt{n_2^2 - n_1^2\sin^2 i} + \frac{\lambda}{2} = (2k+1)\frac{\lambda}{2}, \quad k = 0,1,2,\cdots$$

$$(8\text{-}28)$$

当入射光垂直照射(即 $i=0$)时,有

$$\Delta = 2n_2 e + \frac{\lambda}{2} = 2k\frac{\lambda}{2}, \quad k = 1,2,3,\cdots \text{明纹} \qquad (8\text{-}29)$$

$$\Delta = 2n_2 e + \frac{\lambda}{2} = (2k+1)\frac{\lambda}{2}, \quad k = 0,1,2,\cdots \text{暗纹} \qquad (8\text{-}30)$$

等倾干涉图样呈现在会聚透镜的焦平面上,不用透镜时,干涉图样呈现在无穷远处.

实验室观察等倾干涉条纹的实验装置如图8-17(a)所示,图中 M 是与透镜主光轴成45°夹角的半透、半反射平面镜,它让光源 S 所发出的大部分光线反射,并且把被薄膜上、下表面反射回来的一部分光线透射到透镜 L 上去,从宽广光源 S 上每一发光点沿同一圆锥面发射的光,是以相同倾角入射到薄膜上的,并在屏幕正上方呈现一个圆形的干涉条纹,光源上每一发光点发出的光

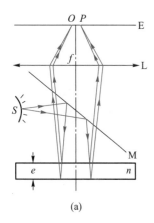

(a)

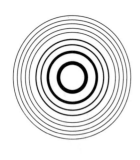

(b)

图 8-17 等倾干涉条纹观察装置及图样

束都产生一组相应的干涉环,由于方向相同的平行光线将被透镜会聚到焦平面上同一点,而与光线从何处来无关,所以由光源上不同点发出的光线,凡是相同倾角的,它们形成的干涉条纹都将重叠在一起,这些干涉图样得到了加强,所以在观察等倾干涉条纹时,宽广光源成为有利的条件.

等倾干涉条纹的半径可用相应的入射角 i 或折射角 i' 表示.因此对于干涉级为 k 和 $k+1$ 的两个相邻明圆环,应满足式(8-27),即

$$2e\sqrt{n_2^2-n_1^2\sin^2 i_k}+\frac{\lambda}{2}=2n_2 e\cos i_k'+\frac{\lambda}{2}=2k\frac{\lambda}{2},\quad k \text{ 级明环}$$

$$2e\sqrt{n_2^2-n_1^2\sin^2 i_{k+1}}+\frac{\lambda}{2}=2n_2 e\cos i_{k+1}'+\frac{\lambda}{2}=2(k+1)\frac{\lambda}{2},\quad (k+1)\text{ 级明环}$$

两式相减,得

$$2n_2 e(\cos i_{k+1}'-\cos i_k')=\lambda$$

把 $\cos i_k'$ 展开成级数,并化简可得

$$(i_k')^2-(i_{k+1}')^2=\frac{\lambda}{n_2 e}\tag{8-31}$$

上式说明,薄膜的厚度 e 越薄时,$(i_k')^2-(i_{k+1}')^2$ 的值就越大,即相邻明环的间距越宽,条纹易于被观察到;反之,随着薄膜厚度 e 的增大,相邻明环的间距变窄,条纹越密集,以至于不易被分辨.

应当注意:等倾干涉条纹是一组明、暗相间的,内疏外密的同心圆环,如图 8-17(b)所示.

2. 透射光的干涉

对于透射光来说也有干涉现象,这时光线①′(图 8-15)是由光线直接透射而来的,而光线②′是光线折入薄膜后,在 C 点和 B 点处经两次反射后再透射出来的,如果 $n_1<n_2$,则这两次反射都是由光密介质入射到光疏介质反射的,所以不存在反射时的附加光程差.因此,这两束透射相干光的光程差是

$$\Delta'=2e\sqrt{n_2^2-n_1^2\sin^2 i}\tag{8-32}$$

透射光干涉明纹条件为

$$\Delta'=2e\sqrt{n_2^2-n_1^2\sin^2 i}=2k\frac{\lambda}{2},\quad k=1,2,3,\cdots\tag{8-33}$$

透射光干涉暗纹条件为

$$\Delta'=2e\sqrt{n_2^2-n_1^2\sin^2 i}=(2k+1)\frac{\lambda}{2},\quad k=0,1,2,\cdots\tag{8-34}$$

和反射光的干涉明、暗条纹的条件相比可知,当反射光相互

加强时,透射光将相互减弱;当反射光相互减弱时,透射光将相互加强,两者是互补的.

以上所讨论的是单色光的干涉情形,通常情况下,在实际生活中所用的光源一般是复色光源,若用复色光源时,则观察到的等倾干涉条纹是彩色的.

思考 在等倾干涉中,为什么反射相干光的明暗条纹与透射相干光的明暗条纹条件恰好相反?

8.3.2 增透膜和增反膜

在较复杂的光学系统中,光能因反射而损失严重. 例如,较高级的照相机镜头由六七个透镜组成,反射损失的光约占入射光的一半,因此为了减少入射光在透镜玻璃表面上反射时所引起的损失,常在镜面上镀一层厚度均匀的透明薄膜(常用的如氟化镁 MgF_2,它的折射率 $n = 1.38$,介于玻璃与空气之间),利用薄膜的干涉使反射光减到最小,这样的薄膜称为增透膜.

最简单的单层增透膜如图 8–18 所示,设薄膜的厚度为 e,入射光垂直入射时(即 $i = 0$),薄膜两表面的光程差等于 $2ne$,由于在薄膜的上、下表面反射时都有 π 的相位突变,即相当于都没有附加的相位差,于是两反射光干涉相消时应满足关系

$$2ne = \left(k + \frac{1}{2}\right)\lambda, \quad k = 0, 1, 2, \cdots$$

膜的最小厚度应为(相应于 $k = 0$)

$$e = \frac{\lambda}{4n}$$

由于反射光干涉相消,所以透射光干涉相长.

在镀膜工艺中,常把 ne 称为薄膜的光学厚度,镀膜时控制厚度 e,使薄膜的光学厚度等于入射光波长的 1/4. 单层增透膜只能使某个特定波长 λ 的光尽量减小反射. 对于相近波长的其他反射光也有不同程度的减弱,但不是减到最弱,对于一般的照相机和其他光学仪器,常选人眼最敏感的波长 $\lambda = 550$ nm 作为"控制波长",使薄膜的光学厚度等于此波长的 1/4,在白光下观看此薄膜的反射光,黄绿色光最弱,红光和蓝光相对强一些,因此表面呈现出蓝紫色.

在有些光学仪器中,又常常需要提高反射光的强度,例如激光器中的反射镜要求对某种频率的单色光的反射率在 99% 以上,

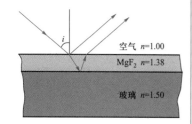

空气 $n = 1.00$

MgF_2 $n = 1.38$

玻璃 $n = 1.50$

图 8–18 增透膜

这时,又常常在光学元件的表面镀上一层能提高反射光能量的特制介质薄膜,称为高反射膜或增反膜. 为了达到具有高反射率的目的,常在玻璃表面交替镀上折射率高低不同的多层介质膜,由于各层膜都能使同一波长的反射光加强,所以膜的层数越多,总反射率就越高. 不过由于介质对光能的吸收,层数也不宜过多,一般以十几层为佳. 能从连续光谱中滤出所需波长范围光的器件称为滤光片,采用多层薄膜,可以使只有某一特定波长的光透过,而其他波长的光都在透射过程中因干涉而相消,从而达到对复色光滤光的目的. 在实际应用中,由于一般总是要求反射率更高些,而单层薄膜是达不到的,所以实际上多采用多层介质薄膜来制成高反射膜.

例 8-4

在某些光学玻璃上,为了增加反射光的强度,往往在玻璃上镀一层薄膜.这种薄膜称为增反膜.今在 $n_3 = 1.52$ 的玻璃上镀 ZnS 薄膜($n_2 = 2.35$).为了使波长为 6.328×10^{-7} m 的单色光反射强度最大.ZnS 薄膜的最小厚度 e 应为多少?

解　如图 8-19 所示.单色光垂直入射到薄膜上,在 ZnS 薄膜上、下表面反射光干涉加强的条件是

$$\Delta = 2n_2 e + \frac{\lambda}{2} = k\lambda$$

式中 $\frac{\lambda}{2}$ 为 ZnS 薄膜上、下表面反射时由于 $n_1 < n_2$, $n_2 > n_3$ 导致半波损失而产生的附加光程差.解得

$$e = \frac{(2k-1)\lambda}{4n_2}$$

根据题意,取 $k = 1$ 时,e 最小.所以

$$e = \frac{\lambda}{4n_2} = \frac{6.328 \times 10^{-7}}{4 \times 2.35} \text{ m} \approx 6.73 \times 10^{-8} \text{ m}$$

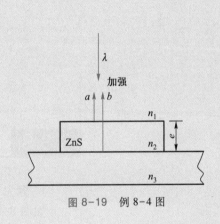

图 8-19　例 8-4 图

例 8-5

白光垂直照射到空气中一厚度为 320 nm 的肥皂膜上,肥皂膜的折射率为 $n = 1.33$,问肥皂膜正面呈现什么颜色? 背面呈现什么颜色?

解　(1) 肥皂膜的正面

$$\Delta = 2ne + \frac{\lambda}{2} = k\lambda$$

$$\lambda = \frac{4ne}{2k-1} = \frac{1\,702.4 \times 10^{-9}}{2k-1}\ \text{m}$$

$k=1$ 时，　$\lambda \approx 1.70 \times 10^{-6}$ m，　红外线

$k=2$ 时，　$\lambda \approx 5.67 \times 10^{-7}$ m，　绿色

$k=3$ 时，　$\lambda \approx 3.41 \times 10^{-7}$ m，　紫外线

(2) 肥皂膜的反面

$$\Delta = 2ne = k\lambda$$

$$\lambda = \frac{2ne}{k} = \frac{851.2 \times 10^{-9}}{k}\ \text{m}$$

$k=1$ 时，　$\lambda \approx 8.51 \times 10^{-7}$ m，　红外线

$k=2$ 时，　$\lambda \approx 4.26 \times 10^{-7}$ m，　紫色

$k=3$ 时，　$\lambda \approx 2.84 \times 10^{-7}$ m，　紫外线

例 8-6

在折射率为 $n=1.50$ 的玻璃上镀上 $n'=1.35$ 的透明介质薄膜，入射光波垂直于介质膜表面照射，观察反射光的干涉，发现对 $\lambda_1 = 600$ nm 的光波干涉相消，对 $\lambda_2 = 700$ nm 的光波干涉相长，且在 600 nm 到 700 nm 之间没有别的波长是最大限度相消或相长的情形，求所镀介质膜的厚度.

解　求解此题的关键是要求出光程差，设介质薄膜的厚度为 e，上、下表面反射均为由光疏介质到光密介质，故不计附加光程差.

当光垂直入射(即 $i=0$)时，由公式可得

对 λ_1：　　$2n'e = \frac{1}{2}(2k+1)\lambda_1$ 　　①

对 λ_2：　　$2n'e = k\lambda_2$ 　　②

由式①、式②解得

$$k = \frac{\lambda_1}{2(\lambda_2 - \lambda_1)} = 3$$

将 k、λ_2、n' 代入式②得

$$e = \frac{k\lambda_2}{2n'} \approx 7.78 \times 10^{-4}\ \text{mm}$$

8.3.3　等厚干涉

1. 劈尖干涉

如图 8-20 所示是一种典型的通过分振幅法产生等厚干涉(即劈尖干涉)的装置. 用两块矩形薄玻璃片，在一端的相交处 O 叠齐(称为棱边)，另一端放一片厚度为 d 的薄纸片，这样就在两玻璃片之间形成了一个夹角 θ 很小的楔形空气膜，如图 8-20 中所示的两表面就是两玻璃片与空气膜的交界处.现用平行单色光垂直地入射到劈尖上，我们以 A 点为例分析劈尖干涉是怎样形成的.

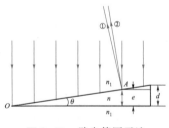

图 8-20　劈尖等厚干涉

入射光垂直地入射到 A 点，一部分在 A 点反射为光束①；另一部分折射入空气膜(介质)内，并在空气膜下表面反射后，再通过上表面透射出来，形成光束②(由于 θ 很小，入射光、光束①和②三者几乎重合，这里为便于讨论，把图放大了). 光束①和②都是由同一束光分出来的(即分振幅法)，因此它们是相干光束，在

空气膜的上表面附近相遇而发生干涉现象.在介质的上表面就会看到明、暗相间的干涉条纹.

用 e 来表示光的入射点 A 处空气膜的厚度,则两束相干的反射光在相遇时的光程差为

$$\Delta = 2ne + \frac{\lambda}{2} \tag{8-35}$$

由于从空气劈尖的上表面(即玻璃-空气分界面)和从空气劈尖的下表面(即空气-玻璃分界面)反射的情况不同,所以在式(8-35)中仍有附加的半波长的光程差,由此

$$\Delta = 2ne + \frac{\lambda}{2} = 2k\frac{\lambda}{2}, \quad k=1,2,3,\cdots 明纹 \tag{8-36}$$

$$\Delta = 2ne + \frac{\lambda}{2} = (2k+1)\frac{\lambda}{2}, \quad k=0,1,2,\cdots 暗纹 \tag{8-37}$$

式(8-36)和式(8-37)表明,每级明纹或暗纹都与一定的膜厚 e 相对应,也就是说,膜厚 e 相同的那些点,对应同一条级次相同的干涉明纹或暗纹,因此,这样形成的干涉称为等厚干涉,相应的干涉条纹称为等厚干涉条纹.

下面,我们来讨论等厚干涉条纹的特征.

由于一个标准劈尖的等厚线是一组平行于棱边的直线,因此,等厚干涉条纹是一种与棱边平行的、明暗相间的直条纹,如图8-21所示.

在空气劈尖的棱边处,$e=0$,只有半波损失带来的附加光程差 $\frac{\lambda}{2}$,因而棱边处形成暗纹,所以式(8-37)中暗纹的级次 k 从零开始,式(8-36)中的明纹级次 k 由 1 开始.随着 e 的增加,依次是第 1 级明纹,第 1 级暗纹,第 2 级明纹,第 2 级暗纹……

设相邻两明纹或暗纹间的距离为 l,则由式(8-36)或式(8-37)很容易得到两相邻明条纹(或暗条纹)间对应的介质薄膜的厚度差

$$e_{k+1} - e_k = \frac{\lambda}{2n} \tag{8-38}$$

设劈尖的夹角为 θ(一般很小),由图8-21可得相邻两明条纹(或暗条纹)的间距 l 应满足

$$l\sin\theta = \frac{\lambda}{2n}$$

即

$$l = \frac{\lambda}{2n\sin\theta} \approx \frac{\lambda}{2n\theta} \tag{8-39}$$

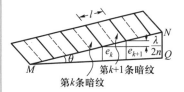

图 8-21　劈尖干涉膜厚度差

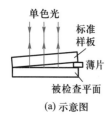

单色光
标准样板
薄片
被检查平面

(a) 示意图

(b) 平整表面

(c) 不平整表面

图 8-22 检验工件表面的
干涉条纹

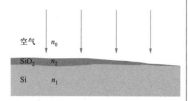

空气 n_0
SiO_2 n_2
Si n_1

图 8-23 薄膜的厚度

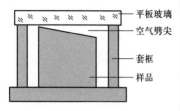

平板玻璃
空气劈尖
套框
样品

图 8-24 干涉膨胀仪

由式(8-39)可知,对于一定波长的入射光,条纹间距与 θ 角成反比,劈尖夹角 θ 越小,则条纹分布越疏;反之,θ 越大,则条纹分布越密,如果劈尖的夹角 θ 相当大,干涉条纹就密得无法分开.

对于固定的夹角 θ,条纹间距与波长 λ 成正比,从劈尖的等厚干涉条纹的讨论可知,劈尖的上、下表面都是光学平面时,等厚干涉条纹将是一系列平行的、明暗相间的、等间距分布的直条纹.而用白光照射在劈尖上,则将呈现出彩色条纹.

2. 劈尖干涉的应用

(1)光学元件表面的检查.如图 8-22 所示,由两块玻璃片,一端叠合,另一端夹一张纸片所形成的空气薄膜称为空气劈尖,其中一块是光学平面的标准玻璃块,另一块是平面凹凸不平的待测玻璃片,那么,干涉条纹将不是直线,而是疏密不均匀的、不规则的曲线.这种方法能很精密地检查出不超过 $\dfrac{\lambda}{4}$ 的玻璃凹凸缺陷.工业生产上,常利用这一现象来检查光学元件的平整度.

(2)测定薄膜的厚度.在制造半导体元件时,经常要在硅片(折射率为 n_1)上生成一层很薄的二氧化硅(折射率为 n_2)薄膜,要测量其厚度,可将二氧化硅薄膜制成劈尖形状(常用化学方法把二氧化硅薄膜一部分腐蚀掉,使它成为劈尖形状,如图 8-23 所示).当平行光垂直入射到这样的劈尖上时,在劈尖的上、下表面的反射光将在上表面形成干涉条纹,测出劈尖干涉明条纹的数目,就可算出二氧化硅薄膜的厚度.

(3)测定单色光的波长.由式(8-39)可见,如果已知劈尖的夹角,那么只要测出相邻两明纹(或暗纹)的间距 l,就可测出单色光的波长.

(4)干涉膨胀仪.如将空气劈尖的上表面(或下表面)往上(或往下)平移 $\dfrac{\lambda}{2}$ 的距离,则光线在劈尖上、下往返一次所引起的光程差,就要增加(或减少)一个 λ,这时劈尖表面上每一点的干涉条纹都要发生明-暗-明(或暗-明-暗)的变化,即原来亮的地方变暗后又变亮(或原来暗的地方变亮后又变暗),就好像干涉条纹在水平方向移动了一条.数出在视场中移过条纹的数目,就能测出劈尖表面移动的距离,干涉膨胀仪就是利用这个原理制成的.如图 8-24 所示,它有一个由热膨胀系数很小的石英制成的套框,框内放置一个上表面稍微磨成倾斜的样品,框顶放一个平板玻璃,因此,在玻璃和样品之间构成一空气劈尖.由于套框的热膨胀系数很小,即空气劈尖的上表面不会因温度变化而移动.当样品受热膨胀时,劈尖下表面的位置升高,使干涉条纹发生了移动.测出劈尖干涉明条纹移动的数目,就可算出劈尖下表面位置的升高量,从而可求出样品的热膨胀系数.

3. 牛顿环

如图 8-25(a) 所示,在一光学平板玻璃上,放一曲率半径为 R 的平凸透镜,两者之间形成厚度不均匀的空气薄膜,当平行光垂直地照向平凸透镜时,可以在显微镜中观察到透镜表面出现一组等厚干涉条纹,这些条纹都是以接触点为圆心的一系列间距不等的同心圆环,称为牛顿环,如图 8-25(c) 所示.

牛顿环是由平凸透镜的下表面反射的光和平面玻璃上表面反射的光发生干涉而形成的,这也是一种等厚干涉条纹,明、暗条纹处所对应的空气层厚度 e 应满足(因为是空气劈尖,所以 $n=1$):

$$\Delta = 2e+\frac{\lambda}{2}=k\lambda, \quad k=1,2,3,\cdots\text{明环} \tag{8-40}$$

$$\Delta = 2e+\frac{\lambda}{2}=(2k+1)\frac{\lambda}{2}, \quad k=0,1,2,\cdots\text{暗环} \tag{8-41}$$

由图 8-25(b) 中的直角三角形可得

$$r^2=R^2-(R-e)^2=2Re-e^2$$

因为 $R\gg e$,所以 $e^2\ll 2Re$,可以将 e^2 从式中略去,于是

$$e=\frac{r^2}{2R}$$

上式说明,e 与 r 的平方成正比,所以离中心越远,光程差增加越快,所看到的牛顿环也变得越来越密,由式(8-40)和式(8-41)可求得,在反射光中,干涉明环和干涉暗环的半径分别为

$$r=\sqrt{\frac{(2k-1)R\lambda}{2}}, \quad k=1,2,3,\cdots\text{明环} \tag{8-42}$$

$$r=\sqrt{kR\lambda}, \quad k=0,1,2,\cdots\text{暗环} \tag{8-43}$$

随着级数 k 的增大,干涉条纹变密,对于第 k 级和第 $(k+m)$ 级暗环,有

$$r_k^2=kR\lambda$$
$$r_{k+m}^2=(k+m)R\lambda$$
$$r_{k+m}^2-r_k^2=mR\lambda$$

由此可得透镜曲率半径为

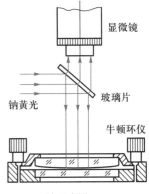

(a) 示意图

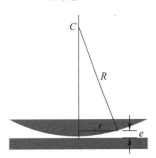

(b) 几何关系

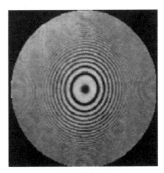

(c) 干涉条纹

图 8-25　牛顿环装置及干涉条纹特征

$$R = \frac{1}{m\lambda}(r_{k+m}^2 - r_k^2)$$

$$= \frac{1}{m\lambda}(r_{k+m} - r_k)(r_{k+m} + r_k) \tag{8-44}$$

牛顿环中心处对应的空气层厚度 $e = 0$,而实验观察到的是一暗纹,这是因为光从光疏介质入射到光密介质界面反射时有相位 π 的突变,即存在半波损失.

思考 当把牛顿环装置放入水中或其他介质中时,牛顿环干涉条纹将如何变化?

注意: 牛顿环与等倾干涉条纹都是一组明暗相间的、内疏外密的同心圆环,但牛顿环的条纹级次是由环心向外递增的,而等倾干涉条纹则反之.

例 8-7

波长为 500 nm 的单色光垂直照射到由两块光学平板玻璃构成的空气劈尖上,在观察反射光的干涉现象中,距劈尖棱边 $l = 1.56$ cm 的 A 处是从棱边算起的第 4 条暗条纹中心.

(1) 求此空气劈尖的劈尖角;

(2) 改用 600 nm 的单色光垂直照射到此劈尖上,仍能观察到反射光的干涉条纹,则 A 处是明条纹还是暗条纹?

解 (1) 此题要明白劈尖干涉产生明、暗纹的条件.因为是空气薄膜,由此得

$$\Delta = 2e + \frac{\lambda}{2}$$

暗纹对应有 $\quad \Delta = 2e + \frac{\lambda}{2} = (2k+1)\frac{\lambda}{2}$

所以 $\qquad e = \frac{k\lambda}{2}$

因第 1 条暗纹对应 $k = 0$,故第四条暗纹对应 $k = 3$,所以

$$e = \frac{3\lambda}{2}$$

空气劈尖角为

$$\theta = \frac{e}{l} = \frac{3\lambda}{2l} \approx 4.8 \times 10^{-5} \text{ rad}$$

(2) 此时光程差为 Δ',则

$$\frac{\Delta'}{\lambda'} = \frac{\left(2e + \frac{\lambda'}{2}\right)}{\lambda'} = \frac{3\lambda}{\lambda'} + \frac{1}{2} = 3$$

即 $\qquad\qquad \Delta' = 3\lambda'$

所以 A 处为第 3 级明纹,棱边依然为暗纹.

例 8-8

如图 8-26 所示,在半导体元件生产中,为了测定硅片上 SiO_2 薄膜的厚度,将该膜的一端腐蚀成劈尖状,已知 SiO_2 的折射率为 $n = 1.46$,用波长 $\lambda = 589.3$ nm 的钠光照射后,观察到劈尖上出现 9 条暗纹,且第 9 条在劈尖斜坡上端点 M 处,Si 的折射率为 3.42. 试求 SiO_2 薄膜的厚度.

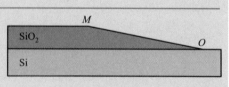

图 8-26 例 8-8 图

解　由暗纹条件

$$\Delta = 2ne = \frac{(2k+1)\lambda}{2}$$

得

$$e = \frac{(2k+1)\lambda}{4n}$$

第 9 条暗纹对应于 $k=8$,代入上式,可得

$$e = \frac{17 \times 589.3 \times 10^{-9}}{4 \times 1.46} \text{ m} = 1.72 \times 10^{-6} \text{ m}$$

例 8-9

在一光学元件的玻璃($n_3 = 1.5$)表面通常镀一层类似 MgF_2($n_2 = 1.38$)的透明物质的薄膜,为了使入射白光中对人眼最敏感的黄绿光 $\lambda = 550$ nm 反射最小,薄膜应该镀多厚?

解　如图 8-27 所示,由于 $n_1 < n_2 < n_3$,MgF_2 薄膜的上、下表面反射的两束光均有半波损失,设光线垂直入射,则两束光的光程差为

$$\left(2n_2 e + \frac{\lambda}{2} \right) - \frac{\lambda}{2} = 2n_2 e$$

要使黄绿光反射最小,即两光干涉相消,于是

$$2n_2 e = (2k+1)\frac{\lambda}{2} (k = 0,1,2,\cdots)$$

应控制薄膜厚度为

$$e = \frac{(2k+1)\lambda}{4n_2}$$

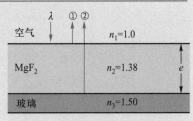

图 8-27　例 8-9 图

其中,薄膜的最小厚度($k=0$)为

$$e_{min} = \frac{\lambda}{4n_2} = \frac{550 \text{ nm}}{4 \times 1.38} \approx 0.10 \text{ μm}$$

即氟化镁的厚度为 0.10 μm 或 $(2k+1) \times 0.10$ μm,都可使这种波长的黄绿光在两界面上的反射光干涉减弱,根据能量守恒定律,反射光减少,透射的黄绿光就增强了.

例 8-10

如图 8-28 所示,一折射率为 $n = 1.5$ 的玻璃劈尖,夹角 $\theta = 10^{-4}$ rad,放在空气中,当用单色光垂直照射时,测得明条纹间距为 $l = 0.20$ cm.

(1) 求此单色光的波长;

(2) 设此劈尖长 $L = 4.00$ cm,则总共出现几条明条纹?

解　(1) 设入射光的波长为 λ,由于相邻两条明条纹下面玻璃层的高度差 $e_{k+1} - e_k = \frac{\lambda}{2n}$,则由几何关系可得

$$e_{k+1} - e_k = l\sin\theta = \frac{\lambda}{2n}$$

所以 $\lambda = 2nl\sin\theta = 2 \times 1.5 \times 0.2 \times 10^{-2} \times 10^{-4}$ m $= 600$ nm

(2) 由于玻璃劈尖处在空气中,在棱边处出现的是暗条纹,设在最高端的劈尖厚度为 h,$h = L\sin\theta$,则最大光程差为

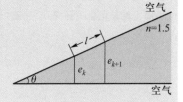

图 8-28　例 8-10 图

$$\Delta = 2nh + \frac{\lambda}{2} = 2nL\sin\theta + \frac{\lambda}{2} = k\lambda$$

$$k = \frac{2nL\sin\theta}{\lambda} + \frac{1}{2} = \frac{2 \times 1.5 \times 4 \times 10^{-2} \times 10^{-4}}{600 \times 10^{-9}} + \frac{1}{2} = 20.5$$

因此,在此劈尖上总共出现 20 条明条纹.

例 8-11

为了测量金属丝的直径,把金属丝夹在两块平板玻璃之间,形成空气劈尖,如图 8-29 所示. 用单色光垂直照射,就得到等厚干涉条纹. 测出干涉条纹间的距离,就可以算出金属丝的直径. 设某次的测量结果为单色光的波长 $\lambda = 589.3$ nm,金属丝与劈尖顶点间的距离为 $D = 28.88$ mm,30 条明纹间的距离为 4.295 mm,求金属丝的直径 d.

解 相邻两条明纹之间的距离

$$L = \frac{4.295}{30-1} \text{ mm}$$

其间空气膜的厚度相差 $\frac{\lambda}{2}$,于是

$$L\sin\theta = \frac{\lambda}{2}$$

式中,θ 为劈尖的顶角,因为 θ 角很小,所以

$$\sin\theta \approx \frac{d}{D}$$

于是得到

$$L\frac{d}{D} = \frac{\lambda}{2}$$

所以

$$d = \frac{D}{L}\frac{\lambda}{2}$$

代入题设数据,求得金属丝的直径为

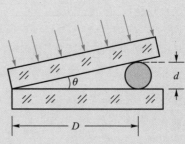

图 8-29 例 8-11 图

$$d = \frac{28.88 \times 10^{-3}}{\frac{4.295}{29} \times 10^{-3}} \times \frac{1}{2} \times 589.3 \times 10^{-9} \text{ m} \approx 5.746 \times 10^{-5} \text{ m}$$

此法也可用来测定薄膜的厚度.

例 8-12

检验工件表面. 利用等厚干涉条纹可以检验精密加工的工件表面质量. 在工件表面上放一平板玻璃,形成一空气劈尖,如图 8-30(a) 所示,今观察到干涉条纹如图 8-30(b) 所示. 试根据条纹弯曲方向,判断工件表面上的缺陷是凹还是凸,并确定其深度(或高度)h.

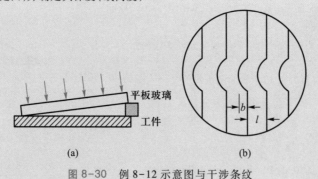

图 8-30 例 8-12 示意图与干涉条纹

解　由于平板玻璃下表面是"完全"平面,所以若
工件表面也是平的,空气劈尖的等厚条纹应为平
行于棱边的直条纹. 现在条纹有局部弯向棱边,说
明在工件表面的相应位置处有不平的缺陷. 我们
知道,同一条等厚干涉条纹应对应相同的膜厚度,
所以,在同一条纹上,弯向棱边的部分和直的部分
所对应的膜厚度应该相等. 本来越靠近棱边膜的
厚度应越小,而现在在同一条条纹上靠近棱边处
和远离棱边处厚度相等,这说明工件表面的缺陷
是凹下去的.

　为了计算凹痕深度,设图 8-30(b)中所示 l 为
条纹间隔,b 为条纹弯曲宽度,e_k 和 e_{k+1} 分别是与 k
级及 $k+1$ 级条纹对应的正常空气膜厚度. 以 Δe 表
示相邻两条纹对应的空气膜的厚度差,h 为凹痕深

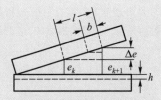

图 8-31　例 8-12 几何关系

度,如图 8-31 所示,则由相似三角形关系可得

$$\frac{h}{\Delta e} = \frac{b}{l}$$

对空气膜来说,由于 $\Delta e = \dfrac{\lambda}{2}$,代入上式,即可得

$$h = \frac{\lambda b}{2l}$$

例 8-13

　牛顿环测曲率半径. 在一块光学平面玻璃片上,放一曲率半径 R 很大的平凸透镜,如图 8-32(a)所示,
两者之间形成一劈尖形空气薄层. 当平行光束垂直地射向平凸透镜时,可以在显微镜中观察到在透镜表面
出现的一组干涉条纹,这些干涉条纹都是以接触点 O 为中心的许多同心环,如图 8-32(b)所示.

　如用钠光灯 S 照射,测得第 k 级暗纹的半径 $r_k = 4.00$ mm,第 $k+5$ 级暗纹的半径 $r_{k+5} = 6.0$ mm,已知钠光
的波长 $\lambda = 589.3 \times 10^{-9}$ m,求所用平凸透镜的曲率半径.

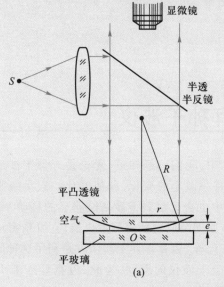

(a)

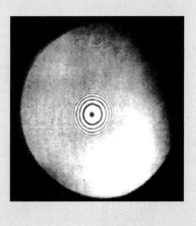

(b)

图 8-32　例 8-13 示意图与干涉条纹

解 牛顿环是由透镜下表面反射的光和平面玻璃上表面反射的光发生干涉而形成的,这也是一种等厚干涉条纹.

由图 8-33 所示的几何关系及式(8-44)得透镜的曲率半径为

$$R = \frac{1}{m\lambda}(r_{k+m}^2 - r_k^2) = \frac{1}{m\lambda}(r_{k+m} - r_k)(r_{k+m} + r_k)$$

将 $m = 5, r_{k+5} - r_k = 2.0$ mm, $r_{k+5} + r_k = 10.0$ mm, 以及 $\lambda = 589.3 \times 10^{-9}$ m 代入上式,得

$$R \approx 6.79 \text{ m}$$

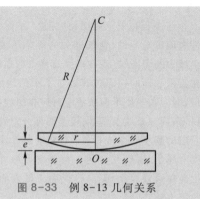

图 8-33 例 8-13 几何关系

例 8-14

在牛顿环试验中,透镜的曲率半径为 5.0 m,直径为 2.0 cm.

(1) 用波长 $\lambda = 589.3 \times 10^{-9}$ m 的单色光垂直照射时,可看到多少干涉条纹?

(2) 若在空气层中充以折射率为 n 的液体,可看到 46 条明纹,求液体的折射率(玻璃的折射率为 1.5).

解 (1) 由牛顿环明环半径公式

$$r = \sqrt{\frac{(2k-1)R\lambda}{2}}, \quad k = 1, 2, 3, \cdots (\text{明纹})$$

可知条纹级次越高,条纹半径越大,由上式得

$$k = \frac{r^2}{R\lambda} + \frac{1}{2} = \frac{(1.0 \times 10^{-2})^2}{5 \times 5.893 \times 10^{-7}} + \frac{1}{2} \approx 34.4$$

所以可看到 34 条明纹.

(2) 若在空气层中充以折射率为 n 的液体,明

环半径为

$$r = \sqrt{\frac{(2k-1)R\lambda}{2n}}$$

故

$$n = \frac{(2k-1)R\lambda}{2r^2} = \frac{(2 \times 46 - 1) \times 5 \times 589.3 \times 10^{-9}}{2 \times (1.0 \times 10^{-2})^2} \approx 1.34$$

可见牛顿环中充以液体后,干涉条纹变密.

8.3.4 迈克耳孙干涉仪

在薄膜干涉的讨论中,我们已经知道,无论是等倾干涉还是等厚干涉,只要光程差有一微小的变化,即使变化的数量级为波长的十分之一,在视场中也会观察到干涉条纹明显的移动. 光干涉仪就是根据光的干涉原理制成的精密测量仪器,它可精密地测量长度及长度的微小变化等. 迈克耳孙干涉仪就是利用这种原理制成的,并成为近代各类干涉仪的原型,为此,迈克耳孙于 1907 年获得诺贝尔物理学奖.

图 8-34 为迈克耳孙干涉仪的实物照片和结构示意图,由图 8-34(b)可见,M_1 和 M_2 是一对相互垂直的、精密抛光的平

文档:迈克耳孙

面反射镜, M_2 固定不动, M_1 可用螺旋控制使其作微小移动. G_1 和 G_2 是两块材料相同、厚度均匀并相等的平板玻璃,被严格平行地倾斜放置在与 M_1 和 M_2 成 45° 角的位置. G_1 的一个表面镀有透明薄银层,光在其上一半被反射,一半透射,起分光作用. 来自光源 S 的光线 a 被分光板 G_1 分成光线 a_1 和 a_2 两部分. 它们分别垂直入射到平面反射镜 M_1 和 M_2 上,经 M_1 反射的光线 a_1 回到分光板 G_1 后,一部分透过成为光线②;而透过 G_1 和 G_2 并经 M_2 反射的光线 a_2 回到分光板 G_1 后,其中一部分被反射成为①,由于光线①和②是相干光,因此在 E 处可以看到干涉现象. 放置玻璃片 G_2 的目的是起补偿光程的作用,由于光线 a_2 前后共通过玻璃片 G_1 三次,而光线 a_1 只通过一次,有了玻璃片 G_2,使光线 a_1 和 a_2 分别三次穿过等厚的玻璃片,从而避免光线所经路程不相等而引起的较大的光程差,因此玻璃片 G_2 叫做补偿玻璃.

(a) 实物图

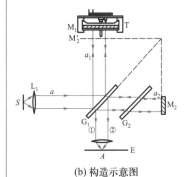

(b) 构造示意图

图 8-34 迈克耳孙干涉仪

对于 E 处的观察者来说,来自 M_1 和 M_2 上的反射光就相当于来自相距为 d 的 M_1 和 M_2' 上的反射光,其中 M_2' 为平面镜 M_2 经 G_1 镀银层所形成的 M_2 的虚像,因而干涉所产生的图样就如同由 M_1 和 M_2' 之间的空气膜产生的一样.

当 M_1 和 M_2 严格相互垂直时, M_1 和 M_2' 之间形成平行平面空气膜,这时可以观察到等倾干涉条纹;当 M_1 和 M_2 不严格垂直时, M_1 和 M_2' 之间形成空气劈尖,这时可以观察到等厚干涉条纹.

迈克耳孙干涉仪的一个重要应用是精确测定光波波长. 当条纹为等倾干涉条纹时,调节 M_1 作微小移动, M_1 每移动 $\dfrac{\lambda}{2}$ 距离,视场中心就冒出一个环纹或缩进一个环纹. 当条纹为等厚干涉条纹时, M_1 每移动 $\dfrac{\lambda}{2}$ 距离,就有一个条纹从视场中移过,视场中干涉条纹变化和移动的数目 N 与 M_1 移动距离 D 之间的关系为

$$D = N\frac{\lambda}{2} \tag{8-45}$$

只要测出 M_1 移动的距离和条纹移动的数目就可以测出未知入射光的波长. 当干涉条纹移动上万条时,就可获得很精确的光波波长的测量值. 反之,若已知波长 λ 并测出 N,也可算出 M_1 移动的距离. 由于光波的波长数量级是 10^{-7} m,因此用迈克耳孙干涉仪测定的长度的精度是很高的.

迈克耳孙干涉仪的主要特点是两相干光束完全分开,并且它

们的光程差可由移动反射镜 M_1 的位置来改变. 迈克耳孙和他的合作者利用这种干涉仪来测量"以太风"、光谱精细结构的研究和用光波标定标准米尺等实验,为近代物理和近代计量技术作出了重要的贡献.

除迈克耳孙干涉仪外,还有根据各种不同要求而设计的干涉仪,如测定表面粗糙度的显微干涉仪,精确测量气体或液体折射率的折射干涉仪等,它们都是光的干涉现象的应用.

思考　在迈克耳孙干涉仪中,M_1 和 M_2' 的间距增大或减小时,等倾干涉圆环是向中心收缩还是向外扩展? 为什么?

8.4　单缝衍射

8.4.1　光的衍射现象

波在传播过程中遇到障碍物时,能够绕过障碍物的边缘前进,这种波偏离直线传播的现象称为波的衍射现象. 例如,水波可以绕过闸口,声波可以绕过门窗,无线电波可以绕过高山等,都是波的衍射现象. 光作为电磁波也能产生衍射现象,但是由于光的波长很短,因此在一般光学实验中(例如光学系统成像等)衍射现象并不显著,仅表现出直线传播的性质,只有当障碍物(例如小孔、狭缝、小圆屏、毛发、细针等)的大小可与光的波长相比拟时,才能观察到明显的衍射现象. 在光的衍射现象中,光不仅在(绕弯)传播,还能产生明、暗相间的衍射图样.

现在我们通过图 8-35 的实验可以看到光的衍射现象,使光源 S 发出的光照射到圆孔上,当圆孔的直径比光波的波长大得多时,在后面的屏上就会看到一个均匀的圆光斑,如果圆孔缩小时,光斑也相应缩小,当圆孔直径缩小到可与光波的波长相比拟时,光斑不再缩小了,反而变大了,并且在光斑外面,形成一圈一圈明、暗相间的条纹,这就是光的衍射图样.

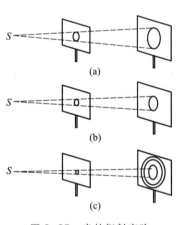

图 8-35　光的衍射实验

思考　为什么声波的衍射现象比光波的衍射现象明显?

8.4.2 惠更斯–菲涅耳原理

关于衍射理论分析,我们在上一章中曾介绍了惠更斯原理,它以子波波源的概念解释了波的传播问题,它也能定性地解释衍射现象中光的传播方向问题,但是惠更斯原理不能解释光的衍射图像中的光强分布,即出现明、暗相间的衍射条纹,也不能说明子波既是球面波为什么波不向后传播的问题.1815 年,菲涅耳引入了光的干涉原理,认为衍射时波场中各点的强度,是由各子波在该点叠加后产生的干涉来决定的,并且指出,不向后传播的原因是因为叠加后强度为零所致,正因为菲涅耳对惠更斯原理作了这样的补充和发展,后人把它称为惠更斯–菲涅耳原理,它是光波衍射的理论基础.

菲涅耳吸取了惠更斯提出的次波(也叫子波)概念,并用次波相干叠加的思想补充了惠更斯原理,他认为:波阵面上每一面元都可看成是新的次波波源,它们发出的次波,在空间某点的振动则是所有这些次波在该点所产生的振动的叠加.经补充的惠更斯原理,称为惠更斯–菲涅耳原理,它可以定量地计算波的衍射问题.

如图 8-36 所示,波面 S 是波动在某时刻的波前,该波面 S 上各面积元 $\mathrm{d}S$ 发出的次波在 P 点引起的振动的振幅正比于该面元的面积 $\mathrm{d}S$,反比于 $\mathrm{d}S$ 到 P 点的距离 r,并且和 $\mathrm{d}S$ 与 r 之间的夹角 θ 有关,次波在 P 点的相位仅取决于光程 nr,如果 $t=0$ 时波前 S 的相位为零,则面元 $\mathrm{d}S$ 在 P 点引起的光振动可以表示为

$$\mathrm{d}E = CK(\theta)\frac{\mathrm{d}S}{r}\cos\left(\omega t - \frac{2\pi nr}{\lambda}\right) \tag{8-46}$$

式中 C 为比例常量,$K(\theta)$ 为倾斜因子,随着 θ 角的增大而减少,当 $\theta=0$ 时,$K(\theta)$ 最大,可取作 1.根据惠更斯–菲涅耳原理,P 点的光振动为

$$E = \int_S \mathrm{d}E = \int_S C\frac{K(\theta)}{r}\cos\left(\omega t - \frac{2\pi nr}{\lambda}\right)\mathrm{d}S \tag{8-47}$$

式(8-47)称为菲涅耳衍射积分公式,一般来说,这个积分是十分复杂的,只在某些特殊情况下,才能用振幅矢量法或代数加法来简化.

为了说明子波只向前传播而不向后传播这一事实(在惠更斯原理中是无法解释的),菲涅耳还假设,当 $\theta \geqslant \dfrac{\pi}{2}$ 时,则 $K(\theta) = 0$,因而子波的振幅为零.

文档:菲涅耳

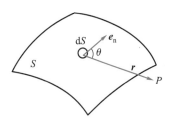

图 8-36　惠更斯–菲涅耳
原理计算图

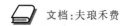

文档:夫琅禾费

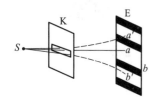

(a) 菲涅耳衍射装置

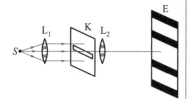

(b) 夫琅禾费衍射装置

图 8-37 单缝衍射装置

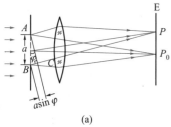

(a)

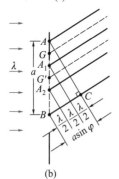

(b)

图 8-38 半波带法

8.4.3 夫琅禾费单缝衍射

1. 衍射装置

要产生衍射现象,需要具备光源(单色光或复色光)、限制入射光波阵面的障碍物(小孔、狭缝)以及显示衍射条纹的屏幕. 按照三者的相对位置,通常把衍射分为如下两大类:

(1) 光源、显示屏离开障碍物的距离为有限远(即非平行光)的衍射,称为菲涅耳衍射,如图 8-37(a)所示;

(2) 入射光和衍射光都是平行光(用凸透镜来实现),相当于光源和衍射图样均在无限远处的衍射,称为夫琅禾费衍射,如图 8-37(b)所示. 在实际的技术应用中(如分光计、摄谱仪等仪器)均采用夫琅禾费衍射装置.

2. 菲涅耳半波带法

单缝夫琅禾费衍射可用菲涅耳半波带法来研究,如图 8-38(a)所示,一单色平行光垂直照射到宽度为 a 的狭缝 AB 上,位于单缝所在处的波阵面 AB 上各点所发出的子波沿各个方向传播,我们把衍射后沿某一方向传播的子波波线与狭缝法线之间的夹角称为衍射角,用 φ 表示,衍射角 φ 相同的衍射光线经过透镜会聚后,聚焦在屏幕 P 点,两条边缘衍射光线之间的光程差为

$$\Delta = |BC| = a\sin\varphi \qquad (8\text{-}48)$$

P 点是明条纹还是暗条纹就完全取决于光程差 $|BC|$ 的量值. 由于这里不是简单的两列波的干涉,菲涅耳在惠更斯-菲涅耳原理的基础上,提出了将波阵面分割成许多等面积的半波带的方法,称为半波带法. 在图 8-38(b)中,可以作一些平行于 AC 的平面,使两相邻平面间的距离等于入射光的半波长,即 $\frac{\lambda}{2}$. 假定这些平面将单缝处的波阵面 AB 分成 AA_1、A_1A_2、A_2B 等整数个半波带,由于各个波带的面积相等,所以各个波带在点 P 所引起的光振幅接近相等. 两相邻的波带上,任何两个对应点(AA_1 带上的点 G 与 A_1A_2 带上的点 G' 等)所发出的光线的光程差总是 $\frac{\lambda}{2}$,亦即相位差总是 π. 经过透镜聚焦,由于透镜不产生附加光程差,所以到达点 P 时相位差仍然是 π. 结果任何两个相邻半波带所发出的光线在 P 点将完全相互抵消. 由此可见,如果 $|BC|$ 等于半波长的偶数倍时,亦即对应于某给定的衍射角 φ,单缝可分成偶数个半波带时,所有半波带的作用成对地相互抵消,在 P 点处将出

现暗条纹;如果$|BC|$等于半波长的奇数倍时,亦即单缝可分成奇数个半波带时,相互抵消的结果,只留下一个半波带的作用,在 P 点处将出现明条纹.

上述结果可用数学式表示,当 φ 满足

$$\Delta = a\sin\varphi = \pm 2k\frac{\lambda}{2}, \quad k = 1,2,3,\cdots \tag{8-49}$$

时,为暗条纹中心.

当 φ 满足

$$\Delta = a\sin\varphi = \pm(2k+1)\frac{\lambda}{2}, \quad k = 1,2,3,\cdots \tag{8-50}$$

时,得到明条纹中心.

上两式中 k 为衍射极,相应的衍射条纹分别称为第一级暗(明)条纹,第二级暗(明)条纹,……

对于式(8-49)和式(8-50),我们作些补充说明.首先,单缝衍射的明条纹和暗条纹条件正好与前一节讨论的干涉明、暗条纹的条件相反,原因在于:根据惠更斯-菲涅耳原理,衍射是无数列子波的干涉叠加结果,而前面讨论的光的干涉现象实际是指两列波的干涉叠加;但是,有一点却是与前面讨论的干涉结果是一致的,即两式所确定的也是最亮和最暗的位置,即强度极大和极小的位置.至于对任意衍射角 φ 来说,$|AB|$ 一般不能恰巧分成整数个半波带,亦即 $|BC|$ 不一定等于 $\frac{\lambda}{2}$ 的整数倍,衍射光束经透镜聚焦后,在屏幕上形成强度介于最亮和最暗之间的中间区域.

3. 衍射条纹的特征

下面,我们来进一步讨论单缝夫琅禾费衍射图样的分布特征.

(1)由式(8-49)和式(8-50)可知,当平行光垂直照射到单缝平面上时,单缝衍射所形成的明、暗纹的位置由衍射角 φ 决定,中央为明纹,中央明纹的中心位置对应于 $\varphi = 0$.

(2)明纹的宽度 l:所谓明纹的宽度,是指两相邻暗纹中心之间的距离.如图 8-39 所示,由于透镜 L 非常靠近单缝,因此,单缝与接收屏之间的距离 D 近似等于透镜焦距 f.设 P_k 为第 k 级暗纹中心位置,P_{k+1} 为第 $(k+1)$ 级暗纹中心位置,它们距中央明纹中心 P_0 的距离分别为 x_k 和 x_{k+1},又因为 φ 很小,所以 $\sin\varphi = \tan\varphi$. 对第 k 级暗纹,有

$$x_k = f\tan\varphi = f\sin\varphi = f\frac{k\lambda}{a}$$

对第 $(k+1)$ 级暗纹,有

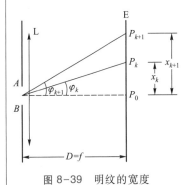

图 8-39　明纹的宽度

$$x_{k+1} = f\frac{(k+1)\lambda}{a}$$

所以明纹的宽度 l 为

$$l = x_{k+1} - x_k = \frac{f\lambda}{a} \quad\quad\quad (8\text{-}51)$$

此式表明, l 由缝宽 a 与波长 λ 决定, 而与级次 k 无关, 除中央明纹以外的各级明纹宽度一样, 即为等宽条纹, 至于中央明纹的宽度 l_0 可由下式决定:

$$l_0 = x_{+1} - x_{-1} = \frac{f\lambda}{a} - \frac{-f\lambda}{a} = \frac{2f\lambda}{a} = 2l \quad\quad (8\text{-}52)$$

式(8-52)表明, 中央明纹的宽度是其余各级明纹宽度的 2 倍. 两个第一级暗条纹中心之间的角距离即为中央明纹的角宽度. 在近轴的条件下, φ 角很小($\sin\varphi \approx \varphi$), 第一级暗条纹的衍射角为

$$\varphi = \pm\frac{\lambda}{a} \quad\quad\quad (8\text{-}53)$$

中央明纹的角宽度为

$$\varphi_0 = 2\frac{\lambda}{a} \qu\quad\quad\quad (8\text{-}54)$$

读者按照同样的方法也可以求出其余各级暗纹的角宽度.

式(8-54)表明, 对于一定的波长 λ 来说, a 越小, 衍射现象越显著; a 越大, 衍射现象越不明显. 当 $a \gg \lambda$ 时, 各级衍射条纹向中央条纹靠拢, 密集得无法分辨, 只显示出单一的明条纹, 使衍射现象变得不明显, 实际上这个明条纹就是线光源 S 通过透镜所成的几何光学的像, 所以几何光学是波动光学的极限情形. 因此, 如果用白光作光源, 由于衍射图样中各级衍射条纹的位置与波长 λ 有关, 衍射条纹的角宽度正比于 $\frac{\lambda}{a}$, 各色条纹按波长逐级分开, 除中央明纹中心因各色光重叠在一起仍为白光外, 将会出现以中央明纹为中心, 各级明条纹按由紫到红的顺序向两侧对称排列的彩色条纹.

（3）衍射条纹的强度分布

如图 8-40 所示为单缝衍射的光强分布, 光强分布并不是均匀的, 中央条纹(即零级明条纹)最亮, 同时也最宽(约为其他明条纹宽度的 2 倍), 中央条纹的两侧, 光强迅速减小, 直到第一级暗条纹; 其后, 光强又逐渐增大而成为第一级明条纹, 依次类推. 必须注意:各级明条纹的光强都比中央明纹的强度弱得多, 且随着级数的增大则迅速减小, 这是由于 φ 角越大, 分成的半波带个

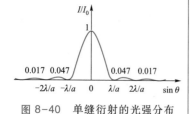

图 8-40 单缝衍射的光强分布

数越多,未被抵消的波带面积仅占单缝面积的微小部分.

思考 为什么单缝衍射明纹的条件与双缝干涉明纹的条件恰好相反?

例 8-15

用波长 λ 为 550 nm 的单色光,垂直照射到宽度为 0.5 mm 的单缝上,在缝后放一焦距 f = 50 cm 的凸透镜. 求:

(1) 屏上中央明纹的宽度;

(2) 第一级明条纹的位置.

解 (1) 中央明纹的宽度应该对应于第一级暗条纹的位置,即

$$a\sin\theta_1 = \pm\lambda$$

则

$$\sin\theta_1 = \pm\frac{\lambda}{a}$$

所以中央明纹的宽度

$$l_0 = 2f\tan\theta_1 \approx 2f\sin\theta_1 \approx 2f\frac{\lambda}{a}$$

$$= 2\times0.5\times\frac{550\times10^{-9}}{0.5\times10^{-3}}\ \text{m} = 1.10\times10^{-3}\ \text{m}$$

(2) 第一级明条纹满足

$$a\sin\theta = \pm(2k+1)\frac{\lambda}{2}$$

故

$$x_1 = f\tan\theta \approx f\sin\theta = \pm f\frac{3}{2}\frac{\lambda}{a}$$

$$= \pm0.5\times\frac{3\times550\times10^{-9}}{2\times0.5\times10^{-3}}\ \text{m}$$

$$= \pm0.825\ \text{mm}$$

所以第一级明条纹在与中央距离为 0.825 mm 处.

例 8-16

有一夫琅禾费单缝衍射装置. 缝宽为 a = 0.10 mm,透镜焦距为 f = 0.50 m,单色光的波长为 λ = 546 nm. 试问在下列情况下,中央明纹的宽度将发生怎样的变化?

(1) 把此装置浸入折射率 n = 1.33 的水中;

(2) 把 λ = 546 nm 的绿光换成 λ' = 700 nm 的红光,其他条件不变;

(3) 把缝宽减小为 a' = 0.05 mm,其他条件不变;

(4) 把单缝平行上移 2 cm,其他条件不变.

解 由题设条件可知,其中央明纹的宽度为

$$l_0 = \frac{2f\lambda}{a} = \frac{2\times546\times10^{-9}\times0.5}{0.1\times10^{-3}}\ \text{m} = 5.46\times10^{-3}\ \text{m}$$

(1) 浸入水中后,单色光在水中的波长按式 (8-11) 变为

$$\lambda' = \frac{\lambda}{n}$$

则此时中央明纹的宽度变为

$$l_{01} = \frac{2f\lambda}{na} = \frac{l_0}{n} \approx 4.11\times10^{-3}\ \text{m}$$

(2) 以红光照射时,l_0 增大为

$$l_{02} = \frac{2f\lambda'}{a} = \frac{2\times700\times10^{-9}\times0.5}{0.1\times10^{-3}}\ \text{m} = 7.0\times10^{-3}\ \text{m}$$

(3) 以 a' = 0.10 mm 代入式中,l_0 增大为

$$l_{03} = \frac{2f\lambda}{a'} = \frac{2\times546\times10^{-9}\times0.5}{0.05\times10^{-3}}\ \text{m} \approx 10.9\times10^{-3}\ \text{m}$$

(4) 把单缝向上平移 2 cm,中央明纹的位置和宽度均保持不变. 因为透镜的位置不变,中央明纹的位置由透镜确定,与单缝上移还是下移无关. 由于其他条件不变,宽度也无变化.

8.5 光栅衍射

前面我们讨论了单缝衍射的产生和明、暗条纹的分布规律. 在实际应用中,总希望条纹的亮度大一些,同时条纹间距也要大一些,但是对单缝衍射而言,这两个因素往往是矛盾的,若想使亮度大一点,可把缝宽 a 加大,让更多的光通过,但是 a 大了,条纹间距将变小,使得条纹更加难以分辨;反之,若想使条纹间距变大,就需要将 a 变小,这样又使通过 a 的光少了,条纹的亮度也相应地减少了. 所以单缝衍射的条纹除了中央明条纹外,其他各级明条纹的强度都很弱,各条纹之间分开得很不清楚,用它来测量光波的波长就不能得到精确的结果,如图 8-41(a)所示. 在实际生活中,常用光透过光栅产生明亮尖锐的明条纹来测量光波波长和其他有关的量值,如图 8-41(b)所示.

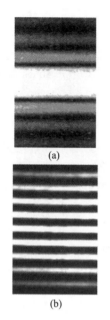

图 8-41 单缝衍射和光栅衍射的条纹

8.5.1 光栅的构造

由大量等宽、等间距的平行狭缝构成的光学仪器称为光栅. 一般常用的光栅是在玻璃片上刻出大量平行刻痕,刻痕为不透光部分,两刻痕之间的光滑部分可以透光,相当于一狭缝.精制的光栅,在 1 cm 的宽度内刻有几千条乃至上万条刻痕,这种利用透射光衍射的光栅称为透射光栅. 还有利用两刻痕间的反射光衍射的光栅,如在镀有金属层的表面上刻出许多平行刻痕,两刻痕间的光滑金属面可以反射光,这种光栅称为反射光栅. 本节我们主要研究透射光栅的衍射规律,反射光栅与此类似.

设透射光栅的总狭缝数为 N,缝宽为 a,缝间不透光部分宽度为 b,$a+b=d$ 称为光栅常量,假设平行单色光垂直入射到光栅上,如图 8-42 所示,透过光栅每个缝的光都有衍射,这 N 个缝的衍射条纹通过透镜完全重合,而通过光栅不同缝的光还要发生干涉,所以,光栅衍射条纹应是单缝衍射和多缝干涉的总效果,也就是说 N 个缝的干涉条纹要受到单缝衍射的调制.

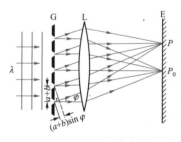

图 8-42 光栅衍射

8.5.2 光栅衍射的主极大条纹

1. 单缝衍射对双缝干涉的调制

前面我们讨论杨氏双缝干涉时,由于只考虑了干涉的效果,即把通过每一狭缝的光波仅作为一列子波来处理,因而也就不需要考虑狭缝的宽度,只要有两狭缝的间距 d 就行了,于是就得到了如图 8-43(a)所示的等强度分布的干涉图样. 但是从单缝衍射的角度看,实际上通过狭缝的光波应看作是许多个子波,也就是说每一条狭缝的衍射作用都是不可避免的,只不过对不同的缝宽(a 的大小),其衍射效果不同而已. 因此实际得到的双缝干涉图形应是单缝衍射光强分布[图 8-43(b)]和双缝干涉光强分布的综合结果,如图 8-43(c)所示. 这就告诉我们,双缝干涉图像并非先前所说的等亮度的干涉条纹,而是处在单缝衍射条纹之内受到调制的条纹,我们通常称为单缝衍射对双缝干涉的调制. 这种调制作用在光栅衍射中也是存在的. 这里需要说明的一点是:对于夫琅禾费单缝衍射(入射光、衍射光都是平行光),如果每一条狭缝的宽度都相同,其单缝衍射图样在屏幕上是完全重合的,这是由凸透镜的会聚作用所决定的.

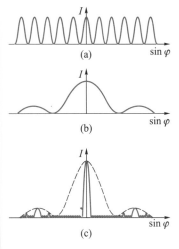

图 8-43 双缝干涉、单缝衍射及光栅衍射的光强分布

2. 光栅衍射

下面我们用振幅矢量法来分析光栅衍射条纹的分布,设来自每个狭缝的光振动到达屏上 P 点的振幅矢量分别用 $A_1, A_2, \cdots, A_N$ 来表示.

(1)明纹

当单色平行光垂直照射到光栅上时,每个狭缝均向各个方向发出衍射光,发自各缝具有相同衍射角 φ 的一组平行光都会聚于屏上的同一点,如图 8-42 所示的 P 点,任意相邻两缝发出的光到达 P 点的光程差为

$$\Delta = (a+b)\sin\varphi$$

当光程差 Δ 为波长的整数倍(即半波长的偶数倍)时

$$(a+b)\sin\varphi = \pm 2k\frac{\lambda}{2}, \quad k = 0,1,2,\cdots \qquad (8\text{-}55)$$

那么所有对应点发出的光将相互干涉加强,使 P 点出现明条纹,由于这种明条纹是由所有狭缝的对应点发出的光线相互叠加而成的,所以强度极大,称为主极大. 光栅狭缝数 N 越多,则明条纹就越亮,式(8-55)是决定主极大位置的,称为光栅方程. 满足光栅方程的明条纹也称为光谱线,k 称为主极大级次. 当 $k=0$ 时,称为中央明条纹(P_0 处),$k=1,2,3,\cdots$ 分别称为第一级、第二级、第

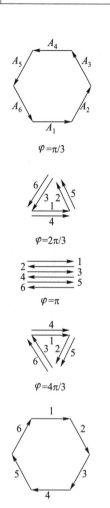

$\varphi=\pi/3$

$\varphi=2\pi/3$

$\varphi=\pi$

$\varphi=4\pi/3$

$\varphi=5\pi/3$

图 8-44 不同相位差时多缝光振动的合成($N=6$)

三极……主极大条纹. 从光栅方程可以看出, 在波长一定的单色平行光照射下, 光栅常量($a+b$)越小, 则各级明条纹的衍射角 φ 越大, 因而相邻两个明条纹分得越开.

（2）暗纹

如果在 P 点处, 光振动的合振幅等于零, 将出现暗纹, 这时, 各分振动的振幅矢量应组成一闭合多边形, 如图 8-44 所示(图中以 $N=6$ 为例), 若相邻两狭缝光振动的相位差 φ 等于 $\dfrac{\pi}{3}$、$\dfrac{2\pi}{3}$、π、$\dfrac{4\pi}{3}$ 和 $\dfrac{5\pi}{3}$ 时(相位差在 0 和 2π 之间), 其合振幅均为零, 所以相邻两狭缝光束间的相位差满足

$$\frac{2\pi(a+b)\sin\varphi}{\lambda}=k'\frac{\pi}{3}, \quad k'=\pm1,\pm2,\pm3,\pm4,\pm5$$

或

$$(a+b)\sin\varphi=k'\frac{\lambda}{6}, \quad k'=\pm1,\pm2,\pm3,\pm4,\pm5$$

时, 出现暗纹, 推广到 N 个狭缝的情况, 产生暗纹的条件为

$$(a+b)\sin\varphi=k'\frac{\lambda}{N}, \quad k'=\pm1,\pm2,\pm3,\cdots \qquad (8-56)$$

应该注意, 式(8-56)中 k' 取值应去掉 $k'=kN$ 的情况, 因为这属于出现主明纹的情况, 所以 k' 应取如下数值:

$$k'=\pm1,\pm2,\cdots,\pm(N-1);\pm(N+1),\pm(N+2),\cdots,$$
$$\pm(2N-1);\pm(2N+1),\cdots$$

可见在两个相邻的主明纹之间有 $N-1$ 条暗纹.

（3）次明纹

既然在相邻两主明纹之间有($N-1$)条暗纹, 则在两暗纹之间一定还存在着明纹, 这些地方虽然光振动没有全部抵消, 却是部分抵消. 计算表明, 这些明纹的强度仅为主明纹的 4% 左右, 所以称为次明纹或次极大, 两主明纹之间出现的次明纹的数目由暗纹数可推知为($N-2$)条.

思考 光栅衍射和单缝衍射有何区别? 为什么光栅衍射的明纹细而亮?

3. 光栅衍射条纹的分布特征

（1）最大级次

根据光栅方程可得到

$$k=\frac{a+b}{\lambda}\sin\varphi$$

当 $\sin\varphi=1$ 时, k 的最大值为

$$k_{max} = \frac{a+b}{\lambda} \qquad (8-57)$$

这就是在理论上能看到的最大级次.

（2）缺级现象

实际上,经常会遇到这样的情况,在某一衍射角 φ 方向,既满足光栅方程的明纹条件,即

$$\Delta = (a+b)\sin\varphi = \pm 2k\frac{\lambda}{2}, \quad k = 0,1,2,\cdots$$

同时又满足单缝衍射暗纹的条件,即

$$\Delta = a\sin\varphi = \pm 2k'\frac{\lambda}{2}, \quad k' = 1,2,3,\cdots$$

此时,由于单缝衍射的调制作用,会使该级次的明纹并不可能出现,这种现象称为缺级现象. 由上面两式相除可以得到,当满足

$$k = \pm\frac{a+b}{a}k', \quad k' = 1,2,3,\cdots \qquad (8-58)$$

即 $\frac{a+b}{a}$ 为整数时,则每逢该整数或其倍数的级次就出现缺级. 例如,当 $\frac{a+b}{a} = 3$ 时,$k = \pm 3, \pm 6, \cdots$ 级次的光栅明纹将不会出现,即出现缺级. 当然随着级数 k 数值的增大,由于屏上无法见到更多的条纹,因此屏上的这种现象不可能无限地发展下去.

（3）光栅衍射的光强分布

由于光栅的狭缝总数 N 很大,极小和次极大的数目很多,在明条纹之间实际上是一片暗区,明条纹变得很细,光强集中在很窄的区域内,明条纹变得很亮. 我们所观测到的条纹,正是干涉和衍射共同作用的总效果,是每条缝的衍射作用对各缝干涉结果的调制,如图 8-43（c）所示.

（4）斜入射时的光程差

上面所讨论的夫琅禾费光栅衍射,平行光束是垂直入射的,于是得到式（8-55）的光栅方程,这是因为入射前,平行光束没有光程差. 如果平行光束是以 θ 角斜入射的,如图 8-45 所示,这时就需要考虑入射前的光程差了,于是式（8-55）就要改为

$$\Delta = (a+b)(\sin\varphi - \sin\theta) = \pm 2k\frac{\lambda}{2}, \quad k = 0,1,2,\cdots \quad (8-59)$$

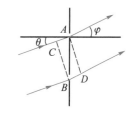

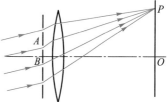

图 8-45　斜入射

8.5.3 光栅光谱

单色光经过光栅衍射后形成各级细而亮的明纹,从而可以精确地测定其波长. 如果用复色光照射到光栅上,除中央明纹外,不同波长的同一级明纹的位置是不同的,并按波长由短到长的次序自中央向两侧依次分开排列,即除中央明纹为白色外,其他各级明纹均变为一条由紫到红的彩色光谱带,其中紫光的波长最短,衍射角 φ 最小,红光的波长最长,衍射角 φ 最大,因此将有可能出现光谱重叠的现象,如图 8-46 所示. 光栅衍射产生的这种按照波长排列的谱线称为光栅光谱.

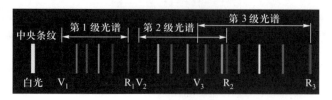

图 8-46 光栅衍射光谱

各种光源发出的光,经过光栅后所形成的光谱各不相同,如炽热固体等所发射的光谱,是连成一片的各色光,叫做连续光谱. 钠盐加热时(或放电管中激发的气体)所发出的光谱,是由一些分立的明线构成的,叫做线光谱,如图 8-47(a)所示. 经过分析可得,每一元素都发射自己的特征光谱(也叫原子光谱),这表明原子发射的特征光谱,与原子内部结构有着内在的联系. 还有一类光谱叫带状光谱,它由若干条明带组成,而每一明带实际上是一些密集的谱线,如图 8-47(b)所示. 带状光谱是由分子产生的,也叫做分子光谱. 各种元素或化合物有自己特定的谱线,测定光谱中各光谱线的波长和相对强度,可以确定该物质的成分及其含量,这种分析方法叫做光谱分析,在科学研究和工程技术中有着广泛的应用.

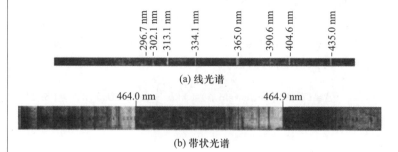

图 8-47 线光谱和带状光谱

例 8-17

已知一个每厘米刻有 4 000 条缝的光栅,利用这个光栅可以产生多少个完整的可见光谱($\lambda = 400 \sim 760$ nm)?

解 平行可见光垂直入射于光栅时,可形成光栅的衍射光谱,各波长光波的零级主极大都非相干地重叠在透镜的焦点处,形成白色的中央主极大,其两侧对称地按波长由短到长排列,同一级次的主极大,形成该级次的光谱,即从紫色到红色的光谱. 当高级次光谱中紫光的主极大与低一级次光谱中某波长的主极大处于同一衍射角时,这两个可见光谱开始发生重叠,在重叠处有相同的光程差. 根据题意可得,光栅常量为

$$a+b = \frac{L}{N} = \frac{1\times 10^{-2}}{4\ 000}\ \text{m} = 2.5\times 10^{-6}\ \text{m}$$

设 λ 为可见光中红光的波长(最大波长),在光栅方程中

$$(a+b)\sin\theta = k\lambda$$

令 $\sin\theta = 1$,可得红光主极大的最高级次

$$k = \frac{a+b}{\lambda} = \frac{2.5\times 10^{-6}}{760\times 10^{-9}} \approx 3.29$$

取整数,$k = 3$. 所以,在中央主极大一侧,可以有三个从紫色到红色的可见光谱.

设在 θ 角,第 $(k+1)$ 级光谱的紫光($\lambda_0 = 400$ nm)与第 k 级光谱中红光的主极大($\lambda = 760$ nm)重叠,有

$$(a+b)\sin\theta = k\lambda = (k+1)\lambda_0$$

可得

$$k = \frac{\lambda_0}{\lambda - \lambda_0} = \frac{400}{760 - 400} \approx 1.1$$

可见光的第 2 级和第 3 级光谱将发生重叠,即不重叠的完整光谱是 $k = 1$ 的第一级光谱.

例 8-18

用 1 cm 有 5 000 条刻痕的衍射光栅,观察钠光谱线($\lambda = 590$ nm),试问:

(1) 光线垂直入射时,最多能看到第几级条纹?

(2) 若 $a = b$,则能见到几级明纹?

解 (1) 由光栅方程

$$(a+b)\sin\theta = k\lambda$$

得

$$k = \frac{a+b}{\lambda}\sin\theta \qquad ①$$

可见,k 可能的最大值对应于 $\sin\theta = 1$,1 cm 刻有 5 000 条刻痕,所以光栅常量为

$$a+b = \frac{1\times 10^{-2}}{5\ 000}\ \text{m} = 2\times 10^{-6}\ \text{m} \qquad ②$$

将式②及 $\lambda = 590\times 10^{-9}$ m 代入式①,并设 $\sin\theta = 1$,得

$$k = \frac{2\times 10^{-6}}{5.9\times 10^{-7}} \approx 3 \qquad ③$$

此处取整数 3,因为第 4 级尚未出现,取分数显然是没有实际意义的.

(2) 当 $a = b$ 时,有 $\dfrac{a+b}{a} = 2$,按式(8-58),则有

$$k = \pm 2k', \quad k' = 1, 2, 3, \cdots$$

时应缺级,因此,$k = \pm 2, \pm 4, \cdots$ 缺级. 按题意可知,此时,实际能看到的明纹条数为 $k = 0, \pm 1, \pm 3$,共 5 条.

例 8-19

波长为 600 nm 的单色光垂直入射在一光栅上, 第 2 级, 第 3 级明条纹分别出现在 $\sin \theta_2 = 0.20$ 和 $\sin \theta_3 = 0.30$ 处, 第 4 级缺级.

(1) 问光栅上相邻两缝的间距有多大?

(2) 问光栅上狭缝可能的最小宽度有多大?

(3) 按上述选定的 a、b 值, 试列出屏上实际呈现的全部级数.

解 (1) 本题要求的相邻两缝的间距, 实际上就是光栅常量 $(a+b)$. 按光栅方程有

$$(a+b) \sin \theta = k\lambda$$

将 $k = 2$, $\sin \theta_2 = 0.2$ 代入, 得

$$a+b = \frac{2 \times 600 \times 10^{-9}}{0.20} \text{ m} = 6.0 \times 10^{-6} \text{ m}$$

(2) 按题意, 第 4 级缺级, 则

$$a = \frac{a+b}{4} = 1.5 \times 10^{-6} \text{ m}$$

(3) 当 $\sin \theta = 1$ 时, 最多能看到的级数为

$$k_{max} = \frac{a+b}{\lambda} = \frac{6.0 \times 10^{-6}}{600 \times 10^{-9}} = 10$$

但是因为 $a+b = 4a$, 即 $k = \pm 4, \pm 8, \cdots$ 缺级, 因此, 屏上实际出现的明条纹有 $k = 0, \pm 1, \pm 2, \pm 3, \pm 5, \pm 6, \pm 7, \pm 9$, 共 15 条 ($k = \pm 10$ 出现在 $\theta = 90°$ 处).

例 8-20

一个平面光栅, 当用光垂直照射时, 能在 30° 角的衍射方向上得到 600 nm 的第二级主极大, 并能分辨 $\Delta\lambda = 0.05$ nm 的两条光谱线, 但不能得到第三级主极大, 计算此光栅的透光部分的宽度 a 和不透光部分的宽度 b 以及总缝数.

解 根据光栅方程和缺级条件可求得光栅的参量, 根据光栅的分辨本领可求得被光照射到的总缝数 N. 根据题意, 在 $\theta = 30°$ 方向上得到 $\lambda = 600$ nm 的第二级主极大, 根据光栅方程有

$$(a+b) \sin \theta_2 = 2\lambda$$

得 $(a+b) = \frac{2\lambda}{\sin \theta_2} = \frac{2 \times 600 \times 10^{-9}}{\sin 30°} \text{ m} = 2.4 \times 10^{-6} \text{ m}$

由第三级缺级可知

$$\frac{a+b}{a} = 3$$

则 $a = \frac{a+b}{3} = \frac{2.4 \times 10^{-6}}{3} \text{ m} = 8.0 \times 10^{-7} \text{ m}$

$$b = (a+b) - a = 1.6 \times 10^{-6} \text{ m}$$

光栅分辨本领为

$$R = \frac{\lambda}{\Delta\lambda} = kN$$

所以光栅被照射到的总缝数为

$$N = \frac{\lambda}{k\Delta\lambda} = \frac{600}{2 \times 0.05} = 6\,000$$

例 8-21

一个光栅, 其光栅常量 $a+b = 2 \times 10^{-6}$ m, 用钠光 ($\lambda = 589.3$ nm) 照射, 试求下列情况下最多能看到的级数:

(1) 平行光线垂直入射;

(2) 平行光线以入射角 $\theta' = 30°$ 入射.

解　(1) 垂直入射时,最大级数

$$k = \frac{a+b}{\lambda} = \frac{2 \times 10^{-6}}{589.3 \times 10^{-9}} \approx 3.4$$

即能看到 3 级,共 7 条明纹.

(2) 在斜入射情况下,入射光线与衍射光线位于光栅法线两侧,光栅方程应为

$$(a+b)(\sin \theta - \sin \theta') = k\lambda, \quad k = 0, \pm 1, \pm 2, \cdots$$

同样,当衍射角的正弦值 $\sin \theta = \pm 1$ 时,k 有最大值.设在屏上 O 点上方观测到的最大级次为 k_1,取 $\sin \theta = +1$,则

$$k_1 = \frac{(a+b)(\sin 90° - \sin 30°)}{589.3 \times 10^{-9} \text{ m}} \approx 1.7$$

取 $k_1 = 1$. 设在屏上 O 点下方观察到的最大级次为 k_2,取 $\sin \theta = -1$,则

$$k_2 = \frac{(a+b)[\sin (-90°) - \sin 30°]}{589.3 \times 10^{-9} \text{ m}} \approx -5.09$$

取 $k_2 = -5$. 所以,斜入射时仍能看到 7 条明纹,它们是 $k = +1, 0, -1, -2, -3, -4, -5$.

这里需要说明的是,上面的计算方法仍取 (1) 中的 $k = 0$ 处为基准,实际上斜入射时,由于光程差变化了,衍射角 $\theta = 0$ 的位置已不在原来 $k = 0$ 的地方,而是移至 $k = -2$ 处了.读者不妨自己验证一下.

8.6　光的偏振

光的干涉和衍射现象说明了光具有波动性,但是还不能由此确定光是横波还是纵波,光的偏振现象进一步表明光的横波性.我们已经知道,光是频率在一定范围内的电磁波,有两个相互垂直的振动矢量即电场强度矢量 E 和磁场强度矢量 H. 本节主要讨论光偏振的有关问题.

8.6.1　偏振光和自然光

1. 自然光

光是由光源中大量原子或分子发生跃迁而产生的.普通光源发出的一个一个断续的波列,不仅初相位彼此是无关的,光振动的方向也是彼此无关的.在垂直于光传播方向的平面内,沿各个方向振动的光矢量都有,如图 8-48 所示.光矢量具有轴对称性,而且均匀分布,各个方向光振动的振幅相同,这种光称为自然光.任一方向的光矢量 E 都可分解为相互垂直的两方向上的分矢量,由于自然光在与传播方向垂直的所有可能方向上,光矢量 E 的振幅都可看作是相等的,所以采用这样的分解,可简便地把自然光看作两个独立的、互相垂直而振幅相等的光振动来表示,如

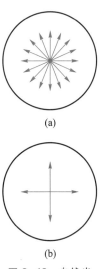

(a)

(b)

图 8-48　自然光

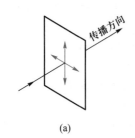

(a)

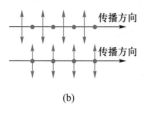

(b)

图 8-49　自然光的表示方法

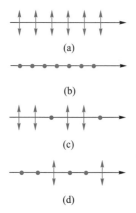

(a)

(b)

(c)

(d)

图 8-50　部分偏振光和
线偏振光的表示

图 8-49(a)所示. 这两种光振动各具有自然光总能量的一半,图 8-49(b)中用短线和黑点分别表示两相互垂直的光矢量,且画成均等分布,以表示两者振幅相等、能量相等.

2. 偏振光

光在传播过程中,如果光矢量只沿某一方向振动,这样的光称为线偏振光,我们把光的振动方向和传播方向组成的平面称为振动面,由于线偏振光的光矢量保持在固定的振动面内,所以线偏振光又称为平面偏振光. 光的振动方向在振动面内不具有对称性,这叫做偏振,显然,只有横波才有偏振现象,这是横波区别于纵波的一个最明显的标志. 在光学实验中,常采用某些装置移去图 8-49 中所示的自然光中某一方向的振动来获取线偏振光. 如果部分地移去某一方向的分振动,就可获得所谓部分偏振光,如果能完全移去两个相互垂直的分振动之一,就获得所谓的完全偏振光(即线偏振光). 图 8-50 所示的是它们的图线表示法,图 8-50(a)、(b)所示的是完全偏振光,振动方向与纸面平行的光矢量,全部用带箭头的短线表示,振动方向垂直于纸面的全部用黑点表示. 图 8-50(c)、(d)所示的是部分偏振光,用数目不等的短线和黑点来表示. 一个原子(或分子)每次发光所发出的波列可以认为是线偏振光,它的光矢量具有一定的方向.

相对于自然光(非偏振光)和部分偏振光来说,线偏振光是完全偏振的. 实际上,部分偏振光是介于完全偏振光和自然光之间的偏振状态,理论分析表明,部分偏振光可以看作完全偏振光和自然光的混合,在不需要详细表明偏振情况的时候,完全偏振光和部分偏振光都可以简称为偏振光.

3. 圆偏振光和椭圆偏振光

如果迎着光的传播方向看去,光矢量的端点不断地在垂直于光的传播方向的平面内旋转(顺时针或逆时针),如果光矢量的端点描绘出一个圆,这种光称为圆偏振光;如果光矢量的端点描绘出一个椭圆,这种光称为椭圆偏振光,如图 8-51 所示. 圆偏振光和椭圆偏振光可以看成两个振动面相互垂直、有固定相位关系的线偏振光的叠加.

8.6.2 偏振片的起偏和检偏

普通光源(太阳、日光灯等)所发出的光都是自然光. 怎样获得偏振光并检验它是否是偏振光呢? 最常用的简便方法是利用偏振片,例如可以利用晶体的二向色性和晶体的双折射来产生偏振光,也可以利用自然光在介质界面上的反射和折射来产生偏振光.

　　实验发现,某些晶体只能让某个方向的光振动通过(实际上存在少量吸收),而有选择性地吸收与该方向垂直的光振动(实际上也存在少量透过). 具有这种选择吸收性能的晶体叫做二向色性物质,如硫酸碘奎宁、电气石等.

　　图 8-52 是由透明材料涂上一层定向排列的二向色性晶体制成的偏振片,为了便于使用,我们在偏振片上标出记号,表明该偏振片允许通过的光振动方向,这个方向称为偏振化方向,也称为偏振片的透光方向,也叫透光轴. 当自然光入射偏振片时,透过的光便是线偏振光. 从自然光得到偏振光的过程叫起偏,产生起偏作用的光学元件称为起偏器.

　　两个平行放置的偏振片 P_1 和 P_2,它们的偏振化方向分别用一组平行线表示,如图 8-53 所示. 图中自然光垂直入射于偏振片 P_1,透过的光将成为线偏振光,P_1 就是起偏器,根据以下现象,即可判断照射在偏振片的光是否为偏振光.

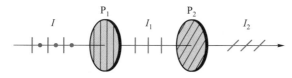

图 8-53　偏振片用作起偏器及检偏器

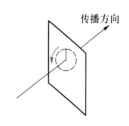

(a) 圆偏振光

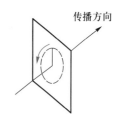

(b) 椭圆偏振光

图 8-51　圆偏振光和椭圆偏振光

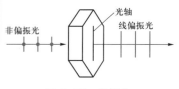

图 8-52　偏振片

　　由于自然光的光矢量在所有方向上是均匀分布的,所以将 P_1 绕光的传播方向转动时,透过 P_1 的光强不变,但它只有入射光强的一半.

　　如果入射到偏振片的光是线偏振光,则当偏振片的偏振化方向与线偏振光的光矢量方向一致时,透射光最强,当这两个方向相互垂直时,透射光的光强为零. 自然光透过 P_1 后形成线偏振光,再入射于偏振片 P_2,如果将 P_2 绕光的传播方向慢慢转动时,可以看到透过 P_2 的光强将随 P_2 的转动而发生变化. 当 P_1 和 P_2 的偏振化方向相互平行时,透射光的光强最强,而当两者的偏振化方向相互垂直时,光强为零,通常称为消光现象.

　　当用部分偏振光入射时,旋转偏振片,透射光的光强也要发生变化,但不存在光强为零的情况,总之,旋转一个偏振片,可以通过透射光的光强度变化情况,来确定入射光的偏振状态,这个过程叫做检偏,有检偏作用的光学元件叫检偏器. 起偏器和检偏器可以是两块构造完全相同的偏振片,仅是它们的用途不同而已,图中偏振片 P_2 就是一个检偏器.

当然,除了用偏振片获得偏振光外,还有其他方法可以获得偏振光.如利用自然光在两介质分界面上的反射和折射,反射光有可能成为完全偏振光,折射光将成为部分偏振光.此外,一些各向异性的晶体如方解石也有起偏作用,一束光射入方解石晶体后,将分裂成两束光,称为双折射现象.其中一束折射光服从折射定律,称为寻常光(o 光),另一束折射光不服从折射定律,称为非寻常光(e 光),但它们都是偏振光,且它们之间的夹角为 π/2.

8.6.3 马吕斯定律

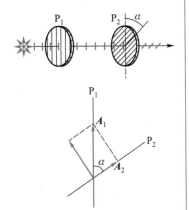

图 8-54 马吕斯定律的证明

马吕斯(E. L. Malus)在研究线偏振光透过检偏器后透射光的光强时发现:如果入射的线偏振光的光强为 I_1,则透射光的光强(不计检偏器对透射光的吸收)I_2 为

$$I_2 = I_1 \cos^2 \alpha \qquad (8-60)$$

式中 α 是检偏器的偏振化方向和入射线偏振光的光矢量振动方向之间的夹角,这就是马吕斯定律.

马吕斯定律证明过程如下.如图 8-54 所示,设 A_1 为入射线偏振光的光矢量振幅,P_2 是检偏器的偏振化方向,入射光矢量振动方向与 P_2 的夹角为 α,将光振动分解为平行于 P_2 和垂直于 P_2 的两个分振动,它们的振幅分别是 $A_1 \cos \alpha$ 和 $A_1 \sin \alpha$.因为只有平行分量可以透过 P_2,所以透射光的振幅 A_2 和光强 I_2 分别为

$$A_2 = A_1 \cos \alpha$$
$$I_2 = I_1 \cos^2 \alpha$$

由上式可知,当 $\alpha = 0°$ 或 $180°$ 时,$I_2 = I_1$,光强最强;当 $\alpha = 90°$ 或 $270°$,$I_2 = 0$,这时没有光从检偏器射出.

例 8-22

一束强度为 I_0 的自然光,先后通过两个偏振片 M 和 N,它们的偏振化方向的夹角为 $60°$,试求通过检偏器 N 的光强度.

解 由于入射的自然光的强度为 I_0,可知通过起偏器 M 后,强度降低了一半,即 $I_1 = \dfrac{I_0}{2}$.设透过检偏器 N 后的光强为 I_2,则根据马吕斯定律,有

$$I_2 = I_1 \cos^2 \alpha = \frac{I_0}{2} \cos^2 \alpha = \frac{I_0}{8}$$

例 8-23

　　自然光和线偏振光的混合光束,通过一偏振片时,随着偏振片以光的传播方向为轴转动,透射光的强度也跟着改变. 若最强和最弱的光强之比为 6∶1,那么入射光中自然光和线偏振光的强度之比为多大?

解　偏振片的偏振化方向平行于混合光束中的线偏振光振动方向时,透射光最强,两方向互相垂直时的透射光强最小. 设混合光束中的自然光光强为 I_0,线偏振光光强为 I_1,透射光强最大值为 I_{max},最小值为 I_{min},有

$$I_{max} = \frac{I_0}{2} + I_1, \quad I_{min} = \frac{I_0}{2}$$

$$\frac{I_{max}}{I_{min}} = \frac{I_0 + 2I_1}{I_0} = 6$$

所以　　　　$5I_0 = 2I_1, \quad \dfrac{I_0}{I_1} = \dfrac{2}{5}$

8.6.4　光的反射和折射起偏

　　前面提到,自然光在两种介质分界面上发生反射和折射时,反射光 R 和折射光 G 都成为部分偏振光,在特定情况下,反射光还可能成为完全偏振光.

　　1815 年,布儒斯特通过实验定量总结了反射光偏振的规律,称为布儒斯特定律. 该定律指出:反射光的偏振化程度取决于入射角 i,当入射角 $i = i_B$ 满足

$$\tan i_B = \frac{n_2}{n_1} = n_{21} \tag{8-61}$$

时,反射光 R 中只有垂直于入射面的光振动,而没有平行于入射面的光振动,即反射光 R 为线偏振光,而折射光 G 为部分偏振光,如图 8-55 所示,式(8-61)就是布儒斯特定律的表达式,i_B 称为布儒斯特角或起偏角.

　　根据折射定律有

$$\frac{\sin i_B}{\sin \gamma} = \frac{n_2}{n_1} = \tan i_B = \frac{\sin i_B}{\cos i_B}$$

所以,有 $\sin \gamma = \cos i_B$,即

$$i_B + \gamma = \frac{\pi}{2} \tag{8-62}$$

这表明,当入射角为布儒斯特角 i_B 时,反射光 R 与折射光 G 相互垂直.

　　综上所述,当入射角 i 等于布儒斯特角 i_B 时,反射光为完全偏振光,其振动方向垂直于入射面. 布儒斯特角由式(8-61)确定,例如,光线自空气射向折射率为 1.5 的玻璃时,$i_B = 56.3°$;反之,光线

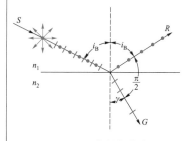

图 8-55　布儒斯特角

由玻璃射向空气而反射时,$i'_B = 33.7°$,显然,这两者互为余角.

还需指出,当自然光按起偏角入射时,在经过一次反射和折射后,反射光虽然是完全偏振光,但是光强很弱,对于单独一个玻璃面来说,垂直于入射面的振动的光只能被反射一小部分(约为15%);因此折射光(或叫透射光)应是部分偏振光,它占有入射光中平行于入射面的振动的全部光能和垂直于入射面的振动的大部分光能. 为了增强反射光的强度和折射光的偏振化程度,可以把玻璃片叠起来,成为玻璃片堆,当自然光连续通过许多玻璃片(玻璃片堆)时,入射光在各层玻璃面上经过多次反射和折射,使得反射光垂直于入射面的振动成分得到加强;同时折射光中垂直于入射面的振动成分也被各层玻璃面不断地反射,而使得折射光的偏振化程度逐渐增加. 玻璃片数越多,透射光的偏振化程度越高,当玻璃片足够多时,最后透射出来的折射光就接近于完全偏振光,其振动面就在折射面(即折射线和法线所成的面,在这里也就是入射面)内.

由此可知,利用玻璃片、玻璃片堆或透明塑料片堆等在起偏角下的反射和折射,都可以获得偏振光. 同样,利用它们也可以检查偏振光.

> **思考** 怎样获得线偏振光?线偏振光为什么会出现消光现象?

8.6.5 偏振光的应用

1. 避免眩光的设备

我们知道,太阳光照射于光滑的路面上时,会形成令人眩目的反射光,这种光能直接射入人眼,对行人的视力有损伤,而且容易引起事故. 光滑路面的反射光通常是部分偏振的,它的振动方向基本上平行于路面,因此,可以设计一种"偏振光眼镜",来供行人或车辆驾驶员使用,这种眼镜片使用人造偏振片,它的偏振轴沿着竖直方向,可以"过滤"掉沿着水平方向振动的入射光. 当使用偏振光眼镜时,可感到景色光线柔和,强度适宜. 此外,根据同样的原理,可以在轮船、火车、飞机的窗户上安装偏振片,借以控制入射光的强度;望远镜镜头上加装人造偏振片一片或两片,就可以减弱被观察目标的反射偏振光,以及来自天空的具有偏振性质的散射光.

汽车的前灯和挡风玻璃也可以采用偏振片来改进它们的功能.在一般情形下,汽车的前灯虽然具有照明路面和显示目标的功能,但对于迎面而来的车辆驾驶员来说,前灯的直射光有眩目的弊端,因而两车相遇时常常熄灭前灯而打开小灯来看清车身位置,以便判断行驶方向.如果在每辆车的前灯和挡风玻璃上同时安装偏振片,同一辆车的偏振片的偏振化方向相同,都是从左下斜向右上,并与水平线成 45°的夹角,这样车前的路面和迎面的来车仍能被照亮,而对方射来的灯光却被充分减弱(因为任一方面的偏振化方向都与入射的偏振光的振动方向垂直).

2. 色偏振与偏振光显微镜

透过起偏器 M 的线偏振光,经过双折射晶片后,分成相互垂直并有一定相位差的两束线偏振光,它们再通过检偏器 N 后,两者在 N 的偏振化方向上的分振动是具有相干性的,因此能产生干涉现象,这就是偏振光的干涉,如图 8-56 所示.如果使用白光光源,当正交偏振片之间的晶体厚度不同时,相位差将不相同,视场将出现不同的色彩,这种现象称为色偏振.在普通的显微镜筒内,安装一套起偏和检偏器,再增加些调节部件就成为偏振光显微镜.它用色偏振原理可判别矿石的晶格类型和光学性能,纺织厂用它来检验纸品纤维,造纸厂用它来检验纸浆的纤维,环境保护管理单位也用这种仪器来检查污染物.此外,像云母片、玻璃纸等夹在两偏振片之间,在白光下观察时,也都会产生色偏振现象.

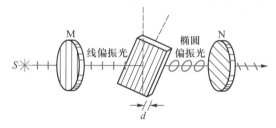

图 8-56　偏振光的干涉

3. 光测弹性仪

色偏振一般发生在各向异性的双折射晶体中,有些非晶体例如塑料、玻璃、环氧树脂等,通常都是各向同性的,没有双折射现象,但当它们经受外力发生形变时,就变成各向异性而显示出双折射性质,把它们放入如图 8-56 所示的晶体位置处,穿过检偏器 N 后也将发生干涉,出现干涉的色彩和条纹.利用这种特性,在工业上可以制成各种零件的透明模型,然后在外力的作用下,观察和分析这些干涉的色彩和条纹的形状,从而判断模型内部的受力情况,这种方法称为光弹性方法.光测弹性仪包括一套起偏振镜和检偏振镜,将透明塑胶制成的模型放在两镜之间并对模型施加外力,当入射光从起偏振镜一端射入时,看到模型中显现彩色的干涉条纹,研究条纹的形状和色彩,就能判断模型内部的弹性应力的分布状态,它是利用透明模型受力时产生的"人工双折射",从模型里透出的寻常光线和非寻常光线相干涉而产生条纹.如图

图 8-57　光测弹性干涉图

8-57 所示为一个工件的塑料模型,经模拟实验情况施加作用力后,所产生的干涉图样照片,图中的黑色条纹表示有应力存在,而条纹越密的地方应力越集中.

例 8-24

一束自然光从空气以 53°的入射角入射到一种非透明介质的表面,反射光为完全偏振光,试确定此非透明介质的折射率.

解 反射光为完全偏振光就表明 53°的入射角为起偏角 i_B,空气的折射率为 $n_1 = 1$,根据布儒斯特定律,有

$$\frac{n_2}{n_1} = \tan i_B$$

于是 $n_2 = n_1 \tan i_B = \tan i_B = \tan 53° \approx 1.327$

本章提要

1. 光是一种电磁波

从无线电波、紫外线到可见光波,从红外线、X 射线到 γ 射线等,都是波长不同的电磁波. 可见光的频率范围(由红光到紫光)为 $4.3\times10^{14} \sim 7.5\times10^{14}$ Hz,在真空中相应的波长范围为 760~400 nm,光具有干涉、衍射、偏振等波动特性.

2. 光的干涉现象

(1) 光的相干条件

两列光波必须频率相同、振动方向相同、相位相同或相位差恒定.

(2) 获取相干光的方法

将同一光源从同一点发出的光波分成两束,在空间经过不同路径传播后再使它们相遇. 获得相干光的方法有两种:即分波阵面法(如杨氏双缝干涉实验)和分振幅法(如薄膜干涉).

(3) 光程与光程差

若光在折射率为 n 的介质中经过的几何路程为 r,则相应的光程为 nr;

光程差 $\Delta = n_2 r_2 - n_1 r_1$

相位差 $\Delta\varphi = 2\pi \dfrac{\Delta}{\lambda}$($\lambda$ 为光在真空中的波长)

(4) 半波损失

光从光疏介质入射到光密介质,并在界面上反射时,发生半波损失,即相当于反射光的相位突变了 π,也相当于反射光增加了 $\dfrac{\lambda}{2}$ 的光程.

(5) 干涉明、暗条纹的条件

两束相干光在空间某点相遇,即

$\Delta = n_2 r_2 - n_1 r_1 = 2k\dfrac{\lambda}{2}$, $k=0,1,2,\cdots$ 干涉明纹

$\Delta = n_2 r_2 - n_1 r_1 = (2k+1)\dfrac{\lambda}{2}$, $k=0,1,2,\cdots$ 干涉暗纹

(6) 杨氏双缝干涉

明纹中心位置 $x = \pm 2k\dfrac{D\lambda}{2d}$, $k=0,1,2,\cdots$

暗纹中心位置 $x = \pm(2k-1)\dfrac{D\lambda}{2d}$, $k=1,2,3,\cdots$

条纹特点:明暗相间的等间距分布的直条纹,相邻明纹中心(或暗纹中心)之间的距离为

$$\Delta x = \frac{D}{d}\lambda$$

(7) 薄膜干涉

入射光在薄膜上表面因反射和折射而"分振幅",薄膜上、下表面反射的光为相干光. 光程差的计算有两项:一项是由几何路程差而引起的,另一项要考虑反射界面是否有半波损失.

① 等倾干涉(膜厚均匀,倾角变化)

反射相干光的干涉条件:

明纹中心 $\Delta = 2e\sqrt{n_2^2 - n_1^2 \sin^2 i} + \dfrac{\lambda}{2} = k\lambda$, $k=1,2,3,\cdots$

暗纹中心　$\Delta = 2e\sqrt{n_2^2 - n_1^2\sin^2 i} + \dfrac{\lambda}{2} = (2k+1)\dfrac{\lambda}{2}$，

$k = 0,1,2,\cdots$

透射相干光的干涉条件：

明纹中心　$\Delta = 2e\sqrt{n_2^2 - n_1^2\sin^2 i} = 2k\dfrac{\lambda}{2}$，　$k = 1,2,$

$3,\cdots$

暗纹中心　$\Delta = 2e\sqrt{n_2^2 - n_1^2\sin^2 i} = (2k+1)\dfrac{\lambda}{2}$，　$k =$

$0,1,2,\cdots$

与反射光的干涉明、暗条纹的条件相比可知，反射光相互加强时，透射光将相互减弱；当反射光相互减弱时，透射光将相互加强，两者是互补的.

② 等厚干涉（膜厚不均匀，垂直入射）

明纹中心　$\Delta = 2ne + \dfrac{\lambda}{2} = k\lambda$，　$k = 1,2,3,\cdots$

暗纹中心　$\Delta = 2ne + \dfrac{\lambda}{2} = (2k+1)\dfrac{\lambda}{2}$，　$k = 0,1,$

$2,\cdots$

相邻两明纹（或暗纹）之间的距离为

$$l = \dfrac{\lambda}{2n\sin\theta}$$

相邻两明纹（或暗纹）对应的介质薄膜厚度差为

$$\Delta e = \dfrac{\lambda}{2n}$$

③ 牛顿环

薄膜的上、下表面中一个是球面，另一个是平面（或两者都是球面）时，干涉图样为明暗相间的同心圆环，用圆环半径来确定条纹的空间位置，如平面或球面均为玻璃，膜层为空气时，有

明环半径　$r = \sqrt{\dfrac{(2k-1)R\lambda}{2}}$，　$k = 1,2,3,\cdots$

暗环半径　$r = \sqrt{kR\lambda}$，　$k = 0,1,2,\cdots$

透镜和平板玻璃之间充满折射率为 n 的介质时，明环和暗环的半径分别为

明环半径　$r = \sqrt{\dfrac{(2k-1)R\lambda}{2n}}$，　$k = 1,2,3,\cdots$

暗环半径　$r = \sqrt{\dfrac{kR\lambda}{n}}$，　$k = 0,1,2,\cdots$

3. 光的衍射现象

（1）惠更斯-菲涅耳原理

波阵面上每一面元都可看成是新的次波波源，它

们发出次波，在空间某点的振动则是所有这些次波在该点所产生振动的叠加.

（2）单缝夫琅禾费衍射

用半波带法对衍射条纹的分布规律进行解释. 当单色光垂直入射时，有

暗纹中心位置　$a\sin\theta = \pm 2k\dfrac{\lambda}{2}$，　$k = 1,2,3,\cdots$

明纹中心位置　$a\sin\theta = \pm(2k+1)\dfrac{\lambda}{2}$，　$k = 1,2,$

$3,\cdots$

明条纹宽度　$l = f\dfrac{\lambda}{a}$

中央明纹的线宽度　$l_0 = 2f\dfrac{\lambda}{a}$

中央明纹的角宽度　$\theta_0 = 2\dfrac{\lambda}{a}$

注意：中央明纹线宽度是其他明纹宽度的两倍.

单缝衍射产生明、暗条纹的条件与双缝干涉产生明、暗条纹的条件从公式上看，恰好相反，这是因为两者的物理含义不同所致.

（3）光栅衍射

光栅衍射图样是单缝衍射与多缝干涉的综合效应.

光栅方程：

垂直入射　$(a+b)\sin\varphi = \pm k\lambda$，　$k = 0,1,2,\cdots$

斜入射　$(a+b)(\sin\varphi - \sin\theta) = \pm k\lambda$，　$k = 0,1,$

$2,\cdots$

式中 φ 是衍射角（均取正），若 φ 与 θ 在法线同侧，上式左边括号中 $\sin\theta$ 取正值；在异侧时，$\sin\theta$ 取负值.

缺级：当 φ 角同时满足单缝的暗纹公式和光栅方程时，将出现缺级现象.

缺级条件　$k = \pm\dfrac{d}{a}k'$

式中 k 为光栅明纹主极大的级次，k' 为单缝衍射暗条纹的级次.

4. 光的偏振性

（1）光是横波，在垂直于光的传播方向的平面内，光振动（即矢量振动）各方向振幅都相等的光为自然光；只在某一方向有光振动的光称为线偏振光；各方向光振动都有，但振幅不同的光叫部分偏振光.

（2）起偏和检偏

自然光通过某种装置成为偏振光叫起偏，该装置

叫起偏器(通常用偏振片). 偏振片只允许某一方向的光振动通过, 而与这一方向垂直的光振动则被完全吸收, 偏振片也可用作检偏器.

(3) 马吕斯定律

光强为 I_0 的线偏振光通过偏振片后, 若不考虑吸收, 则透射光强为

$$I = I_0 \cos^2 \alpha$$

式中 α 是入射线偏振光的振动方向与偏振片的偏振化方向之间的夹角.

(4) 布儒斯特定律

自然光入射到两种各向同性介质的分界面时, 反射光和折射光都是部分偏振光. 在反射光束中, 若入射角满足 $\dfrac{n_2}{n_1} = \dfrac{\sin i_B}{\cos i_B} = \tan i_B$ 时, 反射光为完全偏振光.

其光振动方向垂直于入射面, i_B 称为布儒斯特角.

(5) 光的双折射

一束自然光进入各向异性晶体后分成两束, 叫做光的双折射. 其中一束遵循折射定律, 折射率不随入射光线改变, 叫做寻常光(o 光); 另一束不遵守折射定律, 折射率随入射方向改变, 叫做非寻常光(e 光). 寻常光和非寻常光都是线偏振光, 且两者光振动方向相互垂直.

习题

8-1 单色光从空气射入水中, 下列说法正确的是 ( )

(A) 波长变短, 光速变慢

(B) 波长变长, 频率变大

(C) 频率不变, 光速不变

(D) 波长不变, 频率不变

8-2 如习题 8-2 图所示, 设 S_1、S_2 为两相干光源, 发出波长为 λ 的单色光, 分别通过两种介质(折射率分别为 n_1 和 n_2, 且 $n_1 > n_2$)射到介质的分界面上的 P 点, 已知 $S_1 P = S_2 P = r$, 则这两条光的几何路程之差 Δr, 光程差 Δ 和相位差 $\Delta \varphi$ 分别为 ( )

(A) $\Delta r = 0, \Delta = 0, \Delta \varphi = 0$

(B) $\Delta r = (n_1 - n_2) r, \Delta = (n_1 - n_2) r, \Delta \varphi = 2\pi (n_1 - n_2) \cdot r/\lambda$

(C) $\Delta r = 0, \Delta = (n_1 - n_2) r, \Delta \varphi = 2\pi (n_1 - n_2) r/\lambda$

(D) $\Delta r = 0, \Delta = (n_1 - n_2) r, \Delta \varphi = 2\pi (n_1 - n_2) r$

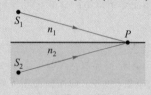

习题 8-2 图

8-3 两列光波叠加产生干涉现象的必要条件是 ( )

(A) 频率相同、振动方向相同、相位差不恒定

(B) 振幅相同、振动方向相同、相位差恒定

(C) 频率相同、振动方向相同、相位差恒定

(D) 频率相同、振幅相同、相位差恒定

8-4 在双缝干涉实验中, 为使屏上的干涉条纹间距变大, 可以采取的办法是 ( )

(A) 使屏靠近双缝

(B) 把两个缝的宽度稍微调窄

(C) 使两缝的间距变小

(D) 改用波长较小的单色光源

8-5 在双缝干涉实验中, 入射光的波长为 λ, 用玻璃纸遮住双缝中的一个缝, 若玻璃纸中光程比相同厚度的空气的光程大 2.5λ, 则屏上原来的明纹处 ( )

(A) 仍为明条纹

(B) 变为暗条纹

(C) 既非明纹也非暗纹

(D) 无法确定是明纹, 还是暗纹

8-6 如习题 8-6 图所示, 两个直径有微小差别、彼此平行的滚柱之间的距离为 L, 夹在两块平晶(非常平的标准玻璃)的中间, 形成空气劈尖, 当单色光垂直入射时, 产生等厚干涉条纹. 如果两滚柱之间的距离 L 变大, 则在 L 范围内干涉条纹的 ( )

(A) 数目增加,间距不变

(B) 数目减少,间距变大

(C) 数目增加,间距变小

(D) 数目不变,间距变大

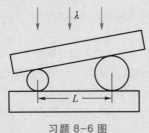

习题 8-6 图

8-7 在照相机镜头的玻璃上均匀镀有一层介质薄膜,其折射率 n 小于玻璃的折射率,用以增强波长为 λ 的透射光的能量. 假定光线垂直照射镜头,则介质膜的最小厚度应为 ( )

(A) $\dfrac{\lambda}{n}$　　　　　　(B) $\dfrac{\lambda}{2n}$

(C) $\dfrac{\lambda}{3n}$　　　　　　(D) $\dfrac{\lambda}{4n}$

8-8 在单缝夫琅禾费衍射实验中,波长为 λ 的单色光垂直入射在宽度为 $a=4\lambda$ 的单缝上,对应于衍射角为 30° 的方向,单缝处波阵面可分成的半波带数目为 ( )

(A) 2 个　　　　　　(B) 4 个

(C) 6 个　　　　　　(D) 8 个

8-9 在双缝衍射实验中,若保持双缝 S_1 和 S_2 的中心之间的距离 d 不变,而把两条缝的宽度 a 略微加宽,则 ( )

(A) 单缝衍射的中央主极大变宽,其中所包含的干涉条纹数目变少

(B) 单缝衍射的中央主极大变宽,其中所包含的干涉条纹数目变多

(C) 单缝衍射的中央主极大变宽,其中所包含的干涉条纹数目不变

(D) 单缝衍射的中央主极大变窄,其中所包含的干涉条纹数目变少

(E) 单缝衍射的中央主极大变窄,其中所包含的干涉条纹数目变多

8-10 一束自然光从折射率为 1.0 的空气入射到平面玻璃上,当折射角为 30° 时,反射光是平面偏振光,则玻璃折射率为 ( )

(A) $\sqrt{3}/3$　　　　　　(B) $\sqrt{3}$

(C) $\sqrt{3}/2$　　　　　　(D) 3

8-11 光的干涉和衍射现象反映了光的_____,光的偏振现象说明光波是_____波.

8-12 在双缝干涉实验中,两缝分别被折射率为 n_1 和 n_2 的透明薄膜遮盖,二者的厚度均为 e,波长为 λ 的平行单色光垂直照射到双缝上,在屏中央处,两束相干光的相位差 $\Delta\varphi=$_____.

8-13 波长为 λ 的单色光垂直照射到劈尖薄膜上,劈尖角为 θ,劈尖薄膜的折射率为 n,第 k 级明条纹与第 $k+5$ 级明纹的间距是_____.

8-14 平行单色光垂直入射于单缝上,观察夫琅禾费衍射. 若屏上 P 点处为第二级暗纹,则单缝处波面相应地可划分为_____个半波带,若将单缝宽度减小一半,P 点将是第_____级_____纹.

8-15 波长为 500 nm 的单色光垂直入射到光栅常量为 1.0×10^{-4} cm 的平面衍射光栅上,第一级衍射主极大所对应的衍射角 $\varphi=$_____.

8-16 在双缝干涉实验装置中,屏幕到双缝的距离 D 远大于双缝之间的距离 d,对于钠黄光($\lambda=589.3$ nm)产生的干涉条纹,相邻两明纹的角距离(即相邻两明纹对双缝处的张角)为 0.20°.

(1) 对于什么波长的光,这个双缝装置所得相邻两条纹的角距离比用钠黄光测得的角距离大 10%?

(2) 假设将此装置整个放入水中(水的折射率 $n=1.33$),用钠黄光照射时,相邻两明条纹的角距离有多大?

8-17 以单色光照射到相距为 0.2 mm 的双缝上,双缝与屏幕的垂直距离为 10 m.

(1) 若屏上第一级干涉明纹到同侧的第四级明纹

中心的距离为 75 mm,求单色光的波长.

(2) 若入射光的波长为 600 nm,求相邻两暗纹中心间的距离.

8-18 用单色光源 S 照射双缝,在屏上形成干涉图样,零级明条纹位于 O 点,如习题 8-18 图所示,若将光源 S 移至 S' 位置,零级明条纹将发生移动,欲使零级明条纹移回 O 点,必须在哪个缝处覆盖一薄云母片才有可能? 若用波长 589 nm 的单色光,欲使移动了 4 个明纹间距的零级明纹移回到 O 点,云母片的厚度应为多少? 云母片的折射率为 1.58.

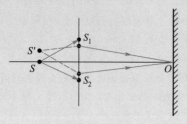

习题 8-18 图

8-19 一束平行单色光垂直照射到厚度均匀的薄油膜上,油膜覆盖在玻璃板上,所用单色光的波长可以连续变化,观察到 500 nm 与 700 nm 这两个波长的光在反射中消失,油膜的折射率为 1.30,玻璃的折射率为 1.50,试求油膜的厚度.

8-20 白光垂直照射在厚度为 0.40 μm 的玻璃片上,玻璃片放在空气中,且玻璃的折射率为 1.50,试问在可见光范围内($\lambda = 400 \sim 700$ nm):

(1) 哪些波长的光在反射中增强?

(2) 哪些波长的光在透射中增强?

8-21 折射率为 1.60 的两块标准平面玻璃板之间形成一个劈尖(劈尖角 θ 很小). 用波长为 $\lambda = 600$ nm 的单色光垂直入射,产生等厚干涉条纹,假如在劈尖内充满 $n = 1.40$ 的液体时的相邻明纹间距比劈尖内是空气时的明纹间距缩小 $\Delta l = 0.5$ mm,那么劈尖角 θ 应为多少?

8-22 波长为 500 nm 的单色光垂直照射到劈形薄膜的上表面,在观察反射光的干涉现象中,棱边是

暗纹,若劈尖上面介质的折射率 n_1 大于薄膜的折射率 $n(n = 1.5)$,求:

(1) 劈尖下面介质的折射率 n_2 与薄膜的折射率 n 的大小关系;

(2) 第 10 级暗纹处薄膜的厚度.

8-23 一玻璃劈尖末端的厚度为 0.05 mm,折射率为 1.50,今用波长为 700 nm 的平行单色光以 30° 的入射角照射到劈尖的上表面.

(1) 试求在玻璃劈尖的上表面所形成的干涉条纹数目;

(2) 若以尺寸完全相同的由两玻璃片形成的空气劈尖代替上述的玻璃劈尖,则所产生的条纹数目又为多少?

8-24 在实际过程中要测量一工件表面的平整度,用一平晶放在待测工件上,使其间形成空气劈尖,现用波长 $\lambda = 500$ mm 的光垂直照射时,测得如习题 8-24 图所示的干涉条纹,问:

(1) 不平处是凸的还是凹的?

(2) 如果相邻明纹的间距 $l = 2$ mm,条纹最大的弯曲处与该条纹的距离 $f = 0.8$ mm,则不平处的高度或深度是多少?

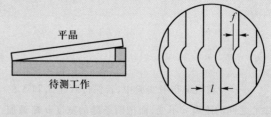

习题 8-24 图

8-25 利用等厚干涉可以测量微小的角度. 如习题 8-25 图所示,折射率 $n = 1.4$ 的劈尖状板,在某单色光的垂直照射下,量出两相邻明条纹间距为 $l = 0.25$ cm,已知单色光在空气中的波长 $\lambda = 700$ nm,求劈尖顶角 θ.

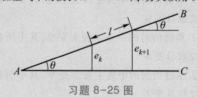

习题 8-25 图

8-26　牛顿环装置中,透镜与平板玻璃之间充以某种液体时,观察到第 10 级亮环的直径由 1.40×10^{-2} m 变成 1.27×10^{-2} m,由此求该液体的折射率.

8-27　设牛顿环实验中平凸透镜和平板玻璃间有一小间隙 e_0,充以折射率 n 为 1.33 的某种透明液体,设平凸透镜曲率半径为 R,用波长为 λ_0 的单色光垂直照射,如习题 8-27 图所示,求第 k 级明纹的半径.

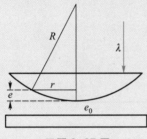

习题 8-27 图

8-28　有一单缝,宽为 $a = 0.10$ mm,在缝后放一焦距为 50 cm 的会聚透镜,用平行绿光($\lambda = 546$ nm)垂直照射单缝,试求:位于透镜焦面处的屏幕上的中央明条纹及第 2 级明纹的宽度.

8-29　用波长 $\lambda_1 = 400$ nm 和 $\lambda_2 = 700$ nm 的混合光垂直照射单缝,在衍射图样中,λ_1 的第 k_1 级明纹中心位置恰与 λ_2 的第 k_2 级暗纹中心位置重合,求 k_1 和 k_2.

8-30　平行光垂直照射到缝宽为 0.5 mm 的单缝上,缝后用凸透镜把衍射光会聚在透镜的焦平面上,单缝与接收屏的距离为 1.00 m. 若屏上离中央明纹中心 1.5 mm 的 P 点处看到一明纹,求:

(1) 入射光的波长;

(2) P 点明纹的级次;

(3) 从 P 处看来,狭缝处的波面被分成几个半波带.

8-31　设波长为 546 nm 的绿色平行光,垂直入射于缝宽为 0.2 mm 的单缝,缝后放置一焦距为 0.5 m 的透镜,试求在透镜的焦平面上所得到的:

(1) 中央明条纹及其他明纹的角宽度;

(2) 中央明条纹及其他明纹的线宽度.

8-32　一衍射光栅,每厘米有 1 000 条透光缝,每条透光缝宽为 $a = 4 \times 10^{-4}$ cm. 在光栅后放一焦距为 $f = 1$ m 的凸透镜,现以 $\lambda = 630.0$ nm 的平行单色光垂直照射光栅,问:

(1) 单缝衍射中央明条纹宽度内,有几个光栅衍射主极大?

(2) 第 1 级明纹与第 2 级明纹之间的距离为多少?

8-33　设光栅平面和透镜都与屏幕平行,光栅常量 $d = 3.0$ μm,缝宽 $a = 1.0$ μm,缝后放置一焦距为 1 m 的透镜,用它来观察波长为 $\lambda = 500$ nm 的钠黄光的光谱线.

(1) 当光线垂直入射到光栅上时,能看到的光谱线的最高级数 k_m 是多少?

(2) 当光线以 30° 的入射角(入射线与光栅平面法线的夹角)斜入射到光栅上时,能看到的光谱线的最高级数 k_m 是多少?

8-34　波长为 600 nm 的单色光垂直入射在一光栅上,第 2 级明条纹出现在 $\sin \theta = 0.2$ 处,第 3 级缺级,试问:

(1) 光栅常量 $(a+b)$ 为多少?

(2) 光栅上狭缝可能的最小宽度 a 为多少?

(3) 按照上述选定的 a、b 值,屏幕上可能观察到的全部级数是多少?

8-35　为了测定一光栅的光栅常量,用波长为 $\lambda = 632.8$ nm 的氦氖激光器垂直照射到光栅上做光栅的衍射光谱实验,已知第 1 级明条纹出现在 30° 的方向上,问:

(1) 该光栅的光栅常量是多大?该光栅 1 cm 内有多少条缝?

(2) 第 2 级明条纹是否可能出现?为什么?

8-36　使自然光通过两个偏振方向成 60° 角的偏振片,透射光强为 I_1,若在这两个偏振片之间再插入另一偏振片,它的偏振化方向与前两个偏振片均成 30°角,则透射光强为多少?

8-37　两偏振片的方向成夹角 30°时,透射光强为 I_1,若入射光不变而使两偏振片方向之间的夹角变为 45°,透射光的光强将如何变化?

8-38　已知某一物质的全反射临界角是 45°,它的起偏角是多大?

第 8 章习题答案

常用物理常量表

物理量	符号	数值	单位	相对标准不确定度
真空中的光速	c	299 792 458	$m \cdot s^{-1}$	精确
普朗克常量	h	$6.626\ 070\ 15 \times 10^{-34}$	$J \cdot s$	精确
约化普朗克常量	$h/2\pi$	$1.054\ 571\ 817 \cdots \times 10^{-34}$	$J \cdot s$	精确
元电荷	e	$1.602\ 176\ 634 \times 10^{-19}$	C	精确
阿伏伽德罗常量	N_A	$6.022\ 140\ 76 \times 10^{23}$	mol^{-1}	精确
摩尔气体常量	R	$8.314\ 462\ 618 \cdots$	$J \cdot mol^{-1} \cdot K^{-1}$	精确
玻耳兹曼常量	k	$1.380\ 649 \times 10^{-23}$	$J \cdot K^{-1}$	精确
理想气体的摩尔体积（标准状态下）	V_m	$22.413\ 969\ 54 \cdots \times 10^{-3}$	$m^3 \cdot mol^{-1}$	精确
斯特藩-玻耳兹曼常量	σ	$5.670\ 374\ 419 \cdots \times 10^{-8}$	$W \cdot m^{-2} \cdot K^{-4}$	精确
维恩位移定律常量	b	$2.897\ 771\ 955 \times 10^{-3}$	$m \cdot K$	精确
引力常量	G	$6.674\ 30(15) \times 10^{-11}$	$m^3 \cdot kg^{-1} \cdot s^{-2}$	2.2×10^{-5}
真空磁导率	μ_0	$1.256\ 637\ 062\ 12(19) \times 10^{-6}$	$N \cdot A^{-2}$	1.5×10^{-10}
真空电容率	ε_0	$8.854\ 187\ 812\ 8(13) \times 10^{-12}$	$F \cdot m^{-1}$	1.5×10^{-10}
电子质量	m_e	$9.109\ 383\ 701\ 5(28) \times 10^{-31}$	kg	3.0×10^{-10}
电子荷质比	$-e/m_e$	$-1.758\ 820\ 010\ 76(53) \times 10^{11}$	$C \cdot kg^{-1}$	3.0×10^{-10}
质子质量	m_p	$1.672\ 621\ 923\ 69(51) \times 10^{-27}$	kg	3.1×10^{-10}
中子质量	m_n	$1.674\ 927\ 498\ 04(95) \times 10^{-27}$	kg	5.7×10^{-10}
里德伯常量	R_∞	$1.097\ 373\ 156\ 816\ 0(21) \times 10^7$	m^{-1}	1.9×10^{-12}
精细结构常数	α	$7.297\ 352\ 569\ 3(11) \times 10^{-3}$		1.5×10^{-10}
精细结构常数的倒数	α^{-1}	$137.035\ 999\ 084(21)$		1.5×10^{-10}
玻尔磁子	μ_B	$9.274\ 010\ 078\ 3(28) \times 10^{-24}$	$J \cdot T^{-1}$	3.0×10^{-10}
核磁子	μ_N	$5.050\ 783\ 746\ 1(15) \times 10^{-27}$	$J \cdot T^{-1}$	3.1×10^{-10}
玻尔半径	a_0	$5.291\ 772\ 109\ 03(80) \times 10^{-11}$	m	1.5×10^{-10}
康普顿波长	λ_C	$2.426\ 310\ 238\ 67(73) \times 10^{-12}$	m	3.0×10^{-10}
原子质量常量	m_u	$1.660\ 539\ 066\ 60(50) \times 10^{-27}$	kg	3.0×10^{-10}

注：表中数据为国际科学联合会理事会科学技术数据委员会（CODATA）2018 年的国际推荐值．